# 基础有机化学反应

赵军龙　苑沛霖　编著
王兰英　胡向东　主审

高等教育出版社·北京

#### 内容提要

本书将166个基础有机化学反应按照氧化还原、亲核取代、亲电取代、亲核加成、亲电加成、自由基、消除、分子重排、周环反应等反应类型分类。每个反应按照"反应""机理""实例""解析""特点""延伸"和"标签"等栏目进行描述,可以帮助读者更好地理解和认识有机化学反应,同时为深入应用有机化学反应提供了方便。

扫描书中二维码可以查看本书作者西北大学赵军龙副教授的"化学绘"素材。

本书适合高等学校化学类和近化学类专业本科生、研究生,以及有机化学及相关学科的研究人员参考使用。

#### 图书在版编目(CIP)数据

基础有机化学反应/赵军龙,苑沛霖编著. --北京:高等教育出版社,2018.12(2020.5重印)

ISBN 978-7-04-050738-6

Ⅰ.①基… Ⅱ.①赵… ②苑… Ⅲ.①有机化学-化学反应-高等学校-教材 Ⅳ.①O621.25

中国版本图书馆 CIP 数据核字(2018)第 239470 号

JICHU YOUJI HUAXUE FANYING

| 策划编辑 | 曹 瑛 | 责任编辑 | 曹 瑛 | 封面设计 | 张 楠 | 版式设计 | 马敬茹 |
| 插图绘制 | 于 博 | 责任校对 | 高 歌 | 责任印制 | 韩 刚 | | |

| 出版发行 | 高等教育出版社 | 网　　址 | http://www.hep.edu.cn |
| 社　　址 | 北京市西城区德外大街4号 | | http://www.hep.com.cn |
| 邮政编码 | 100120 | 网上订购 | http://www.hepmall.com.cn |
| 印　　刷 | 北京印刷集团有限责任公司 | | http://www.hepmall.com |
| 开　　本 | 787mm×960mm 1/16 | | http://www.hepmall.cn |
| 印　　张 | 20.5 | | |
| 字　　数 | 360千字 | 版　　次 | 2018年12月第1版 |
| 购书热线 | 010-58581118 | 印　　次 | 2020年5月第2次印刷 |
| 咨询电话 | 400-810-0598 | 定　　价 | 36.00元 |

本书如有缺页、倒页、脱页等质量问题,请到所购图书销售部门联系调换

版权所有 侵权必究

物 料 号 50738-00

# 阅 读 说 明

## 高碘酸氧化邻二醇
——碳链断裂生成醛、酮

*反应名称及其主要特征*

[反应] 高碘酸($H_5IO_6$)、偏高碘酸钠($NaIO_4$,习惯上称高碘酸钠)的水溶液作氧化剂,可以使连有羟基的碳碳键断开,生成醛、酮。

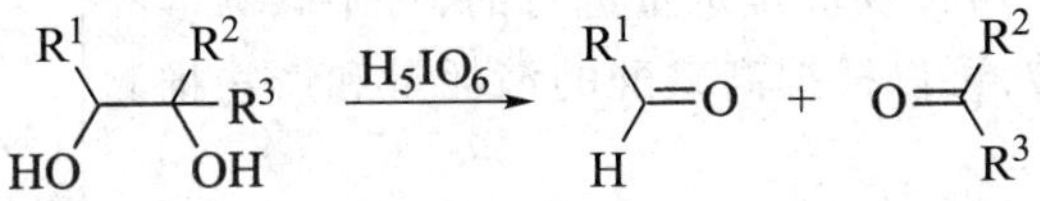

$$\underset{\underset{HO\ \ \ OH}{}}{\overset{R^1\ \ \ R^2}{-C-C-R^3}} \xrightarrow{H_5IO_6} \underset{H}{\overset{R^1}{>}}=O + O=\underset{R^3}{\overset{R^2}{<}}$$

[反应]——反应简介,并给出典型反应;加粗表示新成键

[机理] 邻二醇与高碘酸形成环状酯中间体。

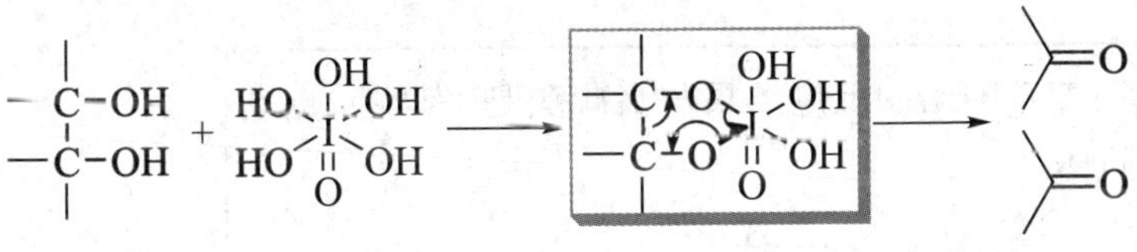

（环状酯中间体图示）

[机理]——机理简介,并给出详细过程;灰色方框内为主要中间体,备注部分为关键中间体或化合物名称

[实例]

$$\underset{HO\ \ \ OH}{\overset{H_5C_6}{>C-C<}} \xrightarrow{H_5IO_6} \underset{H}{\overset{H_5C_6}{>}}=O + O=<$$

可以根据生成的醛、酮推测邻二醇的结构

[实例]——典型反应举例;备注部分为产物特征或重要化合物名称

[解析]

$$\begin{array}{c}\text{R}\\\text{R-C-CH-CH-R'}\\\text{OH OH OH}\end{array} \xrightarrow{H_5IO_6} R_2C=O + HCOOH + R'CHO$$

$$\downarrow \qquad\qquad \uparrow -H_2O \quad \uparrow -H_2O \quad \uparrow -H_2O$$

$$\begin{array}{c}\text{R}\\\text{R-C-CH-CH-R'}\\\text{OH OH OH}\end{array} \longrightarrow \begin{array}{c}\text{R}\\\text{R-C-OH}\\\text{OH}\end{array} + \begin{array}{c}\text{R}\\\text{HO-CH-OH}\\\end{array} + \begin{array}{c}\text{R'}\\\text{HC-OH}\\\text{OH}\end{array}$$

断裂处各与一个羟基结合

[解析]——对复杂反应的剖析

[特点]

1. 高碘酸氧化邻二醇的反应是定量进行的,每个碳碳键的断裂消耗 1 分子高碘酸,可以根据高碘酸的消耗量和产物推测原化合物的结构。

2. 可以简单地看作醇羟基所连接的碳原子之间的键断裂,断裂处各与一个羟基结合,然后失水形成产物。

3. $\alpha$-羟基酸、$\alpha$-二酮、$\alpha$-氨基酮、$\beta$-氨基醇类化合物也能进行类似反应。

[特点]——总结反应主要特点

[延伸] 邻二醇与四乙酸铅的反应结果与高碘酸是一样的,也是经过环状酯中间体

四乙酸铅氧化顺式邻二醇更有利

[延伸]——相关反应介绍

| 反应类型 | 氧化 | 特征条件 | $H_5IO_6$ | 关键中间体 | 环状酯中间体 | 典型产物 | 醛/酮 |

[标签]——反应类型,特征条件,关键中间体和典型产物

# 前　言

有机化学是化学类、化工与制药类、材料类、生物科学类和医学相关专业的核心基础课程。有限学时下，如何将这门涵盖内容多、理论性强的课程讲好学好，对师生都是一个较大的挑战。编者将有机化学中常见的166个基础反应提炼出来，分别按照"反应""机理""实例""解析""特点""延伸"和"标签"等栏目进行描述，这种"碎片化"和"程式化"的编写方式受到年轻学子的喜爱。同时，考虑到这种方式有可能导致学生忽视有机化学原本系统的知识体系，为免于这种情况发生，编者又将所有反应按照"氧化还原反应""亲核取代反应""亲电取代反应""亲核加成反应""亲电加成反应""自由基反应""消除反应""分子重排反应"和"周环反应"等反应类型划分为10个章节，以在增强知识系统性的同时，便于读者进行相似机理反应的对比学习。

本书的初稿由西北大学赵军龙完成，西北民族大学苑沛霖作进一步修改。在本书的编写过程中，笔者的学生刘景维、张耀都、周鹏程和孙文静等同学做了大量的编辑工作。西北大学化学与材料科学学院谢钢教授、胡向东教授、王兰英教授、魏青教授、郭媛教授、周岭教授、王云侠副教授、苟小锋高工等老师提出了很多有价值的建议。天津大学张文勤教授审阅了书稿并给出了建设性的意见和建议，张老师严谨细致的工作让人敬佩。高等教育出版社的曹瑛编辑付出了辛勤的劳动。在此向本书成书过程中给予过帮助和支持的老师和同学致以衷心的谢意！

限于编写水平，疏漏和不妥之处在所难免，衷心希望专家和读者予以批评指正，在此致以真诚的感谢！

赵军龙<br>
2018年夏于兰州

# 目 录

## 第 1 章 氧化还原反应 ………………………………………………… 1

1.1 Birch 还原——碳负离子自由基中间体 …………………………… 2
1.2 炔的化学还原——生成 $E$ 型烯烃 ………………………………… 4
1.3 酮的双分子还原——氧负离子自由基偶联 ………………………… 6
1.4 酮醇缩合——酯的双分子还原 ……………………………………… 8
1.5 Clemmensen 还原——酸性条件下羰基还原脱氧 …………………… 9
1.6 Wolff-Kishner-黄鸣龙反应——碱性条件下羰基还原脱氧 ……… 11
1.7 硫代缩醛(酮)——中性条件下羰基还原脱氧 ……………………… 13
1.8 四氢铝锂——氢负离子还原试剂 …………………………………… 14
1.9 四氢铝锂还原酰胺——生成胺 ……………………………………… 16
1.10 硼氢化钠——氢负离子还原试剂 …………………………………… 18
1.11 单糖的还原——生成糖醇 …………………………………………… 20
1.12 乙硼烷还原——还原羧基 …………………………………………… 21
1.13 催化加氢——应用广泛的绿色还原方法 …………………………… 23
1.14 炔烃的催化氢化——生成 $Z$ 型烯烃 ……………………………… 25
1.15 Rosenmund 还原——选择性还原酰氯得到醛 ……………………… 26
1.16 还原胺化——胺的烃基化 …………………………………………… 27
1.17 硝基的还原——酸性条件下彻底还原,碱性条件下偶联 ………… 29
1.18 Wacker 反应——乙烯氧化为乙醛 ………………………………… 31
1.19 烯烃臭氧分解反应——双键断裂生成醛、酮 ……………………… 32
1.20 过氧酸氧化烯烃——环氧水解生成反式邻二醇 …………………… 34
1.21 高锰酸钾氧化烯烃——酸性条件下碳链断裂,碱性条件下得
顺式邻二醇 ………………………………………………………… 36
1.22 炔的氧化——经高锰酸钾或臭氧氧化生成羧酸 …………………… 38
1.23 苄位的氧化反应——生成苯甲酸 …………………………………… 39
1.24 异丙苯氧化法制酚——工业合成苯酚 ……………………………… 41
1.25 高碘酸氧化邻二醇——碳链断裂生成醛、酮 ……………………… 43
1.26 Tollens 试剂——鉴别醛 …………………………………………… 45
1.27 单糖的氧化——糖类的鉴别与结构鉴定 …………………………… 46

1.28　Sarrett 试剂——选择性氧化醇到醛、酮 …………………………… 48
1.29　Oppenauer 氧化——可逆地氧化二级醇到酮 ………………………… 50
1.30　Baeyer-Villeger 氧化——过氧酸向醛、酮插入氧原子 ……………… 52
1.31　醛自氧化作用——醛被空气氧化为羧酸 ……………………………… 54
1.32　醚的自动氧化——生成爆炸性很强的过氧化醚 ……………………… 55
1.33　硫醇（醚）氧化——改变蛋白质的反应 ……………………………… 57

## 第2章　亲核取代反应　59

2.1　卤代烃水解——$S_N1$ 与 $S_N2$ ………………………………………… 60
2.2　醇与氢卤酸——Lucas 试剂鉴别醇 …………………………………… 62
2.3　醇与卤化磷——可以避免发生重排的 $S_N2$ 反应 …………………… 64
2.4　醇与氯化亚砜反应——乙醚中构型保持，吡啶中构型翻转 ………… 65
2.5　Williamson 法合成醚——醇钠与卤代烃的 $S_N2$ 反应 ……………… 67
2.6　醚的碳氧键断裂——氢碘酸的亲核取代 ……………………………… 69
2.7　环氧化物开环——制备双官能团化合物 ……………………………… 71
2.8　Gabriel 合成——制备纯的一级胺和氨基酸 ………………………… 73
2.9　卤代芳烃亲核取代——苯炔中间体 …………………………………… 75
2.10　有吸电子基的芳香亲核取代反应——加成-消除机理 ……………… 77
2.11　Chichibabin 反应——吡啶的芳香亲核取代 ………………………… 79

## 第3章　亲电取代反应　81

3.1　苯的卤化——生成卤代苯 ……………………………………………… 82
3.2　苯的硝化——生成硝基苯 ……………………………………………… 84
3.3　苯的磺化——生成苯磺酸 ……………………………………………… 86
3.4　Friedel-Crafts 烃基化——发生碳正离子重排 ………………………… 88
3.5　Friedel-Crafts 酰基化——酰基正离子不重排 ………………………… 90
3.6　氯甲基化反应——生成苄氯 …………………………………………… 92
3.7　Gattermann-Koch 反应——芳烃甲酰化 ……………………………… 93
3.8　苯酚芳香亲电取代——容易发生亲电取代 …………………………… 94
3.9　芳香胺芳香亲电取代——容易发生亲电取代 ………………………… 96
3.10　Reimer-Tiemann 反应——苯酚邻位甲酰化 ………………………… 98
3.11　Vilsmeier 反应——苯酚对位甲酰化 ………………………………… 100
3.12　Kolbe-Schmitt 反应——钠盐低温下得邻位产物，钾盐高温下得对位产物 ………………………………………………………………… 102
3.13　重氮盐偶联反应——活泼芳香族化合物与重氮盐反应 …………… 104
3.14　苯的定位取代——第一类邻、对位取代，第二类间位取代 ……… 106

# 第 4 章　亲核加成反应 ………………………………………… 109

4.1　缩醛（酮）——保护羰基或羟基 ……………………………… 110
4.2　糖苷的形成——糖类的环状半缩醛与一分子醇形成的缩醛 …… 112
4.3　羰基加成氢氰酸——生成 $\alpha$-氰醇 ……………………………… 113
4.4　羰基加成亚硫酸氢钠——醛、酮的鉴别和分离提纯 …………… 115
4.5　羰基加成氮亲核试剂——生成亚胺 …………………………… 117
4.6　成脎反应——C1、C2 的反应；结构鉴定 ……………………… 119
4.7　三级烯胺——强亲核性 ………………………………………… 121
4.8　重氮甲烷与活泼氢的反应——甲基化反应 …………………… 123
4.9　重氮甲烷与酰氯的反应——制备多一个碳原子的羧酸衍生物 … 124
4.10　重氮甲烷与醛、酮的反应——亚甲基插入反应 ……………… 126
4.11　Grignard 试剂制醇——制备增长碳链的醇 …………………… 127
4.12　$\alpha,\beta$-不饱和醛（酮）与有机金属试剂——1,2-亲核加成与 1,4-亲核加成 …………………………………………………… 129
4.13　羧酸衍生物的水解——生成羧酸 ……………………………… 131
4.14　羧酸衍生物的醇解——生成酯 ………………………………… 133
4.15　羧酸衍生物的酸解——交换酰基 ……………………………… 135
4.16　羧酸衍生物的氨解——生成酰胺 ……………………………… 137
4.17　酯化反应——一级、二级醇酰氧键断裂，三级醇烃氧键断裂 … 139
4.18　Hinsberg 反应——胺的分离与鉴定 …………………………… 141
4.19　炔亲核加成——炔与烯的区别 ………………………………… 143
4.20　炔的水合——马氏加成生成酮或乙醛 ………………………… 144
4.21　羟汞化-还原脱汞——反式马氏加成 ………………………… 146
4.22　醛的羟醛缩合——生成 $\alpha,\beta$-不饱和醛 ……………………… 148
4.23　酮的羟醛缩合——制备不饱和环酮 …………………………… 150
4.24　交叉羟醛缩合——烯醇化的酮与醛缩合 ……………………… 152
4.25　安息香缩合——极性翻转 ……………………………………… 154
4.26　Cannizzaro 反应——不含 $\alpha$-H 的醛歧化为羧酸和醇 ………… 156
4.27　Claisen 酯缩合——生成 $\beta$-酮酸酯 …………………………… 158
4.28　交叉 Claisen 酯缩合——有 $\alpha$-H 的酯和无 $\alpha$-H 的酯 ………… 160
4.29　Dieckmann 缩合——分子内 Claisen 酯缩合 …………………… 162
4.30　酮酯缩合——有 $\alpha$-H 的酮和无 $\alpha$-H 的酯 …………………… 164
4.31　Darzens 反应——可制备增加一个碳原子的醛、酮 …………… 166
4.32　Mannich 反应——含有活泼 $\alpha$-H 醛、酮的氨甲基化 ………… 168

- 4.33 Reformatsky 反应——有机锌试剂的亲核加成 ………………… 170
- 4.34 Perkin 反应——芳醛与酸酐缩合生成 $\beta$-芳基-$\alpha,\beta$-不饱和羧酸 ……………………………………………………………… 172
- 4.35 Knoevenagel 反应——具有活泼亚甲基的化合物与醛、酮缩合 … 174
- 4.36 Wittig 反应——生成碳碳双键 ……………………………… 176
- 4.37 硫叶立德——生成环状化合物 ……………………………… 178
- 4.38 Michael 加成——不饱和羰基化合物与烯醇负离子的 1,4-加成 ……………………………………………………………… 180
- 4.39 Robinson 增环反应——Michael 加成+羟醛缩合 …………… 182
- 4.40 乙酰乙酸乙酯合成法——制备甲基酮 ……………………… 184
- 4.41 丙二酸酯合成法——制备取代乙酸 ………………………… 186
- 4.42 Skraup 反应——合成喹啉 …………………………………… 188

## 第 5 章 亲电加成反应 …………………………………………… 191
- 5.1 烯烃与酸加成——碳正离子中间体 ………………………… 192
- 5.2 共轭烯烃加成——低温下 1,2-加成,高温下 1,4-加成 ……… 194
- 5.3 烯烃与卤素加成——反式加成 ……………………………… 196
- 5.4 硼氢化-氧化反应——顺式反马氏规则加成 ………………… 198
- 5.5 烯烃水合——马氏加成 ……………………………………… 200
- 5.6 烯烃加成碳烯——生成环丙烷 ……………………………… 202
- 5.7 炔的卤化——反式马氏加成 ………………………………… 204
- 5.8 炔烃的硼氢化——顺式反马氏加成生成醛、酮 …………… 206
- 5.9 醛、酮的 $\alpha$-H 卤化反应——酸性条件下位阻大侧—卤代,碱性条件下位阻小侧多卤代 …………………………………… 207
- 5.10 卤仿反应——甲基酮的鉴别 ………………………………… 209
- 5.11 Hell-Volhard-Zelinsky 反应——羧酸 $\alpha$-H 卤化 …………… 210

## 第 6 章 自由基反应 ……………………………………………… 211
- 6.1 烷烃卤化——自由基取代 …………………………………… 212
- 6.2 烯烃 $\alpha$-卤化——$\alpha$-H 的自由基取代 ………………………… 214
- 6.3 Sandmeyer 反应——亚铜盐催化的重氮盐自由基取代 ……… 216
- 6.4 Gattermann 反应——铜催化的重氮盐自由基取代 ………… 218
- 6.5 烯烃自由基加成——过氧化物效应 ………………………… 220
- 6.6 苯的加成——三个双键同时加成 …………………………… 222

## 第 7 章 消除反应 ………………………………………………… 225
- 7.1 卤代烃消除反应——Zaitsev 烯烃 …………………………… 226

7.2 邻二卤代烃失卤——E1cb 机理 ································· 228
7.3 醇分子内脱水——Zaitsev 烯烃 ································· 230
7.4 醇分子间脱水——生成醚 ········································ 232
7.5 醇酸脱水——分子内酯化与分子间酯化 ······················ 234
7.6 羧酸酯热裂——顺式共平面消除 ································ 236
7.7 季铵碱热消除——E2 反式共平面消除 ························ 238
7.8 Cope 消除——E2 顺式共平面消除 ····························· 240
7.9 Hunsdiecker 反应——自由基脱羧卤化 ························ 241
7.10 Cristol 反应——自由基脱羧卤化 ······························ 242
7.11 二元羧酸脱羧——脱羧或脱水 ·································· 243

## 第 8 章 分子重排反应 ···················································· 245

8.1 碳正离子重排——形成更稳定的碳正离子 ··················· 246
8.2 Pinacol 重排——电子密度大的基团优先迁移 ··············· 248
8.3 Tiffeneau-Demjanov 扩环重排——制备扩增一个碳原子的环酮 ··· 250
8.4 Fries 重排——高温下得邻位产物,低温下得对位产物 ····· 252
8.5 Beckmann 重排——酮肟反位重排生成酰胺 ·················· 254
8.6 二苯羟乙酸重排——二苯乙二酮分子内 Cannizzaro 歧化 ··· 256
8.7 Hofmann 重排——酰基氮烯重排生成异氰酸酯 ············· 258
8.8 Favorskii 重排——碱性条件重排生成羧酸或羧酸衍生物 ·· 260
8.9 Stevens 重排——含活泼亚甲基的锍盐和铵盐 ··············· 262
8.10 联苯胺重排——主要为对位产物 ······························· 264

## 第 9 章 周环反应 ·························································· 267

9.1 σ 键迁移反应——H[1,j]σ 迁移和 C[i,j]σ 迁移 ············· 268
9.2 Claisen 重排——C—O[3,3]σ 迁移 ······························ 270
9.3 电环化反应——$4n\pi$ 电子光照对旋 ·························· 272
9.4 环加成反应——光照[2+2]环加成,加热[4+2]环加成 ······ 273
9.5 Diels-Alder 反应——[4+2]环加成 ······························ 274

## 第 10 章 其他一些重要化合物及反应 ································ 277

10.1 Kiliani 氰化增碳法——醛糖的递升 ··························· 278
10.2 Ruff 降解——醛糖的递降 ······································· 279
10.3 β-酮酸酯的水解——稀碱成酮水解,浓碱成酸水解 ········ 281
10.4 Wurtz 合成——制备对称烷烃 ·································· 283
10.5 Grignard 试剂——活泼的有机镁试剂 ························· 284
10.6 有机锂化合物——烃基锂与二烃基铜锂 ····················· 286

10.7　有机镉试剂——活性较低的有机金属化合物 …………………… 287
10.8　Ullmann 反应——吸电子有利的卤代芳烃偶联 …………………… 288
10.9　端炔化物——弱酸性的端炔与强碱形成金属炔化物 ……………… 290
10.10　氮烯——具有很强的亲电性 ………………………………………… 291
10.11　叠氮化合物——具有很强的亲核性 ………………………………… 293
10.12　烯酮——内酐,高效的酰化剂 ……………………………………… 294
10.13　亚硝酸与脂肪胺的反应——鉴别胺 ………………………………… 295
10.14　亚硝酸与芳香胺的反应——生成芳基重氮盐 ……………………… 296
10.15　苯磺酸——磺酸基可作为保护基团 ………………………………… 298
10.16　卤代羧酸——卤原子与羧基的距离决定反应 ……………………… 300
10.17　环烷烃——小环烷烃不稳定,大环烷烃较稳定 …………………… 301
10.18　$\alpha$-羟基酸——交酯;氧化为少一个碳原子的醛 …………………… 303
10.19　萘——非极性溶剂 $\alpha$ 位,极性溶剂 $\beta$ 位 …………………………… 304
10.20　蒽、菲——9,10 位活泼 ……………………………………………… 306
10.21　吡咯、呋喃、噻吩——富电子体系,与苯酚相似 ………………… 307
10.22　吡啶——缺电子体系,与硝基苯相似 ……………………………… 309
10.23　喹啉、异喹啉——相当于苯并吡啶 ………………………………… 311

**主要参考资料** ………………………………………………………………… 313

# 第1章 氧化还原反应

一般情况下,有机化合物反应部位原子周围的电子密度降低,即氧化数增加的过程称为氧化反应,而氧化数减少的过程称为还原反应。氧化还原反应是官能团互相转变的重要途径。

## 1.1 Birch 还原——碳负离子自由基中间体

[反应]碱金属(Li、Na 或 K)在液氨和醇中将苯环还原成不共轭的 1,4-环己二烯结构单元。

溶剂化电子

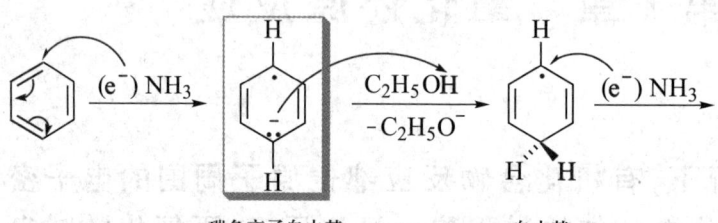

[机理]溶剂化电子对苯环共轭加成,形成碳负离子自由基;碳负离子依次夺氢。

金属钠溶于液氨中得到蓝色溶液,是由钠与液氨生成溶剂化电子引起的

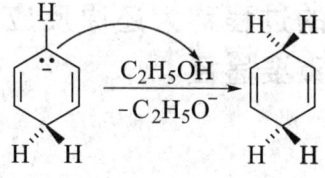

Birch 还原

[实例]

1.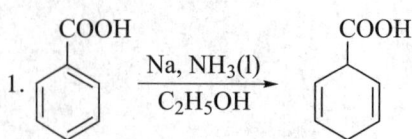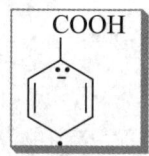

产物特征:吸电子基团避免与双键碳相连

2. 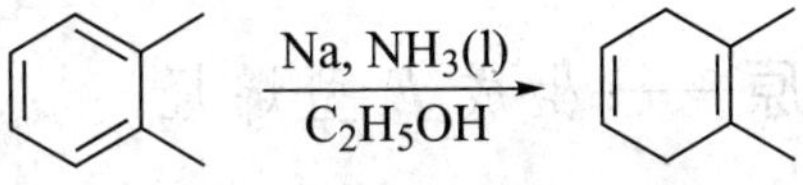 [反应式] Na, NH₃(l) / C₂H₅OH  产物特征:给电子基团与双键碳相连

3. 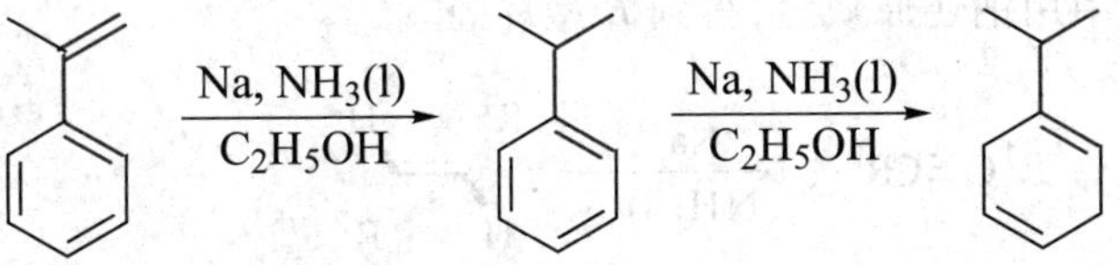 [反应式] Na, NH₃(l) / C₂H₅OH → Na, NH₃(l) / C₂H₅OH → 与苯环共轭的双键被优先还原,不与苯环共轭的双键不被还原

Birch 还原

[特点]

1. 利用芳香族化合物合成脂肪族衍生物的方法。

2. 尽管还原后的非芳香性双键体系更为活泼,该反应却能停留在 1,4-环己二烯类化合物阶段。

3. 与吸电子基团相连的碳负离子自由基中间体稳定,环上连有吸电子基团的苯环反应速率远快于带有给电子基团的苯环。

4. 孤立烯烃不能在此条件下被还原;炔烃在液氨中用钠还原,生成 $E$ 型烯烃。

| 反应类型 | 还原 | 特征条件 | Na/NH₃(l)/C₂H₅OH | 关键中间体 | 碳负离子自由基 | 典型产物 | 1,4-环己二烯 |
|---|---|---|---|---|---|---|---|

## 1.2 炔的化学还原——生成 $E$ 型烯烃

[反应]在液氨中用钠还原炔烃,得到 $E$ 型烯烃。

$$R^1C \equiv CR^2 \xrightarrow[NH_3(l)]{Na} \underset{H}{\overset{R^1}{>}} C=C \underset{R^2}{\overset{H}{<}}$$

[机理]溶剂化单电子进攻炔碳原子,形成 $E$ 型碳负离子自由基;碳负离子依次夺氢。

$$Na + NH_3 \longrightarrow Na^+ + (e^-)NH_3$$

炔烃的连续单电子还原

$E$ 型碳负离子自由基　　　自由基

碳负离子

[实例]

1. $CH_3CH_2C \equiv CCH_2CH_3 \xrightarrow[NH_3(l)]{Na}$ 产物特征:$E$ 型烯烃

2. $R^1C \equiv CR^2 \xrightarrow{LiAlH_4}$ 产物特征:$E$ 型烯烃

3. $R^1C \equiv CR^2 \xrightarrow[\text{②}CH_3COOH]{\text{①}B_2H_6}$ 产物特征:$Z$ 型烯烃

[特点]

1. 炔烃在液氨中用钠还原,生成 $E$ 型烯烃;炔烃用 $LiAlH_4$ 还原,也生成 $E$ 型烯烃。

2. 炔烃在硼氢化-还原反应条件下,生成 $Z$ 型烯烃。

3. 炔烃在 Lindlar 催化剂(钯附着于碳酸钙及少量氧化铅上,使催化剂活性降低)作用下催化氢化,得 Z 型烯烃。

| 反应类型 | 还原 | 特征条件 | Na/NH$_3$(l) | 关键中间体 | 碳负离子自由基 | 典型产物 | E 型烯烃 |

## 1.3 酮的双分子还原——氧负离子自由基偶联

[反应]酮在钠、铝、镁或镁汞齐等作用下于非质子溶剂中发生双分子还原偶联,产物水解后生成邻二叔醇(Pinacol,频哪醇)。

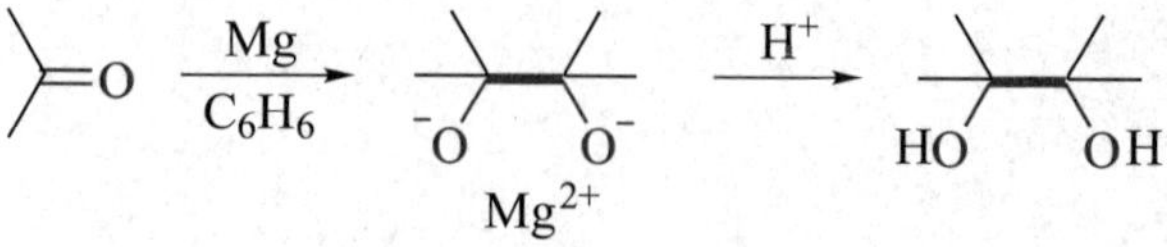

[机理]单电子进攻羰基形成氧负离子自由基,自由基在非质子溶剂中偶联生成二元醇的盐,水解得到频哪醇。

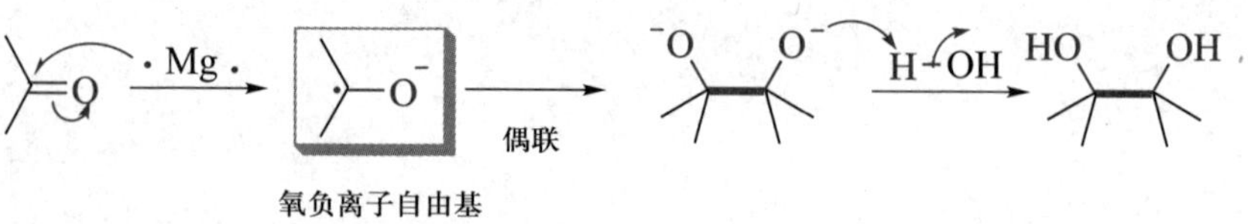

氧负离子自由基

[实例]

1. 2 PhCOPh $\xrightarrow{①Na}{②H_2O}$ → Ph₂C(OH)—C(OH)Ph₂   产物特征:频哪醇,即邻二叔醇

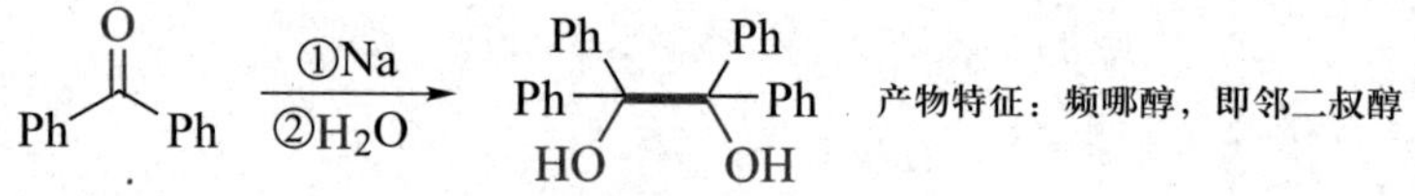

2. 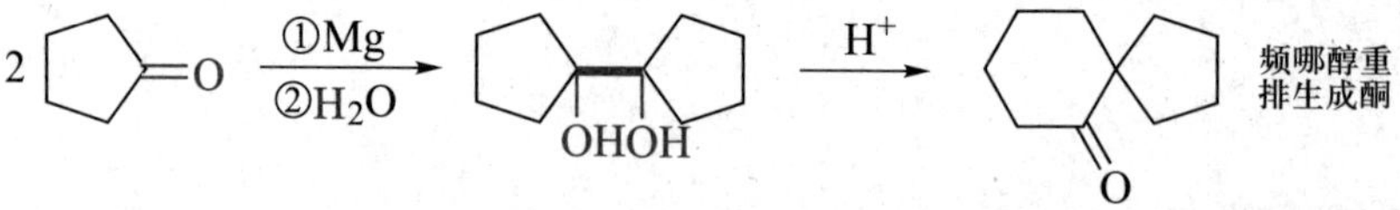 2 环戊酮 $\xrightarrow{①Mg}{②H_2O}$ → 二聚二醇 $\xrightarrow{H^+}$ → 螺环酮   频哪醇重排生成酮

3. 2 丙酮 $\xrightarrow{①Mg, C_6H_6}{②H_2O}$ → 频哪醇 $\xrightarrow{H_5IO_6}$ → 2 丙酮   频哪醇被高碘酸氧化生成原来的酮

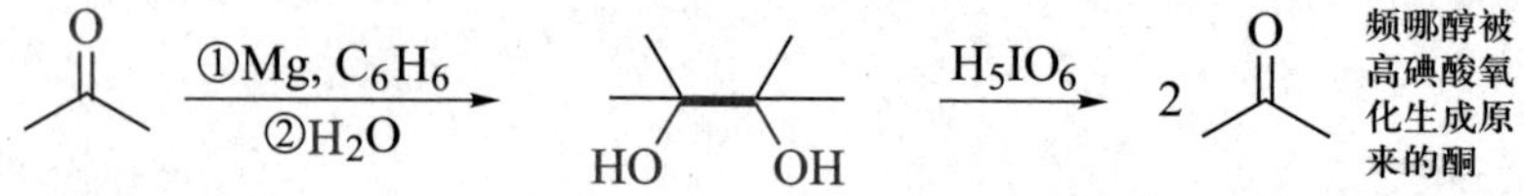

[特点]
1. 活泼金属在非质子溶剂中将酮还原偶联得到频哪醇,称为双分子还原。
2. 酯进行双分子还原反应,得到 $\alpha$-羟基酮(酮醇),此反应称为酮醇缩合。
3. 活泼金属不能还原孤立的碳碳双键,但可以还原 $\alpha,\beta$-不饱和醛、酮中的碳碳双键,若试剂过量,共轭体系中的碳碳双键被还原后,羰基能继续被还原。

[延伸]单分子还原:活泼金属在质子溶剂(酸、碱、水、醇等)中可以将醛、

酮还原为相应的醇，同样是经过氧负离子自由基中间体生成产物。

$$CH_3CH_2CH_2CHO \xrightarrow[H_2O]{Na-Hg} CH_3CH_2CH_2CH_2OH$$

| 反应类型 | 还原偶联 | 特征条件 | Mg | 关键中间体 | 氧负离子自由基 | 典型产物 | 频哪醇 |
|---|---|---|---|---|---|---|---|

## 1.4 酮醇缩合——酯的双分子还原

[**反应**] 羧酸酯在非质子溶剂中与金属钠作用,生成烯二醇的二钠盐,水解后得到 α-羟基酮。

$$2\ R\text{-}COOCH_3 \xrightarrow[Et_2O]{Na} \underset{R\quad R}{\overset{Na^+\ Na^+}{\underset{|\quad\ |}{O^-\quad O^-}}C=C} \xrightarrow{H_3O^+} \underset{R\quad R}{\overset{O\quad OH}{C-C}}$$

[**机理**] 单电子进攻羰基,形成氧负离子自由基;自由基在非质子溶剂中偶联。

[**实例**]

1. 邻苯二乙酸二甲酯 ①Na ②H₂O → α-羟基四氢萘酮　羧酸酯经双分子还原得到α-羟基酮

2. $2\ Ph_2C=O \xrightarrow[②H_2O]{①Na}$ Ph₂C(OH)-C(OH)Ph₂　酮经双分子还原得到邻二叔醇

[**特点**]

1. 惰性溶剂中,羧酸酯经双分子还原得到 α-羟基酮,故称为酮醇缩合。
2. 酮经双分子还原得到邻二叔醇,又称频哪醇。
3. 二元羧酸酯在此条件下可以形成 α-羟基环酮。

[**延伸**] Bouveault-Blanc 还原:质子溶剂中,羧酸酯经单分子还原得到醇,双键不受影响。

邻苯二乙酸二甲酯 $\xrightarrow[CH_3OH]{Na}$ 邻苯二乙醇

| 反应类型 | 还原偶联 | 特征条件 | Na | 关键中间体 | 氧负离子自由基 | 典型产物 | α-羟基酮 |
|---|---|---|---|---|---|---|---|

## 1.5 Clemmensen 还原——酸性条件下羰基还原脱氧

[**反应**]芳香族醛、酮在锌汞齐和浓盐酸作用下，羰基被还原为亚甲基。

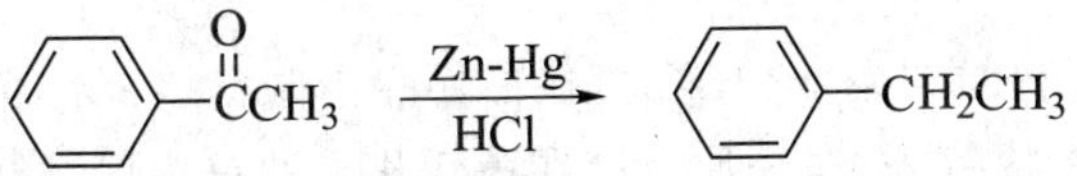

[**机理**]单电子进攻羰基引发碳氧键异裂，形成氧负离子自由基；氯取代氧；碳负离子两次夺氢。

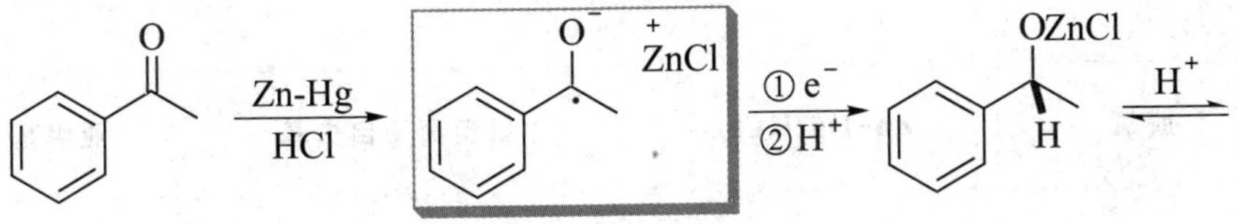

氧负离子自由基

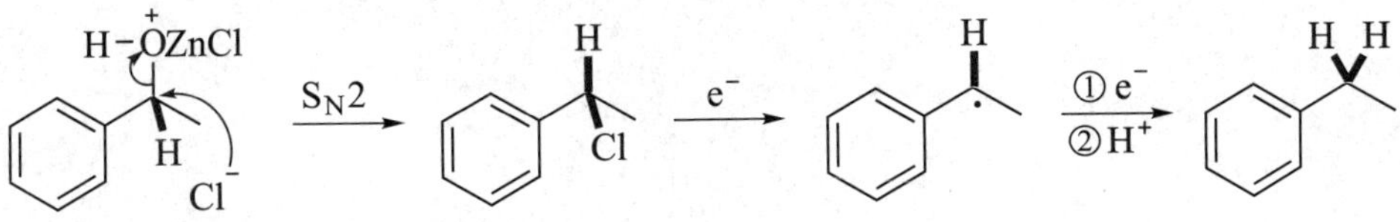

[**实例**]

1. 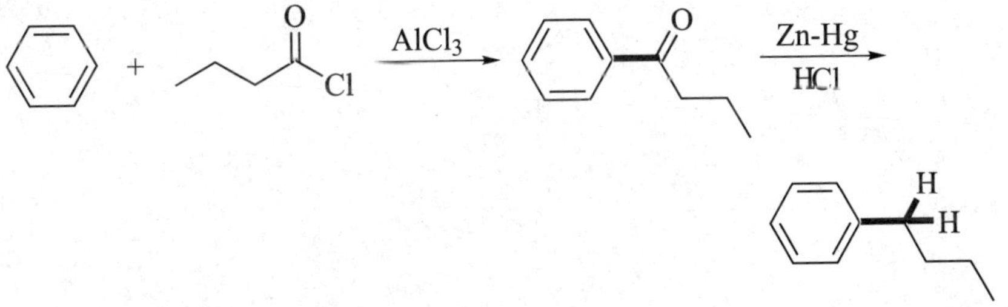

间接制备烷基苯，不受碳正离子重排影响

2. 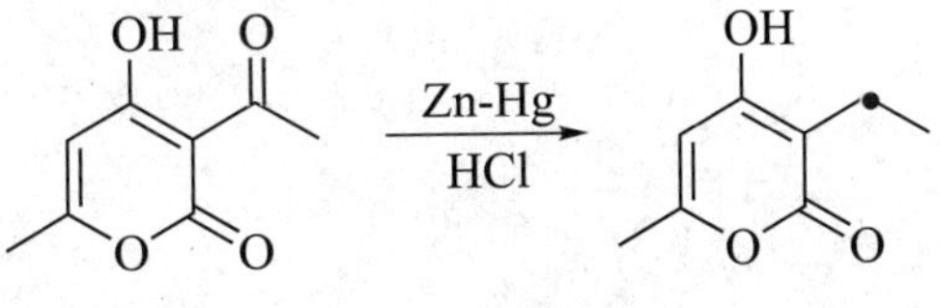

醛、酮外的其他羰基不受影响

3. [反应式图:八氢萘酮 →(Zn-Hg / HCl) 对应烃] 非共轭碳碳双键不受影响

[特点]

1. 锌汞齐用锌粒与汞盐($HgCl_2$)在稀盐酸中制得,锌将 $Hg^{2+}$ 还原为 Hg,Hg 与 Zn 在锌表面形成锌汞齐,还原反应在被活化了的锌表面进行。

2. 反应在酸性条件下进行,适用于对酸稳定的醛、酮。

3. 还原 $\alpha,\beta$-不饱和醛、酮时,碳碳双键一起被还原,而非共轭碳碳双键不受影响。

| 反应类型 | 脱氧 | 特征条件 | Zn–Hg/HCl | 关键中间体 | 氧负离子自由基 | 典型产物 | 亚甲基 |
|---|---|---|---|---|---|---|---|

## 1.6 Wolff-Kishner-黄鸣龙反应——碱性条件下羰基还原脱氧

[反应]原来的方法是将醛、酮与肼和金属钠或钾在高温封管中进行反应，操作不方便，黄鸣龙将其改进为，在高沸点溶剂一缩二乙二醇中，用氢氧化钠或氢氧化钾代替钠或钾，醛、酮羰基与肼生成腙，再与强碱共热放出氮气生成亚甲基。

$$\underset{R^2}{\overset{R^1}{\diagdown}}C=O \xrightarrow{H_2N-NH_2} \underset{R^2}{\overset{R^1}{\diagdown}}C=N-NH_2 \xrightarrow[\triangle]{NaOH, (HOCH_2CH_2)_2O} \underset{R^2}{\overset{R^1}{\diagdown}}CH_2$$

[机理]碱两次夺取腙上的氢，氮氮单键逐步成为三键，氮气离去形成碳负离子；夺取质子。

$$\underset{R^2}{\overset{R^1}{\diagdown}}C=N-NH_2 \underset{H_2O}{\overset{HO^-}{\rightleftharpoons}} \underset{R^2}{\overset{R^1}{\diagdown}}C=N-\overset{-}{N}H \longleftrightarrow \underset{R^2}{\overset{R^1}{\diagdown}}\overset{-}{C}-N=NH \underset{HO^-}{\overset{H_2O}{\rightleftharpoons}}$$

$$\underset{R^2}{\overset{R^1}{\diagdown}}CH-N=NH \underset{H_2O}{\overset{HO^-}{\rightleftharpoons}} \underset{R^2}{\overset{R^1}{\diagdown}}CH-N=\overset{-}{N} \xrightarrow{-N_2} \boxed{\underset{R^2}{\overset{R^1}{\diagdown}}\overset{-}{CH}} \underset{HO^-}{\overset{H_2O}{\rightarrow}} \underset{R^2}{\overset{R^1}{\diagdown}}CH_2$$

碳负离子

[实例]

1. PhCOCH$_2$CH$_3$ $\xrightarrow[\triangle]{NH_2NH_2, NaOH, (HOCH_2CH_2)_2O}$ PhCH$_2$CH$_2$CH$_3$

2. 环丁酮 $\xrightarrow[\triangle]{NH_2NH_2, KOH, (HOCH_2CH_2)_2O}$ 环丁烷   产物特征：羰基转化为亚甲基

3. 2-甲基-3-苯基-1-茚酮 $\xrightarrow[\triangle]{NH_2NH_2, KOH, (HOCH_2CH_2)_2O}$ 2-甲基-3-苯基茚   碳碳双键不受影响

[特点]

1. 反应在碱性条件下进行，要求反应物对碱稳定，与酸性条件的 Clemmensen

还原互为补充；另外，缩硫醇催化加氢法是中性条件下的羰基脱氧反应，也生成亚甲基。

2. 目前常用二甲亚砜作溶剂，反应可在较低温度下进行，在工业上也很有价值。

[延伸] 用水合肼还原时，加入双氧水或铁氰化钾等氧化剂，则肼被氧化成二亚胺（NH═NH），不经分离可选择性地还原碳碳双键、碳碳三键、氮氮双键等不饱和键，而对极性多重键如—CN、S═O、C═O等基团则无影响。

$$\text{Ph-C≡C-COOH} \xrightarrow[H_2O_2]{NH_2NH_2} \text{Ph-CH}_2\text{CH}_2\text{COOH}$$

| 反应类型 | 脱氧 | 特征条件 | $NH_2NH_2$/NaOH | 关键中间体 | 碳负离子 | 典型产物 | 亚甲基 |
|---|---|---|---|---|---|---|---|

## 1.7 硫代缩醛(酮)——中性条件下羰基还原脱氧

[反应] 硫醇比相应的醇亲核能力强,在 Lewis 酸催化下,与醛(酮)室温下就可发生加成反应,得到硫代的缩醛(酮)类似物——硫代缩醛(酮)。

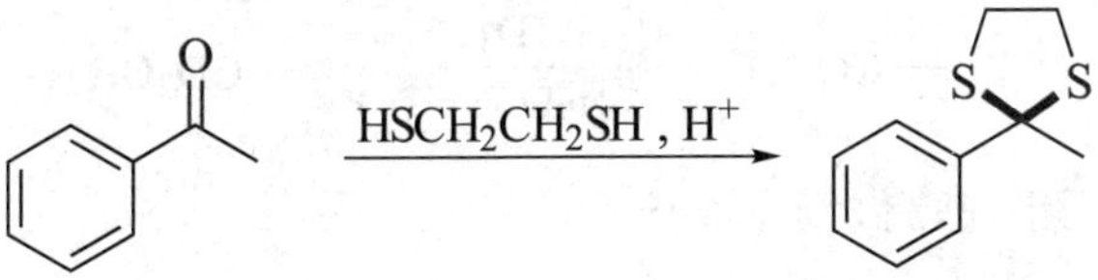

硫代缩醛(酮)很难分解为原来的醛(酮),但可以在兰尼镍(Raney Ni)催化下加氢,将原来的羰基还原为亚甲基。

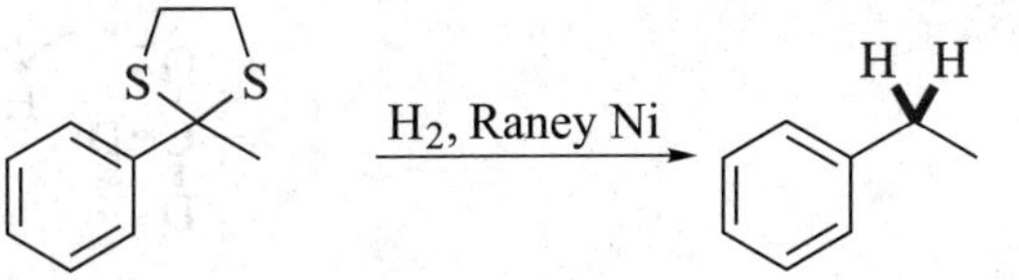

中性条件下还原醛(酮)

[延伸]
1. 醛羰基与硫醇反应,得到硫代缩醛,其在强碱作用下可以生成碳负离子,并作为亲核试剂发生反应,再在氯化汞存在下水解又可恢复羰基。醛羰基由带部分正电荷转变为碳负离子,发生了极性翻转。

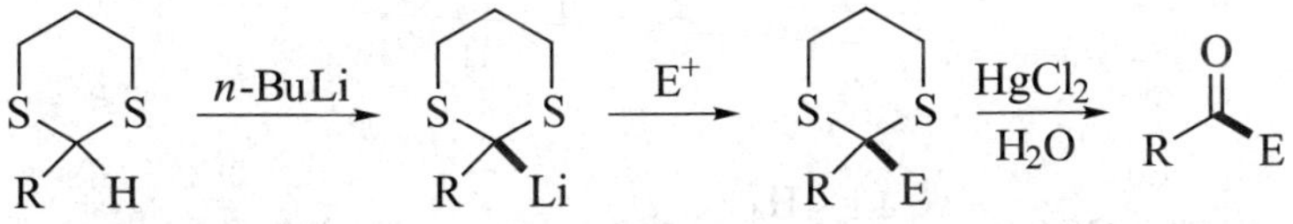

极性翻转

$Hg^{2+}$ 与硫醇形成沉淀,使平衡右移

2. Lawesson 试剂:一种常用来将酮、酯和酰胺的羰基转化为硫羰基的试剂。

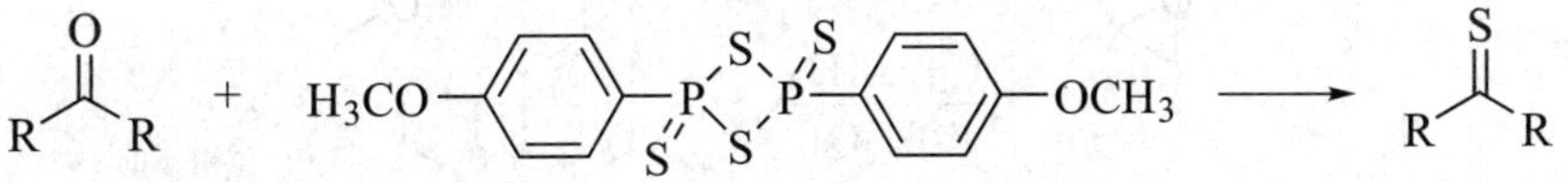

| 反应类型 | 亲核加成-还原 | 特征条件 | $HSCH_2CH_2SH/H^+$ | 关键中间体 | 四面体中间体 | 典型产物 | 硫代缩醛(酮) |
|---|---|---|---|---|---|---|---|

## 1.8 四氢铝锂——氢负离子还原试剂

[反应] 四氢铝锂是一种化学还原试剂，可将卤代烃、醛、酮和羧酸衍生物等还原，不还原双键。

$$\triangle\!\!-COOH \xrightarrow[\text{②}H_2O]{\text{①}LiAlD_4} \triangle\!\!-CD_2OH$$

[机理] 四氘铝锂提供氘负离子。

（反应机理图，氘负离子进攻羰基碳，生成醇）

[实例]

1. $CH_3(CH_2)_8CH_2Br \xrightarrow{LiAlH_4} CH_3(CH_2)_8CH_3$ 可将卤代烷还原为烃，反应活性顺序：I>Br>Cl

2. （环己烯酮结构）$\xrightarrow[\text{②}H_2O]{\text{①}LiAlH_4}$（环己烯醇结构） 可还原醛、酮，双键不受影响

3. $H_2C=CHCH_2COOH \xrightarrow[\text{②}H_2O]{\text{①}LiAlH_4} H_2C=CHCH_2CH_2OH$ 可还原羧酸、酰氯、酸酐、酯、酰胺、腈和磺酰胺等

4. （芳环环氧化物结构）$\xrightarrow[\text{②}H_2O]{\text{①}LiAlH_4}$（叔醇产物结构） 可还原环氧化合物，氢负离子进攻空间位阻小的一端

[特点]

1. $LiAlH_4$ 遇水、醇立即反应放出氢气，反应一般在醚中进行。
2. $LiAlH_4$ 可以还原卤代烃、炔、醛、酮、羧酸衍生物和硝基化合物等，对双

键不起作用。

3. $LiAlH_4$ 中的每一个氢都能进行反应。

[延伸] $LiAlH_4$ 的三个氢被叔丁氧基取代后，空间位阻大，还原能力减弱，还原酰氯时，产物可停留在醛。

$$NC-C_6H_4-COCl \xrightarrow[\text{还原能力弱}]{LiAlH(OBu\text{-}t)_3 \\ \text{三叔丁氧基氢化铝锂}} NC-C_6H_4-CHO$$

| 反应类型 | 还原 | 特征条件 | $LiAlH_4$ | 关键中间体 | 氢负离子 | 典型产物 | 烃/醇 |
|---|---|---|---|---|---|---|---|

## 1.9 四氢铝锂还原酰胺——生成胺

[反应] 四氢铝锂还原酰胺生成胺，而不是醇。

$$\text{(CH}_3\text{)}_2\text{CHCH}_2\text{CH}_2\text{CON(C}_2\text{H}_5\text{)}_2 \xrightarrow[\text{②H}_2\text{O}]{\text{①LiAlH}_4} \text{(CH}_3\text{)}_2\text{CHCH}_2\text{CH}_2\text{CH}_2\text{N(C}_2\text{H}_5\text{)}_2$$

[机理] 一级酰胺和二级酰胺氮原子上的氢原子具有酸性，与强碱性的四氢铝锂生成盐，再与氢化铝加成，形成亚胺，进一步还原水解得到胺。

$$\text{RCONH}_2 + \text{LiAlH}_4 \longrightarrow \text{RCONH}^-\text{Li}^+ + \text{AlH}_3 + \text{H}_2$$

酸性氢

$$\text{RC(O}^-\text{)NHLi} + \text{AlH}_2\text{H} \longrightarrow \text{RCH(OAlH}_2\text{)NHLi} \xrightarrow{-\text{H}_2\text{AlO}^-\text{Li}^+} \boxed{\text{RCH=NH}}$$

亚胺

$$\text{RCH=NH} + \text{LiAlH}_4 \longrightarrow \text{RCH}_2\text{NHAlH}_2 \xrightarrow{\text{H}_2\text{O}} \text{RCH}_2\text{NH}_2$$

三级酰胺的羰基与氢负离子加成得到四面体中间体，生成亚胺盐后与第二个氢负离子加成得到三级胺。

$$\text{RCON(CH}_3\text{)}_2 + \text{LiAlH}_4 \longrightarrow \text{RCH(OAlH}_2\text{)N(CH}_3\text{)}_2 \longrightarrow \text{RCH=}^+\text{N(CH}_3\text{)}_2 \xrightarrow{\text{AlH}_2} \text{RCH}_2\text{N(CH}_3\text{)}_2$$

亚胺盐

[实例]

1. $\text{PhOCH}_2\text{CONH}_2 \xrightarrow[\text{②H}_2\text{O}]{\text{①LiAlH}_4} \text{PhOCH}_2\text{CH}_2\text{NH}_2$    还原一级酰胺得到一级胺

2. $\text{H}_3\text{C-CO-NHPh} \xrightarrow[\text{②H}_2\text{O}]{\text{①LiAlH}_4} \text{CH}_3\text{CH}_2\text{NHPh}$    还原二级酰胺得到二级胺

1.9 四氢铝锂还原酰胺——生成胺

3. 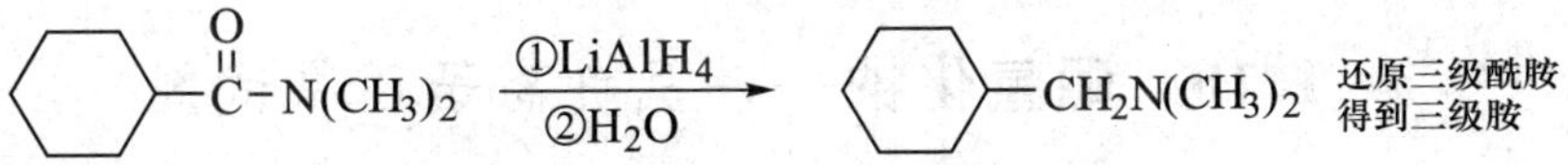 C₆H₁₁−C(=O)−N(CH₃)₂ $\xrightarrow[\text{②}H_2O]{\text{①}LiAlH_4}$ C₆H₁₁−CH₂N(CH₃)₂   还原三级酰胺得到三级胺

[特点]

1. LiAlH$_4$ 还原酰胺生成胺，而不是和其他羧酸衍生物一样生成醇。
2. LiAlH$_4$ 还原腈，也得到一级胺。

| 反应类型 | 还原 | 特征条件 | LiAlH$_4$ | 关键中间体 | 氢负离子 | 典型产物 | 胺 |
|---|---|---|---|---|---|---|---|

## 1.10 硼氢化钠——氢负离子还原试剂

[反应] 硼氢化钠是一种与四氢铝锂相似的化学还原剂,可将醛、酮和酰卤等还原。

$$RCHO \xrightarrow[②H_2O]{①NaBH_4} RCH_2OH$$

[机理] 硼氢化钠提供氢负离子。

(反应机理示意图：氢负离子进攻醛羰基，生成 $RCH_2OBH_3Na$，再与3当量醛反应生成 $NaB(OCH_2R)_4$，水解得到 $RCH_2OH$)

[实例]

1. 3-氧代环戊烷甲酸甲酯 $\xrightarrow[②H_2O]{①NaBH_4}$ 3-羟基环戊烷甲酸甲酯

   NaBH₄ 可还原醛、酮,不能还原双键、羧酸、酯和酰胺等

2. 邻苯二甲酸酐 $\xrightarrow{NaBH_4}$ 苯酞

   二元羧酸的环酐可被还原为内酯

[特点]

1. NaBH₄ 比 LiAlH₄ 温和,酸性条件下容易分解放出氢气,碱性条件下稳定,醇可以作为反应溶剂。

2. NaBH₄ 还原能力比 LiAlH₄ 弱,可以还原二级、三级卤代烃,醛,酮和酰卤等;不能还原一级卤代烃、双键、羧酸、酯、酰胺和硝基化合物等。

[延伸] 通常条件下,NaBH₄ 不可还原羧酸、酯、酰胺和硝基化合物,但加入碘、Lewis 酸等添加剂可使其还原性增强。

$$CH_3(CH_2)_8COOH \xrightarrow{NaBH_4-I_2} CH_3(CH_2)_8CH_2OH$$

[延伸] 氰基硼氢化钠(NaBH₃CN)比 NaBH₄ 还原能力弱,在醛、酮的还原胺

化反应中,只还原中间产物亚胺,不还原醛、酮。

$$C_6H_5\overset{\overset{O}{\|}}{C}H + CH_3CH_2NH_2 \xrightarrow{NaBH_3CN} C_6H_5CH_2NHCH_2CH_3$$

| 反应类型 | 还原 | 特征条件 | NaBH₄ | 关键中间体 | 氢负离子 | 典型产物 | 烃/醇 |
|---|---|---|---|---|---|---|---|

## 1.11 单糖的还原——生成糖醇

[反应] 单糖在催化氢化及硼氢化钠还原等条件下被还原为相应的多元醇。

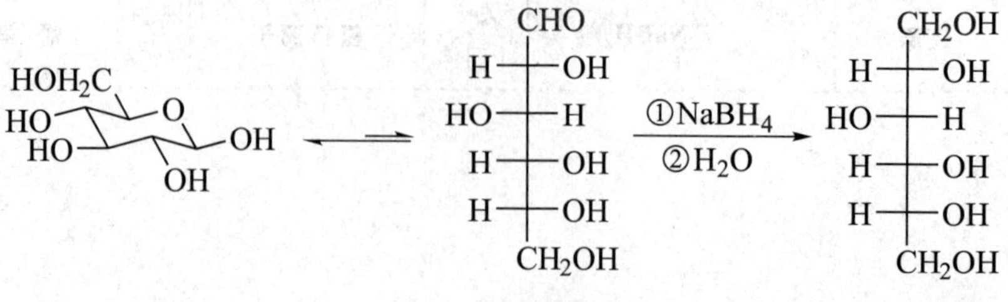

D-葡萄糖       L-山梨糖醇

[特点]

1. 实验室常用 $NaBH_4$ 还原单糖,工业上常以 Ni 等为催化剂催化加氢还原单糖,产物均为相应的多元醇。

2. 环状半缩醛不能被 $NaBH_4$ 还原,而开链式异构体则可以被还原,因此,此反应中,环状异构体不断转化为少量开链式异构体而被还原。

3. D-葡萄糖还原为 L-山梨糖醇,工业上主要用于合成维生素 C。

| 反应类型 | 还原 | 特征条件 | $NaBH_4$ | 关键中间体 | 氢负离子 | 典型产物 | 糖醇 |
|---|---|---|---|---|---|---|---|

## 1.12 乙硼烷还原——还原羧基

[反应] 乙硼烷除可与 C=C 双键反应外,还可还原 C=O 双键等其他多重键,如将羧酸在四氢呋喃中还原为一级醇。

$$R-COOH \xrightarrow[THF]{(BH_3)_2} R-CH_2OH$$

[机理] 缺电子的硼原子对羰基氧原子配位,并将氢负离子转移到碳原子上,消除 $BH_2OH$ 后生成醛;进一步还原醛,水解得到一级醇。

$$RCOOH + BH_3 \longrightarrow \underset{\text{缺电子硼} \quad \text{氢负离子}}{\left[\begin{array}{c}O^- \cdots BH_2\\R-C\\OH\end{array}\right]} \longrightarrow \underset{H}{R-C(OBH_2)OH} \xrightarrow{-HOBH_2} R-CHO$$

$$\xrightarrow{BH_3} \left[\begin{array}{c}O^- \cdots BH_2\\R-C-H\\H\end{array}\right] \longrightarrow R-CH(OBH_2)H \xrightarrow{H_2O} RCH_2OH$$

[实例]

1. $O_2N-C_6H_4-COOH \xrightarrow[0^\circ C]{(BH_3)_2, THF} O_2N-C_6H_4-CH_2OH$

2. $O_2N-CH_2-CONH_2 \xrightarrow[0^\circ C]{(BH_3)_2, THF} O_2N-CH_2-CH_2-NH_2$   酰胺还原为胺,硝基不受影响

3. (5,5-二甲基-3-甲基环己烯酮) $\xrightarrow{B_2H_6}$ (OBH₂ 烯醇硼) $\xrightarrow{B_2H_6}$ $\xrightarrow{H_2O_2}$ (二醇产物)   不饱和醛、酮还原时,先还原羰基,再还原碳碳双键

[特点]

1. 反应的关键在于硼烷与氧原子的配位,因此,羰基氧原子碱性越强,反应越容易进行:

$$-COOH > \underset{}{>}C=O > -C\equiv N > -COOR > -COCl$$

2. 乙硼烷中硼原子有空轨道,可与氧原子上孤对电子作用,氢为负氢,可以将醛、酮或羧酸衍生物还原为醇,也可以亲电加成到双键再经氧化生成醇。

3. 乙硼烷不能还原硝基。

| 反应类型 | 还原 | 特征条件 | $B_2H_6$ | 关键中间体 | 氢负离子 | 典型产物 | 醇 |
|---|---|---|---|---|---|---|---|

## 1.13 催化加氢——应用广泛的绿色还原方法

[**反应**] 催化剂作用下,被还原基团在一定的温度和氢压力条件下发生还原反应。

[**实例**]

1. 烯烃 $\quad \text{RCH=CHR} \xrightarrow{\text{H}_2,\ \text{Raney Ni}} \text{RCH}_2\text{CH}_2\text{R}\quad$ 催化氢化反应后放出一定的热量,称为氢化热,可用来比较烯烃的稳定性

2. 炔烃 $\quad \text{CH}_3\text{CH}_2\text{C}\equiv\text{CCH}_2\text{CH}_3 \xrightarrow[\text{H}_2]{\text{Pd, CaCO}_3} \text{顺式-3-己烯}\quad$ Z型烯烃

3. 环烷烃 $\quad \triangle \xrightarrow[\text{Ni}]{\text{H}_2} \text{CH}_3\text{CH}_2\text{CH}_3\quad$ 环上碳原子数增加,开环变难,说明小环不稳定

4. 苯 $\quad \text{C}_6\text{H}_6 \xrightarrow[200\ ℃]{\text{H}_2,\ \text{Ni}} \text{环己烷}\quad$ 一步生成环己烷体系

5. 醛、酮 $\quad \text{CH}_3\text{COCH}_3 \xrightarrow[\text{Pt}]{\text{H}_2} \text{CH}_3\text{CH(OH)CH}_3\quad$ 双键与羰基不共轭,活性顺序:RCHO>C=C>R$_2$C=O 双键与羰基共轭,先还原碳碳双键,再还原羰基

6. 酰氯 $\quad \text{PhCOCl} \xrightarrow[\text{硫-喹啉}]{\text{Pd-BaSO}_4,\ \text{H}_2} \text{PhCHO}\quad$ Rosenmund还原,生成醛

7. 腈 $\quad \text{PhCH}_2\text{CN} \xrightarrow[\text{Pt}]{\text{H}_2} \text{PhCH}_2\text{CH}_2\text{NH}_2\quad$ 酰胺、叠氮、肟等也可以被还原得到胺

8. 硝基 $\quad \text{CH}_3\text{NO}_2 \xrightarrow[\text{Pt}]{\text{H}_2} \text{CH}_3\text{NH}_2$

9. 杂环 $\quad$ 呋喃 $\xrightarrow[\text{Ni}]{\text{H}_2}$ 四氢呋喃

吡啶 $\xrightarrow[\text{Ni}]{\text{H}_2}$ 哌啶

10. 脱苄    PhCH₂OR $\xrightarrow[H_2]{Pd-C}$ PhCH₃ + ROH    苄基可作为羟基和氨基的保护基

[特点]

1. 催化加氢对环境污染小,转化率高,是工业上常用的还原方法。

2. 催化加氢常用的催化剂有 Ni、Pt、Pd 等,工业上常用 Raney Ni。

3. 反应在中性条件下进行,有利于保护带酸性或碱性条件下易水解基团的化合物。

4. 羧酸在催化加氢条件下不被还原。

| 反应类型 | 还原 | 特征条件 | H₂ | 关键中间体 | — | 典型产物 | 烃/醇/胺等 |
|---|---|---|---|---|---|---|---|

## 1.14 炔烃的催化氢化——生成 Z 型烯烃

[反应]炔烃在常用催化剂钯、铂或镍作用下加成 2 分子 $H_2$，生成烷烃；而在活性较低的 Lindlar 催化剂（钯附着于碳酸钙和少量氧化铅上，使催化剂活性降低）作用下加成 1 分子 $H_2$，得到 Z 型烯烃。

$$CH_3CH_2C\equiv CCH_2CH_3 \xrightarrow[H_2]{Pd,\ CaCO_3} \underset{H\quad\quad H}{\overset{H_3CH_2C\quad\quad CH_2CH_3}{\diagdown C=C \diagup}}$$

[实例]

1. $CH_3(CH_2)_7C\equiv C(CH_2)_7COOH \xrightarrow[H_2]{Pd,\ CaCO_3}$

硬脂炔酸

$$\underset{H\quad\quad H}{\overset{H_3C(H_2C)_7\quad\quad (CH_2)_7COOH}{\diagdown C=C \diagup}} \quad 产物特征：Z型烯烃$$

油酸

炔烃催化氢化制备 Z 型烯烃

2. $CH_3CH_2C\equiv CCH_2CH_3 \xrightarrow[H_2]{硼化镍} \underset{H\quad\quad H}{\overset{H_3CH_2C\quad\quad CH_2CH_3}{\diagdown C=C \diagup}}$ 产物特征：Z 型烯烃

[特点]
1. 炔烃的催化氢化是制备 Z 型烯烃的重要方法，在合成中具有广泛的用途。
2. 炔烃在硼化镍催化下加氢，同样得到 Z 型烯烃。
3. 炔烃在硼氢化-醋酸酸化反应条件下，生成 Z 型烯烃。

| 反应类型 | 还原 | 特征条件 | $Pd,CaCO_3/H_2$ | 关键中间体 | — | 典型产物 | Z 型烯烃 |
|---|---|---|---|---|---|---|---|

## 1.15 Rosenmund 还原——选择性还原酰氯得到醛

[反应] 在吸附于硫酸钡上面部分失活的钯催化剂作用下,酰氯加氢还原得到醛,不会进一步还原为醇。

$$R-\underset{O}{\overset{\|}{C}}-Cl + H_2 \xrightarrow{Pd-BaSO_4} R-\underset{O}{\overset{\|}{C}}-H$$

[实例]

1. 苯甲酰氯 $\xrightarrow[\text{硫-喹啉}]{Pd-BaSO_4, H_2}$ 苯甲醛   产物特征:生成醛

2. $C_2H_5O-\underset{O}{\overset{\|}{C}}-CH_2CH_2\underset{O}{\overset{\|}{C}}-Cl \xrightarrow[\text{硫-喹啉}]{Pd-BaSO_4, H_2} C_2H_5O-\underset{O}{\overset{\|}{C}}-CH_2CH_2\underset{O}{\overset{\|}{C}}-H$

[特点]

1. 钯催化剂加入少量硫-喹啉等进一步降低活性,防止醛被还原为醇;另外,反应尽可能在较低的温度下进行,避免醛进一步被还原。
2. 反应物上的硝基、卤素和酯基等基团不受影响,均可保留。
3. 由于酰氯是由羧酸制备的,因此这也是由羧酸经酰氯制备醛的方法。

| 反应类型 | 还原 | 特征条件 | $Pd-BaSO_4/H_2$ | 关键中间体 | — | 典型产物 | 醛 |
|---|---|---|---|---|---|---|---|

## 1.16 还原胺化——胺的烃基化

[反应]醛、酮与胺或氨缩合得到的亚胺不稳定,在负氢试剂或催化氢化作用下被还原为高一级的胺。

$$R^1R^2C=O + H_2N-CH_2R \longrightarrow [R^1R^2C=N-CH_2R] \xrightarrow{H_2/Ni} R^1R^2CH-NHCH_2R$$

[实例]

1. PhCHO + PhCH$_2$NH$_2$ $\xrightarrow{H_2/Ni}$ PhCH$_2$NHCH$_2$Ph

2. PhCHO + NH$_3$ $\xrightarrow{H_2/Ni}$ PhCH$_2$NH$_2$    H$_2$/Ni作为还原条件

3. 2 PhCHO + NH$_3$ $\xrightarrow{H_2/Ni}$ PhCH$_2$NHCH$_2$Ph    2分子羰基化合物与1分子氨,可得到对称二级胺

4. PhCHO $\xrightarrow[NaBH_3CN]{CH_3CH_2NH_2}$ PhCH$_2$NHCH$_2$CH$_3$    氰基硼氢化钠作还原剂

5. PhCOCH$_3$ $\xrightarrow{HCOONH_4}$ PhCH(NH$_2$)CH$_3$    甲酸铵代替氨和还原试剂

[特点]
1. 还原条件可以是催化加氢,也可以用氰基硼氢化钠作还原剂。
2. 在还原胺化反应中,氨转化为一级胺;一级胺转化为二级胺;二级胺转化为三级胺。
3. 氨常以水溶液形式存在,羰基化合物在氨水中生成亚胺的产率较低,利用甲酸铵代替氨和还原试剂也可将醛或酮在高温下转化为胺,其中,甲酸根离

子作为还原剂提供一个氢负离子将亚胺还原为胺。

[延伸]Eschweiler-Clarke 甲基化反应：一级胺或二级胺在甲醛和甲酸共同作用下甲基化，生成三级胺。

$$R-NH_2 + \underset{\text{甲基化试剂}}{HCHO} + \underset{\substack{\text{还原试剂}\\\text{氢负离子来源}}}{HCOOH} \longrightarrow R-N\begin{smallmatrix}CH_3\\CH_3\end{smallmatrix}$$

| 反应类型 | 亲核加成/还原 | 特征条件 | $H_2$/Ni | 关键中间体 | 亚胺 | 典型产物 | 胺烃基化 |
|---|---|---|---|---|---|---|---|

## 1.17 硝基的还原——酸性条件下彻底还原，碱性条件下偶联

[反应] 硝基化合物可以在铁和酸、硫化物、催化加氢、四氢铝锂等条件下还原。

[实例]

1. PhNO$_2$ $\xrightarrow[\text{② HO}^-]{\text{① Fe, HCl}}$ PhNH$_2$    酸性还原条件，彻底还原

2. 2,4-二硝基苯胺 $\xrightarrow[\text{C}_2\text{H}_5\text{OH, }\Delta]{\text{H}_2\text{S, NH}_4\text{OH}}$ 4-硝基-1,2-苯二胺    Na$_2$S、NaHS或(NH$_4$)$_2$S等是温和的还原剂，可选择性还原一个硝基

3. 邻硝基苯甲醛 $\xrightarrow[\text{H}_2\text{O}]{\text{FeSO}_4\text{, NH}_3}$ 邻氨基苯甲醛    较温和的还原剂可以选择性还原硝基，不影响醛、酮的羰基

4. PhNO$_2$
   - $\xrightarrow[\text{NaOH, H}_2\text{O}]{\text{As}_2\text{O}_3}$ Ph−N$^+$(O$^-$)=N−Ph    氧化偶氮苯
   - $\xrightleftharpoons[\text{(C}_2\text{H}_5\text{O)}_3\text{P}]{\text{H}_2\text{O}_2, \text{HOAc}}$
   - $\xrightarrow[\text{NaOH, H}_2\text{O, }\Delta]{\text{Zn}}$ Ph−N=N−Ph    偶氮苯
   - $\xrightleftharpoons[\text{H}_2\text{NNH}_2\text{, Pd/C}]{\text{空气或NaOBr}}$
   - $\xrightarrow[\text{KOH, ROH}]{\text{H}_2\text{NNH}_2}$ Ph−NH−NH−Ph    氢化偶氮苯

   碱性还原，得到双分子偶联产物

5. 4-硝基苯甲酸乙酯 $\xrightarrow[\text{EtOH, 25℃}]{\text{H}_2\text{, PtO}_2}$ 4-氨基苯甲酸乙酯

[特点]

1. 硝基化合物在酸性条件下可以被铁彻底还原为氨基,较温和的还原剂可以选择性还原部分硝基。

2. 碱性条件下,硝基化合物还原得到双分子偶联产物。

3. 催化氢化常用 Ni、Pt 或 Pd 等催化剂,在中性条件下还原,对酸、碱敏感的基团不受影响。

4. $LiAlH_4$ 可以将硝基烷烃还原为胺,但只能将芳香硝基化合物还原为偶氮衍生物。$NaBH_4$ 和 $BH_3$ 不能还原硝基。

| 反应类型 | 还原 | 特征条件 | Fe,HCl | 关键中间体 | — | 典型产物 | 胺 |

## 1.18 Wacker 反应——乙烯氧化为乙醛

[反应] 乙烯在水溶液中,在氯化钯及氯化铜的催化作用下,被空气氧化为乙醛。

$$H_2C=CH_2 + H_2O \xrightarrow[HCl, O_2]{PdCl_2\text{-}CuCl_2} CH_3CHO$$

[机理] 乙烯与氯化钯配位,水亲核进攻,消除质子和 Pd,重排成乙醛;Pd 在氯化铜作用下再生为氯化钯。

$$H_2C=CH_2 \atop \underset{Pd^{2+}}{} \xrightarrow[-H^+]{H_2O} \underset{Pd^+}{H_2C-CH}-O-H \xrightarrow{-H^+,-Pd} H_3C-\overset{O}{\underset{}{C}}H$$

$$Pd + 2CuCl_2 \longrightarrow PdCl_2 + Cu_2Cl_2$$

$$\xrightarrow[HCl]{O_2} CuCl_2 + H_2O$$

[实例]

1. $\underset{R}{\overset{H}{>}}C=CH_2 + H_2O \xrightarrow[HCl, O_2]{PdCl_2\text{-}CuCl_2} R-\overset{O}{\underset{}{C}}-CH_3$ 　　氧化末端双键得到甲基酮

2. 

$$\text{CH}_2=\text{CH-CH}_2\text{-CH}_2\text{-CH=CH-CO}_2\text{CH}_3 \xrightarrow[H_2O, O_2]{PdCl_2\text{-}CuCl_2}$$

$$\text{CH}_3\text{-CO-CH}_2\text{-CH}_2\text{-CH=CH-CO}_2\text{CH}_3 \quad \text{末端双键优先反应}$$

[特点]
1. 乙醛长期以来由乙炔制造,Wacker 反应是用乙烯作为原料生产乙醛的方法。
2. 端烯在钯催化剂和铜催化剂作用下选择性氧化为甲基酮,乙烯氧化为乙醛。
3. 分子内同时存在末端双键和其他双键时,末端双键优先反应。

[延伸] 乙烯在银离子催化下,氧化生成环氧乙烷。

$$H_2C=CH_2 + \tfrac{1}{2}O_2 \xrightarrow[\Delta]{Ag^+} \underset{}{\triangle\!\!\!\!O}$$

| 反应类型 | 氧化 | 特征条件 | $PdCl_2\text{-}CuCl_2/H_2O, O_2$ | 关键中间体 | — | 典型产物 | 乙醛/甲基酮 |
|---|---|---|---|---|---|---|---|

## 1.19 烯烃臭氧分解反应——双键断裂生成醛、酮

[反应] 烯烃与臭氧反应后，还原条件下水解生成对应的醛、酮。

$$\underset{R^1\phantom{xx}R^3}{R^2\diagup\diagdown}C=C \xrightarrow[\text{②Zn, H}_2\text{O}]{\text{①O}_3} R^1-CHO + O=C\underset{R^3}{\overset{R^2}{\diagup}}$$

[机理] 烯烃与臭氧加成，经一级臭氧化物和二级臭氧化物水解为醛、酮。

$$O=\overset{+}{O}-\overset{-}{O} \longleftrightarrow \overset{+}{O}-O-\overset{-}{O} \longleftrightarrow \overset{-}{O}-O-\overset{+}{O}$$

一级臭氧化物　　　　　　　　　二级臭氧化物

[实例]

1. $\underset{H_3C}{\overset{H_3C}{\diagup}}C=CH_2 \xrightarrow[\text{②Zn, H}_2\text{O}]{\text{①O}_3} \underset{H_3C}{\overset{H_3C}{\diagup}}C=O + CH_2O$ 　产物为对应的醛、酮

2. $H_2C=CHCH_2CH_3 \xrightarrow[\text{②Zn, H}_2\text{O}]{\text{①O}_3}$

   $CH_3CH_2CHO + CH_2O + Zn(OH)_2$ 　臭氧化物加水分解时，加入Zn，可与生成的过氧过氢反应

3. $H_2C=CHCH_2CH_3 \xrightarrow[\text{②CH}_3\text{SCH}_3]{\text{①O}_3}$

   $CH_3CH_2CHO + CH_2O + H_3C-\overset{\overset{O}{\|}}{S}-CH_3$ 　也可用甲硫醚

[特点]

1. 产物特征：双键断裂，得到相应的醛、酮，利用该反应可以推测原来烯烃的结构。

2. 臭氧化物加水或酸分解时，产生过氧过氢，醛被氧化为羧酸，加入锌可与过氧过氢反应，也可以加入甲硫醚破坏过氧过氢。

## 1.19 烯烃臭氧分解反应——双键断裂生成醛、酮

$$\underset{\text{H}_3\text{C}}{\overset{\text{H}_3\text{C}}{>}}\!\!\overset{\text{O-O}}{\underset{\text{O}}{\bigtriangleup}}\!\!\overset{\text{H}}{\underset{\text{C}_2\text{H}_5}{<}} \xrightarrow{\text{H}_2\text{O}} \text{CH}_3\text{COCH}_3 + \text{CH}_3\text{CH}_2\text{CHO} + \text{H}_2\text{O}_2$$

$$\downarrow$$

$$\text{CH}_3\text{CH}_2\text{COOH}$$

[延伸] 如果用催化氢化、四氢铝锂或者硼氢化钠还原臭氧化物，则得到相应的醇。

$$\text{CH}_3\text{CH=CHCH}_3 \xrightarrow[\text{②LiAlH}_4]{\text{①O}_3} \text{CH}_3\text{CH}_2\text{CH}_2\text{OH} + \text{CH}_3\text{OH}$$

| 反应类型 | 氧化 | 特征条件 | $O_3$/Zn | 关键中间体 | 臭氧化物 | 典型产物 | 醛/酮 |
|---|---|---|---|---|---|---|---|

## 1.20 过氧酸氧化烯烃——环氧水解生成反式邻二醇

[反应] 烯烃与有机过氧酸亲电加成,得到环氧化物,用稀酸处理反式开环生成邻二醇。

烯烃的环氧化

[机理] 烯烃与有机过氧酸通过三元环状过渡态发生顺式亲电加成。

协同反应
顺式加成

[实例]

1. 环己烯 $\xrightarrow{RCOOOH}$ 环氧化物 $\xrightarrow{H_3O^+}$ 反式邻二醇

   水解得到反式邻二醇

2. 1,2-二甲基环己烯 $\xrightarrow[Na_2CO_3]{C_6H_5COOOH}$ 环氧化物

   体系中加入不溶解的弱碱中和产生的有机酸,得到环氧化物

烯烃环氧化反应的立体选择性

3. 降冰片烯 $\xrightarrow[Na_2CO_3]{m\text{-}CPBA}$ 1% + 99%

   环氧与C5、C6位阻比C7大

4. 二氢萘 $\xrightarrow[Na_2CO_3]{CH_3CO_3H}$ 环氧化物

   控制过氧酸用量,给电子基团多的双键优先反应

## 1.20 过氧酸氧化烯烃——环氧水解生成反式邻二醇

[特点]

1. 过氧酸氧化烯烃的产物为顺式加成的环氧化物,与原料烯烃的构型保持一致。

2. 生成的环氧化物在酸性或碱性条件下水解,得到邻二醇;体系中加入不溶解的弱碱,中和反应产生的有机酸,得到环氧化物。

3. 环氧化反应可以在双键平面的任一侧进行,当平面两侧空阻位阻相同时,环氧环碳原子为手性碳原子时,产物是一对外消旋体。

4. 常用的过氧酸有过氧乙酸 $CH_3COOOH$、过氧三氟乙酸 $CF_3COOOH$、过氧苯甲酸 $C_6H_5COOOH$ 和过氧间氯苯甲酸 $m\text{-}ClC_6H_5COOOH(m\text{-}CPBA)$ 等。

5. 乙烯可以在银催化下氧化制环氧乙烷。

| 反应类型 | 氧化 | 特征条件 | RCOOOH | 关键中间体 | 三元环状过渡态 | 典型产物 | 环氧化物/反式邻二醇 |
|---|---|---|---|---|---|---|---|

## 1.21 高锰酸钾氧化烯烃——酸性条件下碳链断裂，碱性条件下得顺式邻二醇

由烯烃合成邻二醇

[反应] 烯烃可以被稀、冷的中性（或碱性）高锰酸钾氧化为顺式邻二醇。

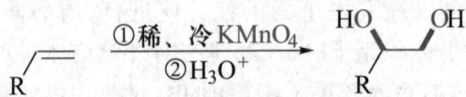

在酸性条件下被浓、热高锰酸钾氧化为碳链断裂产物。

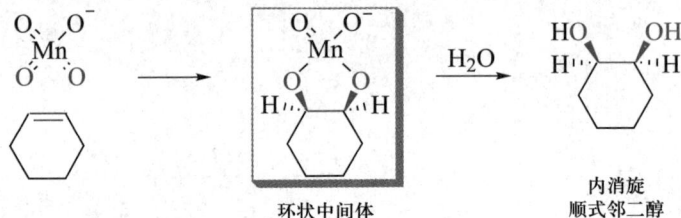

稀、冷的中性高锰酸钾氧化烯烃

[机理] 高锰酸钾与烯烃形成环状中间体，进而得到顺式邻二醇。

[实例]

1. 环己烯 $\xrightarrow[②H_3O^+]{①稀、冷 KMnO_4}$ 顺式邻二醇   稀、冷高锰酸钾氧化产物：顺式邻二醇 产率不高，邻二醇会被进一步氧化

2. $CH_3(CH_2)_{10}CH=CH_2 \xrightarrow[②H_3O^+]{①浓、热 KMnO_4}$ $CH_3(CH_2)_{10}COOH + HCOOH$   甲酸被进一步氧化为二氧化碳

[特点]

1. 热、浓的高锰酸钾溶液中，端烯 $H_2C=$ 被氧化为 $CO_2$ 和 $H_2O$，$RCH=$ 被氧化为 $RCOOH$（羧酸），$R_2C=$ 被氧化为 $R_2C=O$（酮），可用于烯烃的结构推测。

2. 高锰酸钾的稀水溶液滴加到烯烃中，高锰酸钾的紫色会褪去，同时生成

二氧化锰沉淀,可以根据上述实验现象鉴别烯烃。

[**延伸**]稀、冷高锰酸钾氧化产物为顺式邻二醇,产率不高;四氧化锇也具有相同的作用,几乎等物质的量反应,但是其毒性较大,而且四氧化锇很贵,较经济的方法是用双氧水及催化量四氧化锇。

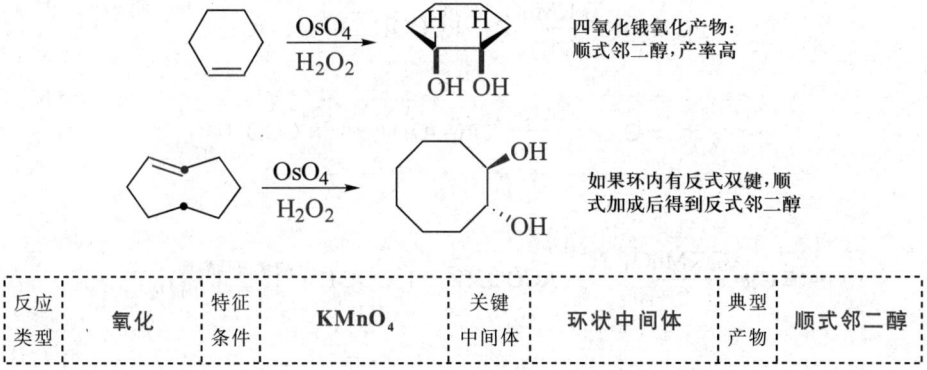

| 反应类型 | 氧化 | 特征条件 | KMnO₄ | 关键中间体 | 环状中间体 | 典型产物 | 顺式邻二醇 |
|---|---|---|---|---|---|---|---|

## 1.22 炔的氧化——经高锰酸钾或臭氧氧化生成羧酸

[反应]炔烃对氧化剂敏感性低,但仍能被高锰酸钾和臭氧氧化。

$$RC\equiv CR' \xrightarrow[\text{②}H_2O]{\text{①}KMnO_4} RCOOH + R'COOH$$

$$RC\equiv CR' \xrightarrow[\text{②}H_2O]{\text{①}O_3} RCOOH + R'COOH$$

[实例]

1. $RC\equiv CR' \xrightarrow[\text{②}H_2O]{\text{①}KMnO_4, H^+} RCOOH + R'COOH$   酸性高锰酸钾,碳碳三键断裂,生成羧酸

2. $RC\equiv CR' \xrightarrow[pH=5\sim 7]{KMnO_4}$ R-CO-CO-R'   中性高锰酸钾,有时可得α-二酮类化合物

3. $CH_3CH_2C\equiv CH \xrightarrow[\text{②}H_2O]{\text{①}O_3} CH_3CH_2COOH + HCOOH$   臭氧氧化,碳碳三键断裂,生成羧酸

4. $RC\equiv CH \xrightarrow{O_2}_{NH_4Cl/CuCl} RC\equiv C-C\equiv CR$   氧化偶联

[特点]

1. 炔烃较烯烃氧化速率慢,可以被高锰酸钾或臭氧氧化,碳碳三键断裂,生成羧酸。

2. 与烯烃氧化类似,根据高锰酸钾颜色变化可以鉴别炔烃,由所得产物推测炔烃的结构。

| 反应类型 | 氧化 | 特征条件 | $KMnO_4$;$O_3$ | 关键中间体 | 环状中间体 | 典型产物 | 羧酸 |
|---|---|---|---|---|---|---|---|

## 1.23 苄位的氧化反应——生成苯甲酸

[反应] 苯环不易被氧化,然而,由于苄位的共振效应,与烷烃相比,含有 α-H 的烃基苯更容易被氧化。烃基苯氧化时,总是侧链被氧化,不论烃基长短,只要含有 α-H,最后都生成羧基。

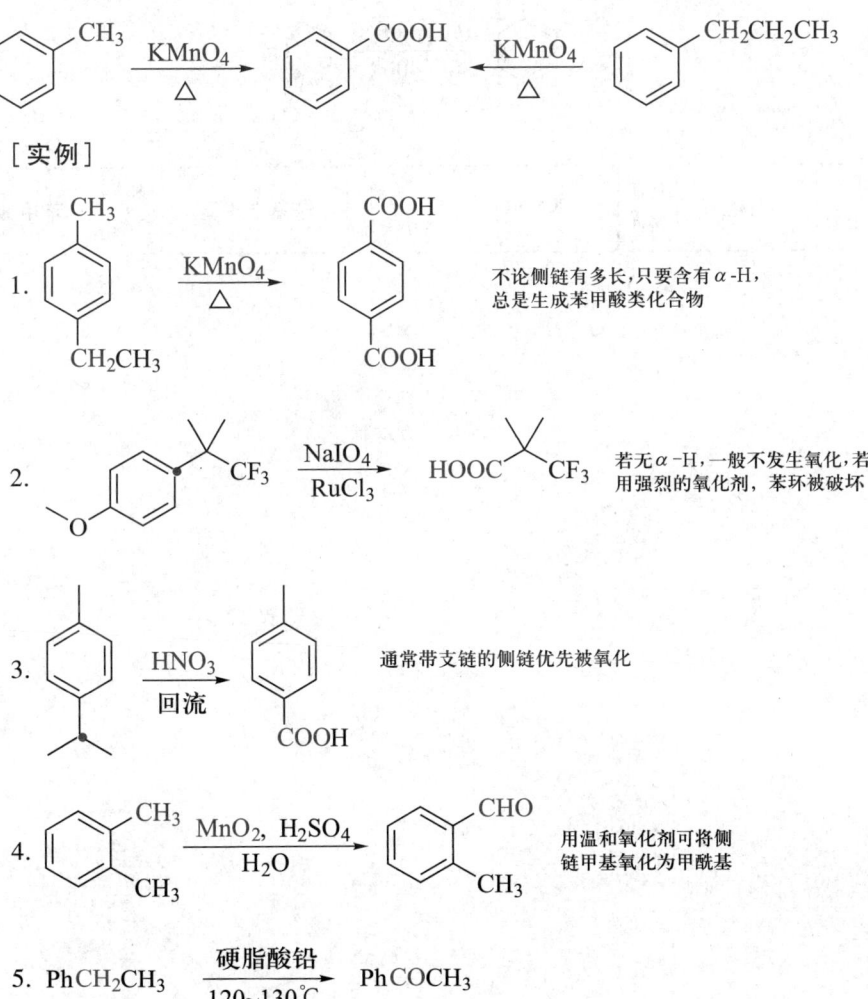

[特点]
1. 含有 α-H 的烃基苯氧化生成苯甲酸;不含 α-H 的烃基苯强烈氧化,则苯环被破坏。

2. 苯环侧链的氧化机理非常复杂,可能首先是苄位的 C—H 键断裂,形成苄基自由基中间体。

3. 芳香羧酸有固定的熔点,可以用来鉴别烃基苯的结构。

4. 苄卤可以被 DMSO 氧化为醛,苄醇也能被 $MnO_2$ 氧化为苯甲醛。

[延伸] 苯环的氧化:

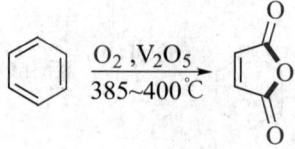

| 反应类型 | 氧化 | 特征条件 | $KMnO_4$ | 关键中间体 | 苄基自由基 | 典型产物 | 苯甲酸 |
|---|---|---|---|---|---|---|---|

## 1.24 异丙苯氧化法制酚——工业合成苯酚

[反应]苯与丙烯在磷酸催化下通过 Friedel-Crafts 烃基化生成异丙苯,异丙苯的三级碳原子上的氢原子活泼,用空气经自由基反应氧化成氢过氧化异丙苯,其在酸催化下分解为苯酚和丙酮。

$$\text{苯} + H_2C=CH-CH_3 \xrightarrow{AlCl_3} \text{异丙苯 }CH(CH_3)_2$$

$$\text{异丙苯} \xrightarrow{O_2} \text{氢过氧化异丙苯} \xrightarrow[H_2SO_4]{H_2O} \text{苯酚} + \text{丙酮}$$

[机理]氢过氧化异丙苯在酸性条件下失水发生重排,芳基迁移至相邻的氧原子上,生成的三级碳正离子经水解转化为苯酚和丙酮。

$$H_3C-\underset{Ph}{\underset{|}{\overset{CH_3}{\overset{|}{C}}}}-O-OH \xrightarrow{H^+} H_3C-\underset{Ph}{\underset{|}{\overset{CH_3}{\overset{|}{C}}}}-O-\overset{+}{O}H_2 \xrightarrow{-H_2O} H_3C-\underset{Ph}{\underset{|}{\overset{CH_3}{\overset{|}{C}}}}-\overset{+}{O}$$

氧正离子,类似于 Baeyer-Villiger 重排

$$\text{三级碳正离子 } Ph-O-\overset{+}{\underset{CH_3}{\underset{|}{C}}}-CH_3 \xrightarrow{H_2O} Ph-O-\underset{CH_3}{\underset{|}{\overset{\overset{+}{O}H_2}{\overset{|}{C}}}}-CH_3 \longrightarrow Ph-\overset{+}{\underset{}{O}}\underset{CH_3}{\underset{|}{\overset{OH}{\overset{|}{C}}}}-CH_3$$

$$\longrightarrow \text{苯酚-OH} + \underset{CH_3}{\underset{|}{\overset{+OH}{\overset{|}{C}}}}-CH_3 \xrightarrow{-H^+} \text{丙酮}$$

[特点]

1. 异丙苯容易被空气氧化生成相应的过氧化物:异丙苯在碱性条件下与自

由基反应生成苯异丙基自由基,其与氧气结合成为苯异丙过氧自由基,该自由基从另一个异丙苯分子取得氢原子转化为氢过氧化异丙苯和可以继续后续反应的苯异丙基自由基。

$$\text{Ph}\underset{H}{\overset{}{\diagup}}\xrightarrow{R\cdot}\text{Ph}\diagup\cdot\xrightarrow{O_2}\text{Ph}\diagup\text{O-O}\cdot\xrightarrow{\text{Ph}\underset{H}{\diagup}}\text{Ph}\diagup\text{O-OH}+\text{Ph}\diagup\cdot$$

2. 异丙苯氧化法是工业合成苯酚和丙酮的主要方法,其优点在于,将较为廉价的原料苯和丙烯转化为更有价值的苯酚和丙酮。

| 反应类型 | 氧化 | 特征条件 | $O_2$ | 关键中间体 | 氢过氧化异丙苯 | 典型产物 | 苯酚/丙酮 |
|---|---|---|---|---|---|---|---|

## 1.25 高碘酸氧化邻二醇——碳链断裂生成醛、酮

[反应] 高碘酸($H_5IO_6$)、偏高碘酸钠($NaIO_4$,习惯上称高碘酸钠)的水溶液作氧化剂,可以使连有羟基的碳碳键断开,生成醛、酮。

$$\underset{HO\phantom{R^1}\phantom{R^2}OH}{R^1\!-\!\overset{R^2}{\underset{R^3}{C}}} \xrightarrow{H_5IO_6} \underset{H}{R^1}\!\!=\!\!O + O\!=\!\!\underset{R^3}{R^2}$$

[机理] 邻二醇与高碘酸形成环状酯中间体。

高碘酸氧化邻二醇

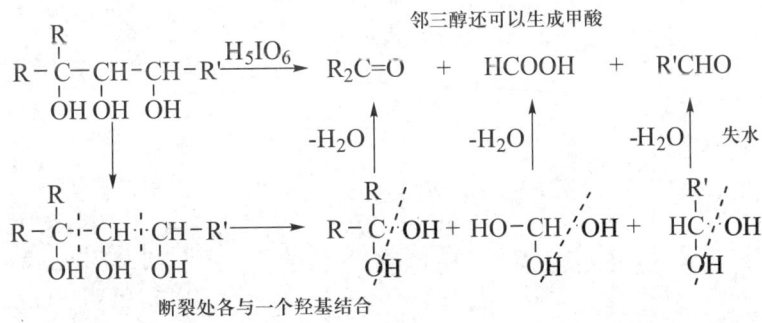

环状酯中间体

[实例]

可以根据生成的醛、酮推测邻二醇的结构

[解析]

邻三醇还可以生成甲酸

断裂处各与一个羟基结合

[特点]
1. 高碘酸氧化邻二醇的反应是定量进行的,每个碳碳键的断裂消耗1分子高碘酸,可以根据高碘酸的消耗量和产物推测原化合物的结构。
2. 可以简单地看作醇羟基所连接的碳原子之间的键断裂,断裂处各与一个羟基结合,然后失水形成产物。
3. $\alpha$-羟基酸、$\alpha$-二酮、$\alpha$-氨基酮和$\beta$-氨基醇类化合物也能进行类似反应。

[**延伸**]邻二醇与四乙酸铅的反应结果与高碘酸是一样的,也是经过环状酯中间体。

四乙酸铅氧化顺式邻二醇更有利

| 反应类型 | 氧化 | 特征条件 | $H_5IO_6$ | 关键中间体 | 环状酯中间体 | 典型产物 | 醛/酮 |

## 1.26 Tollens 试剂——鉴别醛

[反应] 利用醛、酮氧化性能的区别,可以迅速地鉴别醛和酮。

Tollens 试剂 $[Ag(NH_3)_2]^+$:可氧化脂肪醛及芳醛,用于鉴别醛(—CHO);

Fehling 试剂($CuSO_4$+NaOH+酒石酸钾钠):仅氧化脂肪醛,用于鉴别脂肪醛(R—CHO);

Benedict 试剂($CuSO_4$+$Na_2CO_3$+柠檬酸钠):鉴别除甲醛外的脂肪醛(R—CHO)。

$$RCHO + Ag(NH_3)_2^+ \ HO^- \longrightarrow RCOONH_4 + NH_3 + H_2O + \underset{\text{银镜}}{Ag}$$

$$RCHO + Cu^{2+} + NaOH \longrightarrow RCOONa + H_2O + \underset{\text{砖红色沉淀}}{Cu_2O}$$

[特点]

1. Tollens 试剂:硝酸银的氨水溶液(又名银氨溶液);一种弱氧化剂,可将醛氧化为羧酸,并产生金属银沉积于玻璃反应器皿壁上(银镜)。用于鉴别醛,酮则不反应。该试剂应现配现用,不宜保存,久置生成易爆的雷酸银和氮化银。

2. Fehling 试剂:碱性铜配离子的溶液。它是由硫酸铜、酒石酸钾钠和氢氧化钠配制成的深蓝色溶液,在反应中生成砖红色的氧化亚铜沉淀,蓝色消失,而醛氧化成酸,脂肪醛氧化速率较快。它不与简单酮反应,但可被 α-羟基酮、α-酮醛还原,常用于鉴定可溶性的还原糖的存在。

3. Benedict 试剂:Fehling 试剂的改良试剂,它与醛或醛(酮)糖反应也生成 $Cu_2O$ 砖红色沉淀。它是由硫酸铜、柠檬酸钠和无水碳酸钠配置成的蓝色溶液,可以存放备用,克服了 Fehling 溶液必须现配现用的缺点。

4. 葡萄糖是特殊的醛,糖尿病患者尿里含较多的葡萄糖,医院就是用碱性铜配离子检验的。

| 反应类型 | 氧化 | 特征条件 | $[Ag(NH_3)_2]^+$;$CuSO_4$ | 关键中间体 | — | 典型产物 | 羧酸 |
|---|---|---|---|---|---|---|---|

## 1.27 单糖的氧化——糖类的鉴别与结构鉴定

[反应] 单糖用温和的氧化剂氧化生成一元酸,如用较强的氧化剂氧化则得到糖二酸。温和氧化剂:Tollens 试剂、Fehling 试剂、Benedict 试剂、溴水;强氧化剂:稀硝酸。

[实例]

1. 
$$\begin{array}{c} CHO \\ H-OH \\ HO-H \\ H-OH \\ H-OH \\ CH_2OH \end{array} \xrightarrow{Ag(NH_3)_2^+OH^-} \begin{array}{c} COONH_4 \\ H-OH \\ HO-H \\ H-OH \\ H-OH \\ CH_2OH \end{array}$$

Tollens 试剂,鉴别还原糖与非还原糖,酮糖 $\alpha$-羟基被氧化为羰基,形成 $\alpha$-酮醛

2. 
$$\begin{array}{c} CHO \\ H-OH \\ HO-H \\ H-OH \\ H-OH \\ CH_2OH \end{array} \xrightarrow[H_2O]{Br_2} \begin{array}{c} COOH \\ H-OH \\ HO-H \\ H-OH \\ H-OH \\ CH_2OH \end{array}$$

醛糖可被溴水氧化,酮糖不反应,故用于鉴别醛糖与酮糖

3. 
$$\begin{array}{c} CHO \\ H-(R)OH \\ HO-(S)H \\ H-(R)OH \\ H-(R)OH \\ CH_2OH \end{array} \xrightarrow{HNO_3} \begin{array}{c} COOH \\ H-(R)OH \\ HO-(S)H \\ H-(S)OH \\ H-(S)OH \\ COOH \end{array}$$

稀硝酸氧化,得到糖二酸

4. 
$$\begin{array}{c} CHO \\ H-OH \\ HO-H \\ H-OH \\ H-OH \\ CH_2OH \end{array} \xrightarrow{H_5IO_6} HCHO + HCOOH$$

高碘酸氧化,用于糖类结构鉴定

[特点]

1. 醛糖和酮糖都能与 Tollens 试剂反应生成银镜,与 Fehling 试剂和 Benedict

试剂反应生成砖红色沉淀;能发生反应的称为还原糖,不发生反应的称为非还原糖;单糖均是还原糖。

2. 溴水能氧化醛糖生成糖酸,但不能氧化酮糖,利用此反应可区分醛糖和酮糖。工业上在 $CaBr_2/CaCO_3$ 存在下电解氧化葡萄糖,得到葡萄糖酸钙。

3. 醛糖用温热的稀硝酸氧化,使甲酰基和一级醇单元氧化,生成糖二酸,通过糖二酸是否具有旋光性,可以推断糖类的结构。

4. 高碘酸或偏高碘酸将醛糖中一级醇单元氧化为 HCHO,甲酰基或二级醇单元氧化为 HCOOH,酮糖中羰基氧化为 $CO_2$,用于糖类的结构鉴定。

## 1.28 Sarrett 试剂——选择性氧化醇到醛、酮

[反应]铬酐($CrO_3$)与吡啶反应形成铬酐-双吡啶配合物,是吸湿性红色结晶,称为 Sarrett 试剂,可以温和地将一级醇氧化到醛,将二级醇氧化到酮。

$$R-CH_2OH \xrightarrow{(C_5H_5N)_2 \cdot CrO_3} R-CHO$$

[实例]

1. [反应图：十氢萘醇经 $CrO_3 \cdot (C_5H_5N)_2$ 氧化为对应酮] 选择性氧化醇,不氧化双键、三键

2. $H_3C-CH=CHCH_2CH_2CH_2OH \xrightarrow[CH_2Cl_2]{PCC}$

$$H_3C-CH=CHCH_2CH_2CHO$$

PCC:吡啶加入到铬酐的浓HCl溶液中得到

[特点]

1. Sarrett 试剂仅氧化醇,不氧化醛、酮,氧化一级醇到醛,氧化二级醇到酮,分子中的双键、三键不受影响。

2. 将铬酐溶于稀硫酸制得的 Jones 试剂、$SO_3$ 与吡啶的配合物,高价态有机碘盐也有类似的氧化活性。

[延伸]

1. Riley 氧化法($SeO_2$ 选择性氧化):能将羰基化合物中羰基邻位活泼亚甲基或甲基及 π 体系的 α-H 氧化成对应的羰基化合物;将含烯丙位活泼氢原子的化合物氧化成相应的羰基化合物或醇;也可将两个芳环中间的亚甲基氧化为羰基。

[反应图：PhCOCH₂Ph 经 $SeO_2$ 氧化为 PhCOCOPh]

[反应图：甲基戊烯经 $SeO_2/H_2O$ 氧化为烯丙醇] 优先氧化位阻小的氢原子

[反应图：3-吡啶基-CH₂-Ph 经 $SeO_2$ 氧化为 3-吡啶基-CO-Ph]

2. MnO$_2$ 能够温和并专一性地氧化烯丙醇:

| 反应类型 | 氧化 | 特征条件 | CrO$_3$·(C$_5$H$_5$N)$_2$ | 关键中间体 | — | 典型产物 | 醛/酮 |

## 1.29 Oppenauer 氧化——可逆地氧化二级醇到酮

[反应] 在叔丁醇铝或异丙醇铝存在下,二级醇和丙酮反应,醇把两个氢原子转移给丙酮,醇被氧化成酮,丙酮则被还原成异丙醇。

$$\underset{R^2}{\overset{R^1}{>}}CHOH + CH_3COCH_3 \xrightarrow{[(CH_3)_3CO]_3Al} \underset{R^2}{\overset{R^1}{>}}C=O + (CH_3)_2CHOH$$

[机理] 二级醇、丙酮与叔丁醇铝形成六元环状过渡态,可逆地进行氧化和还原。

$$R_2CHOH + Al[OC(CH_3)_3]_3 \rightleftharpoons R_2CHO-Al[OC(CH_3)_3]_2 + (CH_3)_3COH$$

$$\xrightarrow{CH_3COCH_3} \left[\begin{array}{c} H_3C\phantom{xx}O\\ \phantom{xx}C\phantom{xx}\\ H_3C\phantom{x}\diagdown\phantom{x}Al[OC(CH_3)_3]_2 \\ H\phantom{xx}\diagup\phantom{xx}O\\ \phantom{xx}C\phantom{xx}\\ R\phantom{xx}R \end{array}\right] \rightleftharpoons \underset{H_3C}{\overset{H_3C}{>}}\underset{H}{\overset{OAl[OC(CH_3)_3]_2}{\underset{\big|}{C}}} + R-CO-R$$

六元环状过渡态

$$\xrightarrow{(CH_3)_3COH} Al[OC(CH_3)_3]_3 + (CH_3)_2CHOH$$

[实例]

1. PhCH(OH)CH$_3$ $\underset{\textit{i}\text{-PrOH}}{\overset{(\textit{i}\text{-PrO})_3Al,\ CH_3COCH_3}{\rightleftharpoons}}$ PhCOCH$_3$    可逆反应
(\textit{i}-PrO)$_3$Al

2. 八氢萘-2-醇(含双键) $\xrightarrow[(\textit{i}\text{-PrO})_3Al]{CH_3COCH_3}$ 八氢萘-2-酮(含双键)    仅氧化羟基 可由不饱和二级醇制备不饱和酮

[特点]

1. 该反应是可逆反应,为了使反应向生成酮的方向进行,需要加入大量丙酮;相反,其逆反应需要加入大量异丙醇,并将产生的丙酮从体系中移走。

2. 酮的羰基被专一性还原试剂异丙醇铝还原为醇,其他可还原基团不受

影响。

3. 该氧化反应主要针对二级醇,虽然一级醇也可以氧化到相应的醛,但在叔丁醇铝或异丙醇铝的作用下,生成的醛会进一步进行羟醛缩合。

| 反应类型 | 氧化 | 特征条件 | $(i\text{-PrO})_3\text{Al}$ | 关键中间体 | 六元环状过渡态 | 典型产物 | 二级醇/酮 |
|---|---|---|---|---|---|---|---|

## 1.30 Baeyer-Villeger 氧化——过氧酸向醛、酮插入氧原子

[反应] 酮一般不容易被氧化，如用过氧酸氧化可使酮插入氧原子生成酯。

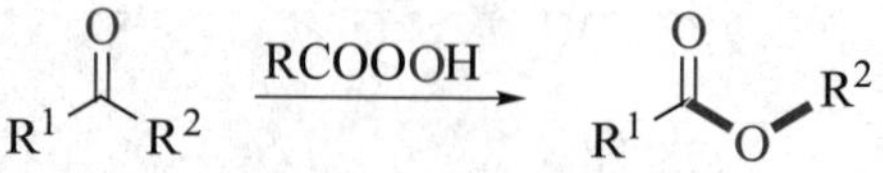

$$R^1-CO-R^2 \xrightarrow{RCOOOH} R^1-C(=O)-O-R^2$$

[机理] 过氧酸加成羰基，经烃基迁移，生成酯。

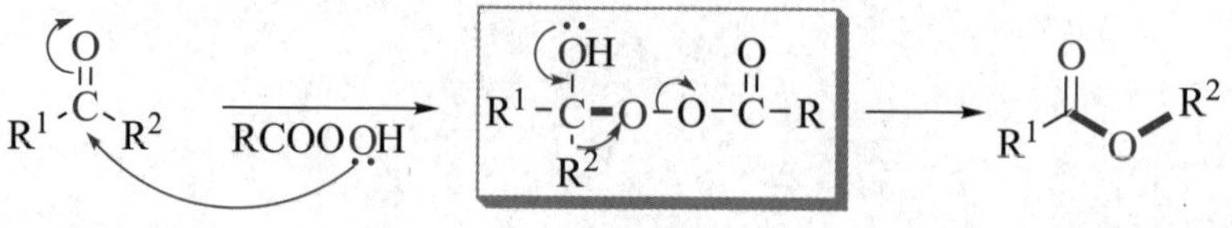

烃基迁移

[实例]

1. 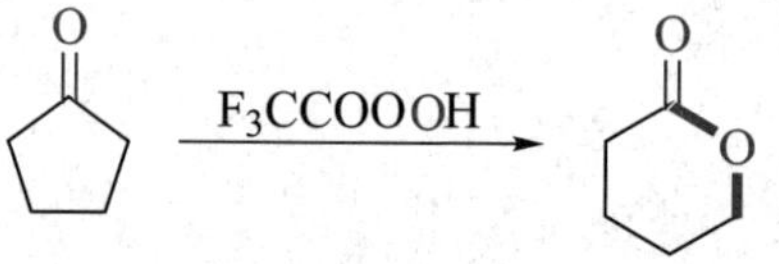 环戊酮 $\xrightarrow{F_3CCOOOH}$ δ-戊内酯

   常用于由环酮合成内酯
   过氧三氟乙酸是良好的氧化剂

2. 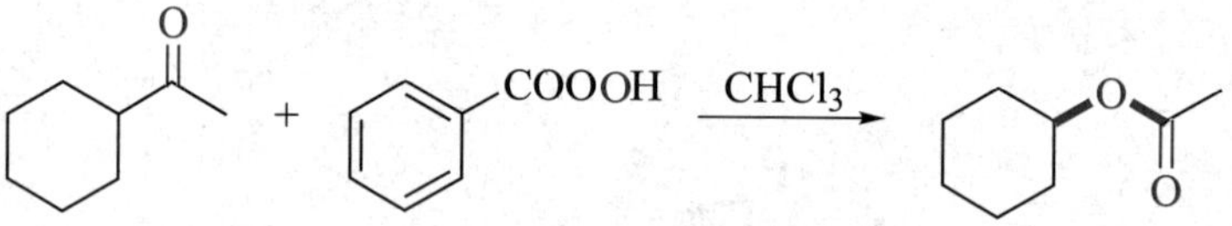 环己基甲基酮 + 苯甲酸 $\xrightarrow{CHCl_3}$ 乙酸环己酯

   氧化不对称的酮时，基团迁移有一定的选择性

3. 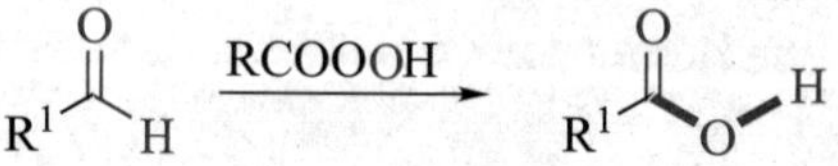 $R^1-CHO \xrightarrow{RCOOOH} R^1-COOH$  负氢离子优先迁移

[特点]

1. 可以采用的过酸有 $CH_3COOOH$、$CF_3COOOH$、$C_6H_5COOOH$、$m\text{-}ClC_6H_5COOOH$ ($m\text{-}CPBA$，过氧间氯苯甲酸) 等。

2. 此类氧化反应速率快，产率高，常由环酮合成内酯。

3. 对于不对称酮，羰基两边的基团迁移有一定的选择性，大基团容纳电子能力强，容易携带电子迁移，芳环上带有给电子基优先迁移，如果迁移基团是手性碳原子，其构型保持不变。

$R_3C-$ > $R_2CH-$ > ⌬-$CH_2-$ > ⌬- > $RCH_2-$ > $H_3C-$

4. 过氧酸氧化醛，负氢离子优先迁移，生成羧酸。

| 反应类型 | 氧化 | 特征条件 | RCOOOH | 关键中间体 | 四面体中间体 烃基迁移 | 典型产物 | 羧酸酯 |
|---|---|---|---|---|---|---|---|

## 1.31 醛自氧化作用——醛被空气氧化为羧酸

[反应] 许多醛在空气中可被氧化,叫做自氧化作用。醛被空气氧化,最初产物是过氧酸:

$$\text{RCHO} \xrightarrow{O_2} \text{RC(O)OOH} \xrightarrow{RCHO} \text{RCOOH}$$

[机理] 自氧化反应是自由基机理。

$$\text{RCHO} + Y\cdot \longrightarrow \text{RC(O)}\cdot + HY$$

$$\text{RC(O)}\cdot + O_2 \longrightarrow \text{RC(O)OO}\cdot \xrightarrow{RCHO} \text{RC(O)OOH} + \text{RC(O)}\cdot$$

$$\text{RCHO} + \text{RC(O)OOH} \longrightarrow \text{R-C(OH)(H)-O-O-C(O)R}$$

$$\longrightarrow \text{RCH(+OH)OH} + \text{RCOO}^- \longrightarrow 2\text{RCOOH}$$

[实例]

$$\text{PhCHO} \xrightarrow{O_2} \text{PhCOOH}$$

保存很久的苯甲醛瓶中或瓶口的白色固体

[特点]

1. 苯甲醛在试剂瓶中长久保存,在瓶中或瓶口出现的白色固体,就是已部分被氧化生成的苯甲酸。

2. 为了防止醛的自氧化反应,可以加入一些抗氧化剂,其实质是自由基抑制剂。

3. 自氧化作用在生活中很常见,许多物质如高分子、油脂等在空气中和氧结合,改变了物质的性能。

| 反应类型 | 氧化 | 特征条件 | $O_2$ | 关键中间体 | 过氧酸 | 典型产物 | 羧酸 |
|---|---|---|---|---|---|---|---|

## 1.32 醚的自动氧化——生成爆炸性很强的过氧化醚

[反应]醚对氧化剂较稳定,但长期与空气接触可被氧化为有机过氧化物。

$$CH_3CH_2OCH_2CH_3 \xrightarrow{O_2} CH_3\underset{O-O-H}{CH}OCH_2CH_3 \quad \text{氢过氧化乙醚}$$

[机理]自动氧化过程通过自由基机理进行。

$$R\cdot + O_2 \longrightarrow ROO\cdot$$

$$ROO\cdot + CH_3CH_2OCH_2CH_3 \longrightarrow ROOH + CH_3\dot{C}HOCH_2CH_3$$

$$CH_3\dot{C}HOCH_2CH_3 + O_2 \longrightarrow CH_3\underset{O-O\cdot}{CH}OCH_2CH_3$$

$$CH_3\underset{O-O\cdot}{CH}OCH_2CH_3 + CH_3CH_2OCH_2CH_3 \longrightarrow CH_3\underset{O-OH}{CH}OCH_2CH_3 + CH_3\dot{C}HOCH_2CH_3$$

[实例]

$$\text{(四氢呋喃)} \xrightarrow{O_2} \text{(2-氢过氧四氢呋喃)-OOH} \quad \text{氧化反应主要发生在醚的}\alpha\text{碳氢原子之间}$$

[特点]

1. 醚在空气中容易发生自动氧化反应,生成的过氧化醚或其聚合物爆炸性很强,低温或减压下蒸馏含该化合物的醚时,过氧化醚在容器中富集,继续升温即会爆炸。

2. 为避免发生意外,使用长时间存放的醚之前应进行过氧化物的检验,使用 KI-淀粉试纸(若有变蓝)或 $FeSO_4$ 和 KCNS 溶液(若有变红)。

3. 过氧化物的除去:使用新制 $FeSO_4$ 或 $Na_2SO_3$,也可用四氢铝锂等还原剂。

4. 为防止过氧化物形成,市售无水乙醚中加有 $0.05\mu g/g$ 二乙基二硫代氨基甲酸钠作抗氧剂。

二乙基二硫代氨基甲酸钠

| 反应类型 | 氧化 | 特征条件 | $O_2$ | 关键中间体 | 氢过氧化醚 | 典型产物 | 过氧化醚 |

## 1.33 硫醇(醚)氧化——改变蛋白质的反应

[反应]硫醇容易被弱氧化剂氧化为二硫化物,被强氧化剂氧化为磺酸;同样的,硫醚可以被适当的氧化剂氧化为亚砜和砜。

$$RSH + O_2 \longrightarrow RSSR + H_2O$$

[机理]硫醇容易被氧化为烃硫自由基,并偶联为二硫化物。

$$RSH + [O=O \longleftrightarrow \cdot O-O\cdot] \longrightarrow RS\cdot + HOO\cdot$$
烷硫自由基

$$RSH + HOO\cdot \longrightarrow RS\cdot + HOOH$$
$$2RS\cdot \longrightarrow RSSR$$

[实例]

1. $CH_3CH_2CH_2SH \xrightarrow{O_2} CH_3CH_2CH_2S-SCH_2CH_2CH_3$  弱氧化剂 生成二硫化物

2. $CH_3SH \xrightarrow{KMnO_4} CH_3SO_3H$  强氧化剂生成磺酸

3. $CH_3SCH_3 + H_2O_2 \longrightarrow CH_3\overset{O}{\overset{\|}{S}}CH_3$  二甲亚砜(DMSO),极性非质子溶剂

4. $CH_3SCH_3 \xrightarrow{KMnO_4} CH_3\overset{O}{\underset{O}{\overset{\|}{\underset{\|}{S}}}}CH_3$  二甲基砜

[特点]

1. 硫醇在三氧化二铁、二氧化锰、碘和氧气等弱氧化剂条件下氧化成二硫化物,二硫化物在亚硫酸氢钠、锌和乙酸、锂和液氨等还原剂作用下,可重新转化为硫醇,这种反应在蛋白质化学中很重要,含巯基的多肽链通过此反应相连接。

2. 硫醇在过氧化氢、硝酸和高锰酸钾等作用下经次磺酸、亚磺酸,最终被氧化成磺酸。

3. 硫醚在高锰酸钾、过氧乙酸等强氧化剂作用下生成砜,在较弱的氧化剂,如四氧化二氮($N_2O_4$)、偏高碘酸钠($NaIO_4$)、过氧间氯苯甲酸及过氧化氢作用下可以得到亚砜。

| 反应类型 | 氧化 | 特征条件 | $O_2$ | 关键中间体 | 烃硫自由基 | 典型产物 | 二硫化物/砜 |
|---|---|---|---|---|---|---|---|

# 第 2 章　亲核取代反应

亲核取代反应,通常发生在带有正电荷或部分正电荷的碳原子上,碳原子被带有负电荷或部分负电荷的亲核试剂进攻,与该碳原子相连的某原子或基团被取代,通常用 $S_N$ 表示。

## 2.1 卤代烃水解——$S_N1$ 与 $S_N2$

[反应] 卤代烃在碱性水溶液中,卤原子被羟基取代生成醇。

$$R-Br \xrightarrow{HO^-} R-OH$$

[机理] $S_N1$,两步进行,有碳正离子中间体生成;$S_N2$,骨架构型翻转,一步完成,无中间体。

$S_N1$ 反应的立体化学

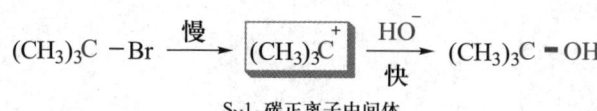
$S_N1$,碳正离子中间体

$S_N2$ 反应的立体化学

$$HO^- + \underset{H}{\underset{|}{H}}\overset{H}{\overset{|}{C}}-Br \xrightarrow{慢} \left[HO\cdots C\cdots Br\right]^{\ddagger} \longrightarrow HO-CH_3 + Br^-$$

$S_N2$,背面进攻,过渡态

[实例]

1. $H_3C-Br \xrightarrow{NaOH} H_3C-OH \quad S_N2$

2. $(H_3C)_3C-Br \xrightarrow[H_2O]{\text{稀NaOH}} (H_3C)_3C-OH \quad S_N1$

质子性溶剂对亲核性的影响

极性非质子性溶剂对亲核性的影响

[特点]

1. 三级卤代烃按 $S_N1$ 机理反应,二级卤代烃按 $S_N1$ 或 $S_N2$ 机理反应,一级卤代烃按 $S_N2$ 机理反应。

2. 苯型和乙烯型卤代烃、桥头卤代烃难以发生亲核取代反应。

3. 离去基团的离去能力越强,越容易发生亲核取代反应,离去能力顺序:$I^- > Br^- > Cl^- > F^-$。

4. 亲核试剂的亲核能力越强,越容易进行 $S_N2$ 反应,亲核试剂亲核能力顺序:$I^- > Br^- > Cl^- > F^-$;$R_3C^- > R_2N^- > RO^-$。

5. 溶剂的影响:极性大的溶剂,如水,对 $S_N1$ 机理有利;极性小的溶剂,如丙酮,对 $S_N2$ 机理有利。

6. 卤代烃的消除与取代是竞争反应:一级卤代烃倾向于发生取代反应($S_N2$),含有活泼 $\beta$-氢原子或遇强碱、浓碱且碱的体积大时则发生消除反应。

三级卤代烃倾向于发生消除反应(E1)。二级卤代烃遇强碱利于发生消除反应，如与烃氧基负离子和氢氧根负离子反应，主要发生消除反应；与氰根和叠氮根负离子反应时，主要发生取代反应（碱性顺序：$CH_3CH_2O^- > HO^- > {}^-CN > N_3^-$）。

| 反应类型 | 亲核取代 | 特征条件 | NaOH | 关键中间体 | 过渡态/碳正离子 | 典型产物 | 醇 |
|---|---|---|---|---|---|---|---|

## 2.2 醇与氢卤酸——Lucas 试剂鉴别醇

[反应] 醇与氢卤酸反应速率与醇的结构和 HX 性质有关。

$$CH_3CH_2CH_2CH_2OH + HI \xrightarrow{\triangle} CH_3CH_2CH_2CH_2I$$

$$CH_3CH_2CH_2CH_2OH + HBr \xrightarrow[H_2SO_4]{\triangle} CH_3CH_2CH_2CH_2Br$$

$$CH_3CH_2CH_2CH_2OH + HCl \xrightarrow[ZnCl_2]{\triangle} CH_3CH_2CH_2CH_2Cl$$

[机理] $S_N1$，羟基质子化离去，形成碳正离子；$S_N2$，质子化后，卤素负离子从背面进攻。

[实例]

1. （1-甲基环戊基甲醇） + HBr → （1-甲基-1-溴环己烷） + （1-甲基环己烯） 碳正离子重排

2. $H_3C-\underset{\underset{CH_3}{|}}{\overset{\overset{CH_3}{|}}{C}}-CH_2OH + HBr \longrightarrow H_3C-\underset{\underset{CH_3}{|}}{\overset{\overset{Br}{|}}{C}}-CH_2CH_3$ 碳正离子重排

[特点]

1. 烯丙型醇、苄醇、三级醇一般按 $S_N1$ 机理反应（可能发生重排）；一级醇按 $S_N2$ 机理反应；二级醇既有 $S_N1$ 机理，也有 $S_N2$ 机理。

2. 氢卤酸的反应活性顺序：HI>HBr>HCl；醇与氢卤酸的反应活性顺序：三级醇（烯丙型醇）>二级醇>一级醇。

[延伸] Lucas 试剂：无水 $ZnCl_2$ 与浓盐酸配制成的溶液，用于鉴别含六个碳

原子和六个以下碳原子的一级醇、二级醇、三级醇:将三种醇加入 Lucas 试剂中,三级醇(包括烯丙型醇和苄醇)立刻反应,生成油状卤代烃,不溶于酸,浑浊后分层,反应放热;二级醇反应 2~5min,溶液分层,放热不明显;一级醇在室温下不反应,必须加热才能反应。

| 反应类型 | 亲核取代 | 特征条件 | HX | 关键中间体 | 过渡态/碳正离子 | 典型产物 | 卤代烃 |
| --- | --- | --- | --- | --- | --- | --- | --- |

## 2.3 醇与卤化磷——可以避免发生重排的 $S_N2$ 反应

[反应] 一级醇或二级醇与卤化磷发生 $S_N2$ 反应，生成卤代烃。

$$3ROH + PX_3 \longrightarrow 3RX + P(OH)_3$$

[机理] 醇与三溴化磷生成烃氧基二溴化磷，将羟基转变成好的离去基团，再发生 $S_N2$ 反应。

$$CH_3CH_2OH + PBr_3 \longrightarrow CH_3CH_2OPBr_2 + HBr$$

$$Br^- + CH_3CH_2-OPBr_2 \longrightarrow CH_3CH_2Br + {}^-OPBr_2$$

$S_N2$，不重排

[实例]

1. $CH_3CH_2OH + PBr_3 \longrightarrow CH_3CH_2Br + H_3PO_3$

2. 仲丁醇 $+ PBr_3 \longrightarrow$ 2-溴丁烷

3. $CH_3OH + P + I_2 \longrightarrow CH_3I$     红磷与碘代替不稳定的三碘化磷

[特点]

1. 醇羟基是不好的离去基团，三溴化磷首先将醇羟基转变成好的离去基团，并提供亲核试剂溴负离子，经 $S_N2$ 反应生成溴代烃。

2. 在用二级醇及有些易发生重排反应的一级醇时，温度需低于 0 ℃，以避免发生重排。

3. 用醇与卤代磷反应制备卤代烃的优点：反应中可以控制条件避免发生重排；缺点：生成的磷酸、亚磷酸难以分离。

4. 氯代物常用五氯化磷和醇反应制备。

| 反应类型 | 亲核取代 | 特征条件 | $PX_3$ | 关键中间体 | 烃氧基二卤化磷 | 典型产物 | 卤代烃 |
|---|---|---|---|---|---|---|---|

## 2.4 醇与氯化亚砜反应
——乙醚中构型保持,吡啶中构型翻转

[**反应**] 醇与氯化亚砜反应制备氯代烃。

$$R-OH + \underset{Cl}{\underset{|}{S}}(=O)Cl \longrightarrow R-Cl$$

[**机理**] 乙醚中,氯代亚硫酸酯中间体通过氯"内返"进攻,构型保持;吡啶中,氯代亚硫酸酯与吡啶结合,释放出"自由"的氯离子,从背面进攻,构型翻转。

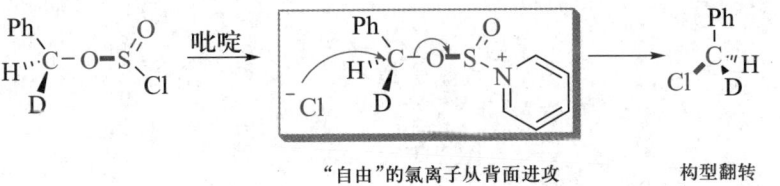

[**实例**]

1. 

2. 

[**特点**]
1. 氯化亚砜常用于一级醇和二级醇制备相应的氯代烃,反应时不发生重排。溴化亚砜不稳定,不用它制备溴代烃。

2. 当溶剂为乙醚时,醇的骨架构型保持;当溶剂是吡啶时,醇的骨架构型翻转。

[延伸]邻位参与的 $S_N2$ 反应——保持构型。邻位参与基团一般带有孤对电子或双键：

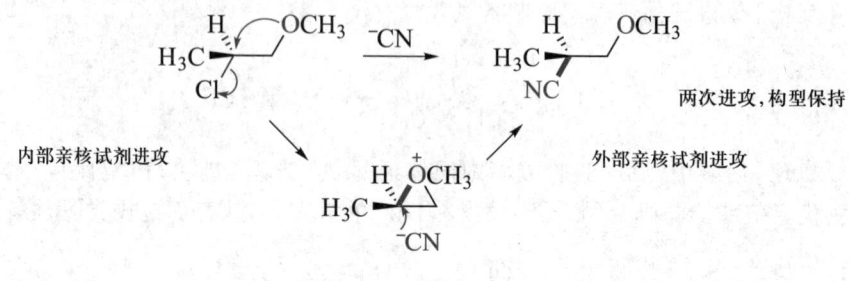

内部亲核试剂进攻　　　　　　　　　　　　外部亲核试剂进攻

两次进攻,构型保持

| 反应类型 | 亲核取代 | 特征条件 | $SOCl_2$ | 关键中间体 | 氯代亚硫酸酯 | 典型产物 | 氯代烃 |

## 2.5 Williamson 法合成醚——醇钠与卤代烃的 $S_N2$ 反应

[反应] 醇钠或酚钠和卤代烃反应合成混合醚。

$$R^1-ONa + R^2-X \longrightarrow R^1-O-R^2$$

[机理] 醇钠与卤代烃的 $S_N2$ 反应。

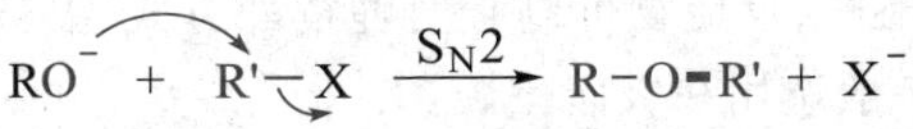

$$RO^- + R'-X \xrightarrow{S_N2} R-O-R' + X^-$$

[实例]

1. $(CH_3)_3C-ONa \xrightarrow{CH_3I} (CH_3)_3C-OCH_3$

   $(CH_3)_3C-Br \xrightarrow{CH_3ONa} (CH_3)_2C=CH_2$

2. PhONa + $CH_3CH_2Br \longrightarrow$ PhOCH$_2$CH$_3$

3. (二乙二醇) + (二氯化物) $\xrightarrow{\text{KOH} \atop \text{THF}}$ (冠醚)  合成冠醚

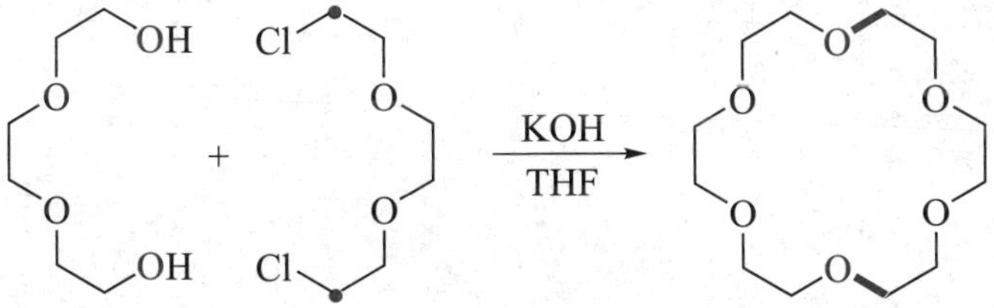

[解析]

(Ph)(H)C(Br)—C(H)(OH)(Ph) $\xrightarrow{\text{NaOH}}$ 环氧化合物 (Ph, H 反式)

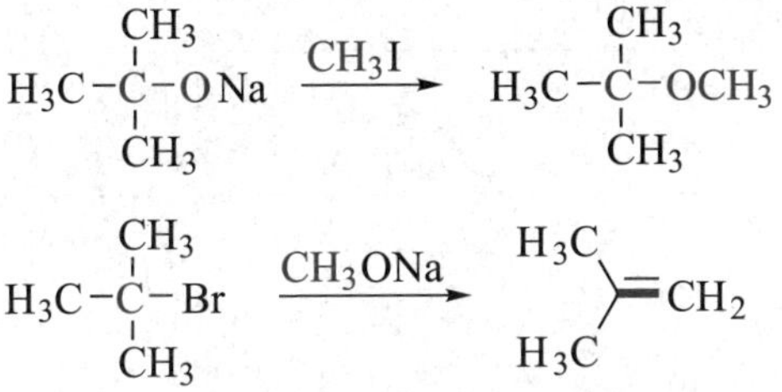

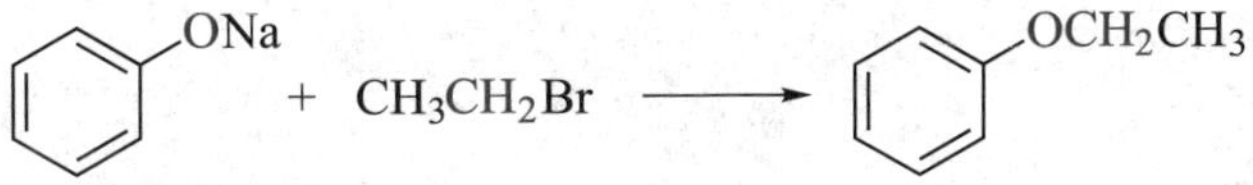

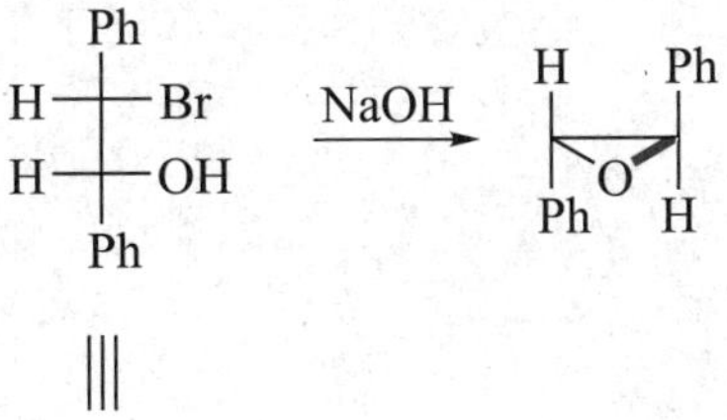

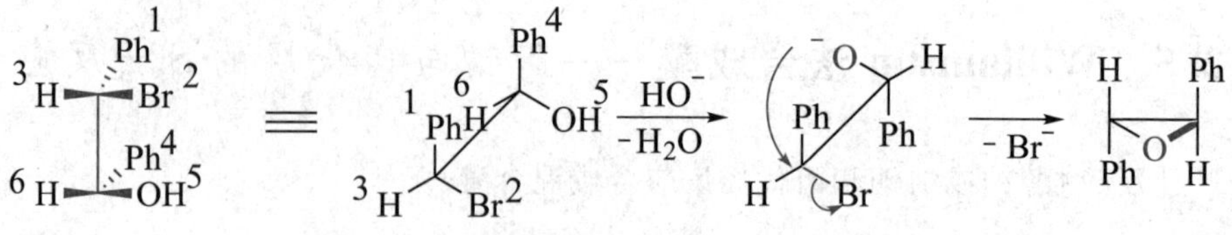

[化学结构示意图:顺时针标注 与 背面进攻]

[特点]

1. 合成不对称醚时,反应物可以有两种搭配方式,要选择有利于生成醚的搭配方式。卤代烃一般选用一级卤代烃。

2. 分子内 $S_N2$ 反应的立体化学是反式共平面背面进攻。

3. 除卤代烃外,醇钠与磺酸酯或硫酸酯反应也可用于合成醚。

| 反应类型 | 亲核取代 | 特征条件 | 醇钠/酚钠 | 关键中间体 | 过渡态 | 典型产物 | 醚 |
|---|---|---|---|---|---|---|---|

## 2.6 醚的碳氧键断裂——氢碘酸的亲核取代

[反应]醚的碳氧键容易在 HI 作用下断裂;条件剧烈时,HBr 与 HCl 也可以发生反应。

$$CH_3OCH_2CH_2CH_3 \xrightarrow{HI} CH_3I + HOCH_2CH_2CH_3$$

$$\downarrow HI$$

$$ICH_2CH_2CH_3$$

$$(CH_3)_3C-O-CH_3 \xrightarrow{HI} (CH_3)_3C-I + CH_3OH$$

[机理]一级烃基醚易发生 $S_N2$ 反应,$I^-$ 进攻小烃基;三级烃基醚易形成碳正离子,发生 $S_N1$ 反应。

$$CH_3\ddot{O}CH_2CH_2CH_3 \xrightarrow{HI} H_3C-\overset{+}{\underset{H}{O}}-CH_2CH_2CH_3 \longrightarrow [I^- \text{进攻} CH_3]$$

$$\longrightarrow CH_3I + HOCH_2CH_2CH_3 \quad S_N2$$

一级烃基醚的碳氧键断裂

$$(CH_3)_3C-O-CH_3 \xrightarrow{HI} (CH_3)_3C-\overset{+}{\underset{H}{O}}-CH_3 \xrightarrow{S_N1} (CH_3)_3C-I + CH_3OH$$

三级烃基醚的碳氧键断裂

[实例]

1. $C_6H_5OCH_2CH_3 \xrightarrow{HI} C_6H_5OH + ICH_2CH_3$    芳醚,总是生成酚和碘代烷

2. 四氢呋喃 $\xrightarrow{HBr} BrCH_2CH_2CH_2CH_2OH \xrightarrow{HBr} BrCH_2CH_2CH_2CH_2Br$

环醚生成卤代醇      酸过量生成二卤代烷

芳醚的碳氧键断裂

[特点]

1. 若氧原子两边连接的是两个一级烃基,发生 $S_N2$ 反应,小烃基生成碘代烃,大烃基生成醇;若氢碘酸过量,所产生的醇也转化为碘代烃。

2. 若氧原子一边连接的是一级烃基,另一边连接的是三级烃基,发生 $S_N1$ 反应,三级烃基生成碘代烃,一级烃基生成醇。

3. 对于混合醚,碳氧键断裂的顺序:三级烃基>二级烃基>一级烃基>甲基>芳基。

4. 芳基与氧原子的孤对电子共轭,具有某些双键的性质,因此难于断裂,芳醚,总是生成酚和碘代烃。

| 反应类型 | 亲核取代 | 特征条件 | HI | 关键中间体 | 过渡态/碳正离子 | 典型产物 | 卤代烃/醇 |
|---|---|---|---|---|---|---|---|

## 2.7 环氧化物开环——制备双官能团化合物

[**反应**] 环氧化物存在角张力, 极易和多种试剂发生氧环开环反应。

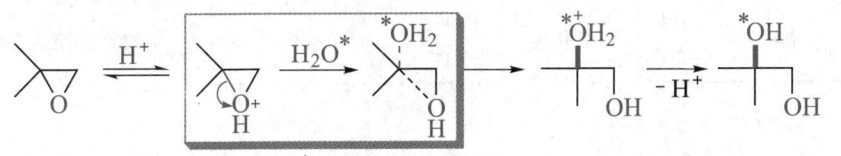

[**机理**] 酸性条件下, 有生成碳正离子倾向, 亲核试剂进攻取代基多的碳原子; 碱性条件下, 进攻位阻小的碳原子。

酸性条件, $S_N1$ 性质, 进攻位阻大端

碱性条件, $S_N2$ 性质, 进攻位阻小端

环氧化合物开环反应的取向

[**实例**]

1. ⟨O⟩ + HOR ⟶ HO-CH$_2$-CH$_2$-OR

2. ⟨O⟩ + NH$_3$ ⟶ HO-CH$_2$-CH$_2$-NH$_2$

3. ⟨O⟩ + HCN ⟶ HO-CH$_2$-CH$_2$-CN

4. ⟨O⟩ + RMgX $\xrightarrow{H_2O}$ HO-CH$_2$-CH$_2$-R    制备增加两个碳原子的一级醇

5. 环氧环己烷 $\xrightarrow{HBr}$ (OH,Br反式) + (Br,OH反式)    反式加成

6. [环氧化物开环反应示意图：(S)构型环氧化物 + H⁺ / H₂O → (R)构型邻二醇]  骨架构型翻转

[特点]
1. 用于制备邻位双官能团化合物。
2. 如果受进攻的环碳原子是手性碳原子，反应中手性碳原子的构型翻转。

| 反应类型 | 亲核开环 | 特征条件 | 环氧化物 | 关键中间体 | — | 典型产物 | 双官能团化合物 |
|---|---|---|---|---|---|---|---|

## 2.8 Gabriel 合成——制备纯的一级胺和氨基酸

[反应] 邻苯二甲酰亚胺的钾盐与卤代烃发生 $S_N2$ 反应,碱性水解,可以分离得到纯的一级胺。

$$R-X + \text{邻苯二甲酰亚胺钾盐} \longrightarrow \text{N-R} \xrightarrow{KOH} R-NH_2$$

[实例]

$$\text{邻苯二甲酰亚胺} \xrightarrow[RX]{KOH} \xrightarrow[H_2O]{NaOH} RNH_2 + \text{邻苯二甲酸二钠盐(COONa, COONa)}$$

[特点]

1. 邻苯二甲酰亚胺受两个羰基的吸电子效应影响,亚胺氮原子上的氢原子具有较强的酸性,能与碱反应成盐,使得氮原子具有较强的亲核能力,可与卤代烃发生 $S_N2$ 反应。此时的氮原子上已有三个取代基,氮原子上孤对电子受两个羰基共轭效应影响,亲核能力很弱,不会继续与卤代烃反应,水解后可高产率、高纯度地得到一级胺。

2. 主要适用于一级卤代烃、二级卤代烃,对于三级卤代烃以消除反应为主。如果卤代烃分子中含有易被水解的基团,不宜用此法合成相应的胺。

3. 烃基化反应在 DMF 中较易进行,当 N-烃基取代酰亚胺水解困难时,可以用水合肼进行肼解。

4. α-卤代酸、酯或酰胺与邻苯二甲酰亚胺的钾盐反应,生成 α-卤代酸盐、酯或酰胺,水解后即得 α-氨基酸。

[延伸] 从丙二酸酯合成 α-氨基酸,也称 Gabriel-丙二酸酯合成法。

$$\text{NK} \xrightarrow{BrCH(COOC_2H_5)_2} \text{N-CH(COOC_2H_5)_2} \xrightarrow[②RX]{①C_2H_5ONa}$$

$$\text{邻苯二甲酰亚胺-N-C(COOC}_2\text{H}_5)_2\text{R} \xrightarrow[\text{②H}^+,\Delta]{\text{①HO}^-,\text{H}_2\text{O}} \text{R-CHC-OH} \quad \alpha\text{-氨基酸}$$

| 反应类型 | 亲核取代 | 特征条件 | 邻苯二甲酰亚胺的钾盐 | 关键中间体 | N-烃基取代酰亚胺 | 典型产物 | 一级胺 |
|---|---|---|---|---|---|---|---|

## 2.9 卤代芳烃亲核取代——苯炔中间体

[反应]氯苯在没有吸电子基活化的情况下,必须用强碱才能发生亲核取代。

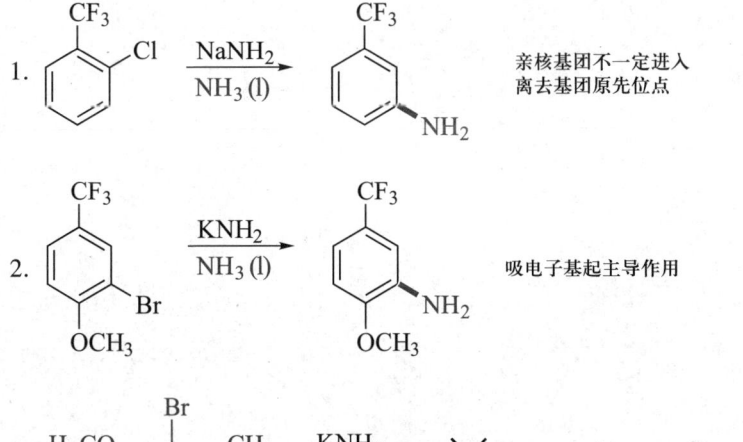

[机理]强碱夺氢,卤负离子离去得到苯炔中间体,两端均可加成。

苯炔的结构

苯炔的反应

[实例]

1. 邻-三氟甲基氯苯 $\xrightarrow{\text{NaNH}_2/\text{NH}_3(l)}$ 间-三氟甲基苯胺　　亲核基团不一定进入离去基团原先位点

2. 4-三氟甲基-2-溴苯甲醚 $\xrightarrow{\text{KNH}_2/\text{NH}_3(l)}$ 产物　　吸电子基起主导作用

3. 2-溴-3-甲基苯甲醚 $\xrightarrow{\text{KNH}_2/\text{NH}_3(l)}$ ✗　　卤原子两个邻位被占据不发生反应

[特点]
1. 卤苯中卤原子的两个邻位被占据,不能发生氨解反应,也证明了苯炔中

间体机理。

2. 邻位和对位取代卤苯分别生成 3-取代或 4-取代苯炔中间体,而间位取代卤苯究竟形成哪种,取决于卤原子邻位哪一个氢原子酸性较强,而它的酸性主要由取代基的诱导效应决定。

苯炔中间体的形成

3. 亲核基团与取代苯炔中间体加成时,亲核基团进入的位置受芳环上取代基的影响,尽量使亲核试剂进入后所产生的负电荷处于能量最有利的位置,以及使进入基团位阻最小。

4. 当芳炔上有吸电子基时,亲核基团进攻 2-苯炔时通常远离吸电子基位点,而对于 3-苯炔,吸电子诱导效应较小,间位和对位被进攻概率接近。当芳环上有给电子取代基时,不能稳定加成后负离子,无论 2-苯炔或 3-苯炔,亲核基团进攻两个碳原子概率相近。

| 反应类型 | 亲核取代 | 特征条件 | $KNH_2/NH_3(l)$ | 关键中间体 | 苯炔 | 典型产物 | 取代苯胺 |
|---|---|---|---|---|---|---|---|

## 2.10 有吸电子基的芳香亲核取代反应——加成-消除机理

[反应] 当苯环上离去基团的邻、对位连有吸电子共轭效应的取代基时，按加成-消除机理进行。

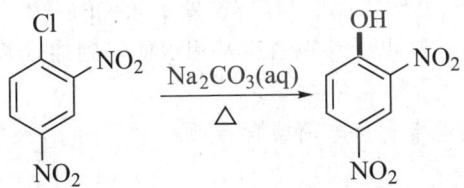

卤代芳烃的亲核取代反应

[机理] 亲核试剂进攻，生成负离子，然后离去基团离去，形成产物。

[实例]

1. 4-硝基氯苯 + ①NaOH/H₂O, 135℃ ②H⁺ → 对硝基苯酚

2. 2,4,6-三硝基氯苯 + H₂O → 2,4,6-三硝基苯酚

3. O₂N-C₆H₄-F + HN(morpholine) → O₂N-C₆H₄-N(morpholine)

4. 1,2-二硝基苯 $\xrightarrow{\text{①5\%NaOH, 100℃}}{\text{②H}^+}$ 2-硝基苯酚

[特点]

1. 芳环上有强的吸电子基存在时,有利于形成稳定的负离子,这些强的吸电子基邻、对位的离去基团才能顺利离去,处于间位的基团不反应。

2. 除了硝基,其他吸电子共轭效应基团也能起到加速芳香亲核取代反应速率的作用。

3. 除了 HO⁻,其他带有负电荷或含有孤对电子的亲核试剂也可以进行亲核取代反应。

4. 若两个相同或不同的强吸电子基相邻,其中一个也可以被亲核试剂取代。

| 反应类型 | 芳香亲核取代 | 特征条件 | 碱 | 关键中间体 | 芳基负离子 | 典型产物 | 苯酚 |
|---|---|---|---|---|---|---|---|

## 2.11 Chichibabin 反应——吡啶的芳香亲核取代

[反应] 吡啶环上 2 位的氢原子被亲核性强的氨基负离子取代，同时有氢气放出。

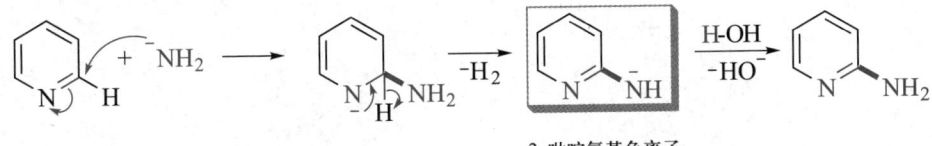

[机理] 亲核性强的基团进攻吡啶 α 位，失去氢分子。

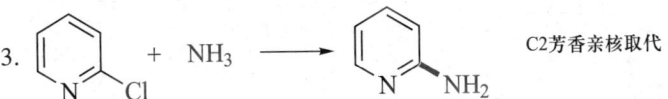

2-吡啶氨基负离子

吡啶的芳香亲核取代反应

[实例]

1. 喹啉 + ①NaNH₂ ②H₂O → 2-氨基喹啉

2. 吡啶 + C₆H₅Li → 2-苯基吡啶    其他强的亲核试剂也可以反应

3. 2-氯吡啶 + NH₃ → 2-氨基吡啶    C2芳香亲核取代

4. 4-氯吡啶 + PhNH₂ → 4-NHPh吡啶    C4芳香亲核取代

[特点]

1. 由于氮原子的吸电子诱导效应和吸电子共轭效应的共同作用，使吡啶不是好的芳香亲电取代反应的底物，却易发生芳香亲核取代反应。

2. 如果 2、6 位被占据，则得到 4-氨基吡啶，但产率很低。

3. 吡啶及其衍生物也能与其他强的亲核试剂如烃基锂或者芳基锂反应，生成 2-烃基吡啶或 2-芳基吡啶。

4. 当吡啶环 C2 或 C4 有好的离去基团,如 Cl、Br 和 $NO_2$ 等时,易与亲核试剂发生芳香亲核取代反应。

| 反应类型 | 亲核取代 | 特征条件 | $NaNH_2$ | 关键中间体 | 2-吡啶氨基负离子 | 典型产物 | 氨基吡啶 |
|---|---|---|---|---|---|---|---|

# 第 3 章 亲电取代反应

亲电取代反应是亲电试剂与化合物富电子位置反应,引入取代基的化学反应。亲电取代反应主要发生在芳环上,是一种向芳环引入取代基或官能团的重要方法。

## 3.1 苯的卤化——生成卤代苯

[反应] 苯与氯、溴在铁或三卤化铁的催化作用下，氢原子被氯原子或溴原子取代生成卤代苯。

$$\text{C}_6\text{H}_6 + \text{Br}_2 \xrightarrow{\text{FeBr}_3} \text{C}_6\text{H}_5\text{Br}$$

[机理] 溴正离子作为亲电试剂。

$$\text{Br—Br} + \text{FeBr}_3 \longrightarrow \text{Br}^+ + [\text{FeBr}_4]^-$$

苯的卤化反应

苯 + Br$^+$ $\xrightarrow{\text{慢}}$ 中间体（带正电环己二烯基正离子，Br、H 同碳）

中间体 + [FeBr$_4$]$^-$ $\xrightarrow{\text{快}}$ C$_6$H$_5$Br + HBr + FeBr$_3$

中间体碳正离子远不及苯环稳定

[实例]

1. 甲苯 + Cl$_2$ $\xrightarrow[25\,^\circ\text{C}]{\text{FeCl}_3}$ 邻氯甲苯 + 对氯甲苯

2. 苯 $\xrightarrow[\text{XeF}_2]{\text{F}_2}$ 氟苯  自由基取代

3. 苯 $\xrightarrow[\text{HNO}_3]{\text{I}_2}$ 碘苯  也可将氯气通入固体碘得到 ICl，碘正离子进攻苯环，不需要催化剂

[特点]

1. 卤代通常用 $Cl_2$、$Br_2$，用 $F_2$ 反应太剧烈，难以控制。

2. 是否使用催化剂取决于苯环的活性和反应条件，活性强的苯环可以直接反应，亲电性比较弱的苯环需用 Lewis 酸催化，能直接产生卤正离子的化合物不需要催化剂就能反应。

[延伸] 通过铊化反应制备碘苯：

$$\text{C}_6\text{H}_6 \xrightarrow[\text{CF}_3\text{COOH}]{\text{Tl(OCOCF}_3)_3} \text{C}_6\text{H}_5-\text{Tl(OCOCF}_3)_2 \xrightarrow{\text{KI}} \text{C}_6\text{H}_5-\text{I}$$

| 反应类型 | 亲电取代 | 特征条件 | $X_2/FeX_3$ | 关键中间体 | 卤正离子 | 典型产物 | 卤代苯 |
|---|---|---|---|---|---|---|---|

## 3.2 苯的硝化——生成硝基苯

[反应] 苯与浓硝酸在浓硫酸的作用下,氢原子被硝基取代生成硝基苯。

$$\text{C}_6\text{H}_6 + \text{HNO}_3 \xrightarrow{\text{H}_2\text{SO}_4} \text{C}_6\text{H}_5\text{NO}_2$$

[机理] 硝酰正离子作为亲电试剂。

苯的硝化反应

[实例]

1. 甲苯 $\xrightarrow[\text{浓H}_2\text{SO}_4, 30℃]{\text{浓HNO}_3}$ 邻硝基甲苯 + 对硝基甲苯

2. 硝基苯 $\xrightarrow[\text{浓H}_2\text{SO}_4, 95℃]{\text{发烟HNO}_3}$ 间二硝基苯 $\xrightarrow[\text{浓H}_2\text{SO}_4, 110℃, 5\,d]{\text{发烟HNO}_3}$ 1,3,5-三硝基苯

[特点]

1. 硝酸在强酸作用下,先被质子化,然后失水产生硝酰正离子。硝酰正离子是线性的,是很强的亲电试剂。

2. 硝基苯在较强烈条件下可继续硝化。

3. 多硝基化合物具有爆炸性,如广泛使用的强烈炸药 TNT(2,4,6-三硝基甲苯),是由甲苯经分阶段硝化制备的,即硝基是在多次硝化反应中逐步引入的。

| 反应类型 | 亲电取代 | 特征条件 | $HNO_3/H_2SO_4$ | 关键中间体 | 硝酰正离子 | 典型产物 | 硝基苯 |
|---|---|---|---|---|---|---|---|

可爆炸的多硝基芳烃

## 3.3 苯的磺化——生成苯磺酸

[反应] 苯在发烟硫酸中,氢原子被磺酸基取代生成苯磺酸。

$$\text{C}_6\text{H}_6 + \text{H}_2\text{SO}_4(发烟) \rightleftharpoons \text{C}_6\text{H}_5\text{SO}_3\text{H}$$

[机理] 缺电子的 $SO_3$ 作为亲电试剂。

$$2\text{H}_2\text{SO}_4(发烟) \rightleftharpoons \text{H}_3\text{O}^+ + \text{HSO}_4^- + \underset{\text{缺电子试剂}}{SO_3}$$

苯的磺化反应

[反应机理示意图：苯 + SO₃ → 慢 → σ络合物(⁻O₃S, H) → 快 → 苯磺酸阴离子 SO₃⁻ → H⁺ → 苯磺酸 SO₃H]

[实例]

[苯酚 → H₂SO₄(发烟) → 2,4-二磺酸基苯酚 → Br₂ → 溴代磺酸基苯酚 → H₃O⁺/Δ → 邻溴苯酚]

[特点]

1. 卤化、硝化是不可逆的,而磺化反应是可逆的。芳磺酸在稀硫酸中之所以能发生逆向反应,是因为在高温或大量水存在下,—$SO_3H$ 离解为 —$SO_3^-$ 和 $H^+$,—$SO_3^-$ 取代的芳环电子密度增大,可以与 $H^+$ 反应,最后失去 $SO_3$ 生成苯。

2. 制备苯磺酸时,常使用过量的苯,反应时不断蒸出苯-水共沸物,有利于

磺化反应是可逆的

正反应进行。

3. 苯环上有活化基团时,逆反应较易进行;带有钝化基团时,逆反应较难进行。

4. 在合成时,可利用磺化反应的可逆性通过磺化反应保护芳环上的某位置,待进一步发生其他反应后,再通过稀硫酸或盐酸将磺酸基除去,即可得到所需的化合物。

| 反应类型 | 亲电取代 | 特征条件 | 发烟 $H_2SO_4$ | 关键中间体 | 三氧化硫 | 典型产物 | 苯磺酸 |
|---|---|---|---|---|---|---|---|

## 3.4 Friedel-Crafts 烃基化——发生碳正离子重排

[反应] 在三卤化铝等 Lewis 酸催化下,苯与卤代烃反应,生成烃基苯。

[机理] 卤代烃与三氯化铝作用形成的碳正离子作为亲电试剂。

$$AlCl_3 + RCl \rightleftharpoons R^+[AlCl_4]^-$$

苯的 Friedel-Crafts 烃基化

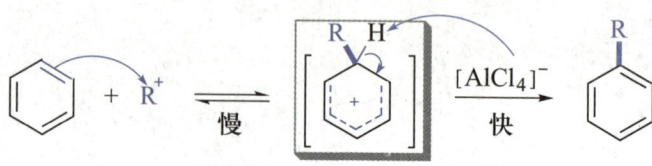

F-C 烃基化反应有重排产物

[实例]

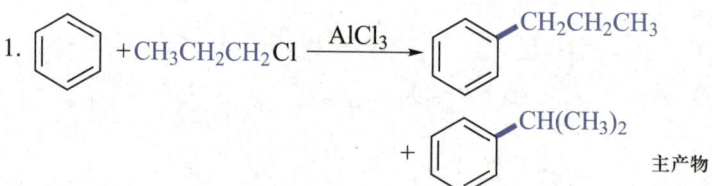

主产物

2. 苯 + HO—环己基 —HF→ 苯基环己烷

3. 3 苯 + CHCl₃ —AlCl₃→ 三苯基甲烷    芳烃可以和多元卤代烷进行烷基化,得到多芳基取代烷烃

[特点]

1. 在 Lewis 酸存在下,卤代烃形成的碳正离子易重排成较稳定的碳正离子,因此,反应常伴随着碳正离子的重排。另外,该反应容易产生芳环的多烃基化产物。

2. 催化剂可以是 $AlCl_3$、$AlBr_3$、$FeCl_3$、$BF_3$、$SbCl_5$、HF 和 $H_2SO_4$ 等 Lewis 酸或 Brønsted 酸；能作为碳正离子前体的物质均可作为烃基化试剂，如卤代烃、烯烃和醇等。

3. 当苯环上有硝基、羰基等吸电子基时，不发生烃基化；芳环上有—$NH_2$、—NHR、—$NR_2$ 时，与催化剂作用也会形成吸电子基，产率也很低。

4. 卤代烃活性随着 C—X 键极性增大而增加：RF>RCl>RBr>RI。

| 反应类型 | 亲电取代 | 特征条件 | $AlCl_3$ | 关键中间体 | 碳正离子 | 典型产物 | 烃基苯 |
|---|---|---|---|---|---|---|---|

## 3.5 Friedel-Crafts 酰基化——酰基正离子不重排

[反应] 芳烃与酰卤或酸酐在无水三氯化铝作用下，生成芳酮。

$$\text{C}_6\text{H}_6 + \text{R-CO-X} \xrightarrow{\text{无水 AlCl}_3} \text{Ph-CO-R}$$

[机理] 酰基正离子作为亲电试剂。

$$\text{AlCl}_3 + \text{CH}_3\text{CH}_2\text{CH}_2\text{COCl} \longrightarrow \text{CH}_3\text{CH}_2\text{CH}_2\text{CO}^+ + [\text{AlCl}_4]^-$$

酰基正离子

苯的 Friedel-Crafts 酰基化

$$\text{C}_6\text{H}_6 + \text{CH}_3\text{CH}_2\text{CH}_2\text{CO}^+ \longrightarrow [\sigma\text{-complex}] \xrightarrow[-\text{HCl, -AlCl}_3]{[\text{AlCl}_4]^-} \text{PhCOCH}_2\text{CH}_2\text{CH}_3$$

[实例]

1. $\text{C}_6\text{H}_6 + \text{Ph-CO-Cl} \xrightarrow{\text{无水 AlCl}_3} \text{Ph-CO-Ph}$

2. $\text{C}_6\text{H}_6 + (\text{CH}_3\text{CO})_2\text{O} \xrightarrow{\text{无水 AlCl}_3} \text{Ph-CO-CH}_3$

3. [苯] + [丁二酸酐] $\xrightarrow{\text{无水}AlCl_3}$ [C₆H₅COCH₂CH₂COOH]

[特点]

1. 烷基正离子易发生重排,酰基正离子一般不重排。

2. 当苯环上有吸电子基时,不易发生酰基化;芳环上有—$NH_2$、—NHR、—$NR_2$时,与催化剂配位也会形成吸电子基,反应的产率也很低。

3. 酰基是吸电子基,当一个酰基取代苯环的氢原子后,苯环活性降低,不会生成多取代物。

4. $AlCl_3$ 能与羰基配位,酰基化反应催化剂用量较烃基化多。酰卤作为酰化试剂,1 mol $AlCl_3$ 与羰基配位,过量催化剂行使催化作用;酸酐作为酰化试剂,$AlCl_3$ 用量多于 2 mol。

| 反应类型 | 亲电取代 | 特征条件 | 无水 $AlCl_3$ | 关键中间体 | 酰基正离子 | 典型产物 | 芳酮 |
|---|---|---|---|---|---|---|---|

F-C 酰基化反应没有重排现象

F-C 烃基化与酰基化

F-C 酰基化比烃基化催化剂用量多

## 3.6 氯甲基化反应——生成苄氯

[反应] 苯与甲醛、氯化氢在无水氯化锌作用下,苯环上的氢原子被氯甲基取代,制得苄氯。

$$\text{C}_6\text{H}_6 + \text{HCHO} + \text{HCl} \xrightarrow{\text{ZnCl}_2} \text{C}_6\text{H}_5\text{CH}_2\text{Cl}$$

[机理] 甲醛在酸作用下形成的碳正离子作为亲电试剂,中间体与苯亲电取代生成苯甲醇,苯甲醇与体系中的氯化氢作用形成苄氯。

$$\text{H-CHO} + \text{HCl} \xrightarrow{-\text{Cl}^-} [\text{H}_2\text{C}=\overset{+}{\text{O}}\text{H} \longleftrightarrow \text{H}_2\overset{+}{\text{C}}-\text{OH}]$$

$$\text{C}_6\text{H}_6 + \text{H}_2\overset{+}{\text{C}}-\text{OH} \longrightarrow [\sigma\text{-complex}] \longrightarrow \text{PhCH}_2\overset{+}{\text{O}}\text{H}_2 \xrightarrow[-\text{H}_2\text{O}]{\text{Cl}^-} \text{PhCH}_2\text{Cl}$$

[实例]

蒽 + HCHO + HCl $\xrightarrow{\text{ZnCl}_2}$ 9,10-二(氯甲基)蒽

[特点]
1. 反应实质是芳环的亲电取代,芳环上的给电子取代基(如烃基、烃氧基)对反应有利,吸电子基抑制反应。
2. 催化剂还可以用 AlCl$_3$、SnCl$_4$、H$_2$SO$_4$ 等 Lewis 酸。

[延伸] 溴乙基化反应:乙醛和溴化氢与苯作用,得到 PhCHBrCH$_3$。

$$\text{C}_6\text{H}_6 + \text{CH}_3\text{CHO} + \text{HBr} \xrightarrow{\text{ZnCl}_2} \text{PhCHBrCH}_3$$

| 反应类型 | 亲电取代 | 特征条件 | HCHO/HCl/ZnCl$_2$ | 关键中间体 | 碳正离子 | 典型产物 | 苄氯 |
|---|---|---|---|---|---|---|---|

## 3.7 Gattermann-Koch 反应——芳烃甲酰化

[反应] 苯与一氧化碳及氯化氢在 Lewis 酸催化下，加压生成相应的芳醛。

$$\text{C}_6\text{H}_6 + \text{CO} + \text{HCl} \xrightarrow{\text{AlCl}_3 / \text{Cu}_2\text{Cl}_2} \text{C}_6\text{H}_5\text{CHO}$$

[机理] CO 和 HCl 在 Lewis 酸催化作用下形成的甲酰基正离子作为亲电试剂。

$$\text{CO} \xrightarrow{\text{H}^+} \overset{+}{\text{H}}\text{C}=\text{O}$$

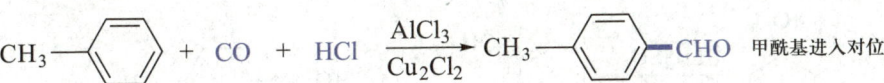

[实例]

Gattermann-Koch 反应

$$\text{CH}_3\text{-C}_6\text{H}_5 + \text{CO} + \text{HCl} \xrightarrow{\text{AlCl}_3 / \text{Cu}_2\text{Cl}_2} \text{CH}_3\text{-C}_6\text{H}_4\text{-CHO} \quad \text{甲酰基进入对位}$$

[特点]

1. 甲苯也能发生此反应，甲酰基进入甲基的对位，某些烃基苯、酚、酚醚等易发生副反应，不宜进行此反应。
2. 反应物芳环上有吸电子基时反应不发生。
3. 实验室中用氯化亚铜代替工业生产的加压方法，氯化亚铜与一氧化碳配位，使之活性增加而易于发生反应。

| 反应类型 | 亲电取代 | 特征条件 | CO/HCl/AlCl₃ | 关键中间体 | 甲酰基正离子 | 典型产物 | 芳醛 |
|---|---|---|---|---|---|---|---|

## 3.8 苯酚芳香亲电取代——容易发生亲电取代

[反应]羟基是强的致活基团,所以苯环上很容易发生各种亲电取代反应。

[实例]

1. 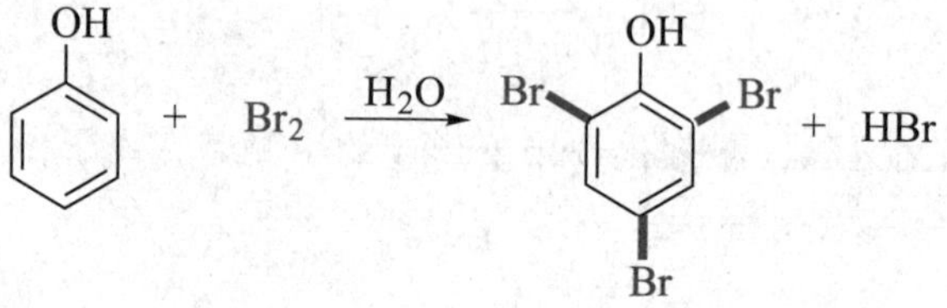 苯酚 + $Br_2$ $\xrightarrow{H_2O}$ 2,4,6-三溴苯酚 + HBr  碱性或中性条件下得到三卤代物;降低温度、非极性溶剂和酸性条件下可以得到一卤代物

2. 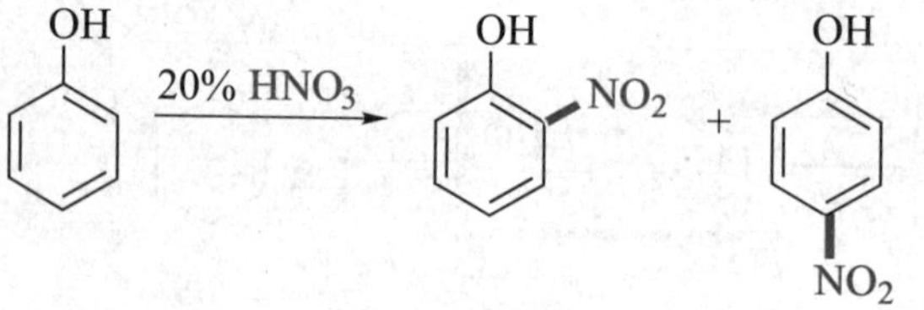 苯酚 $\xrightarrow{20\% HNO_3}$ 邻硝基苯酚 + 对硝基苯酚  稀硝酸即可使苯酚硝化

3. 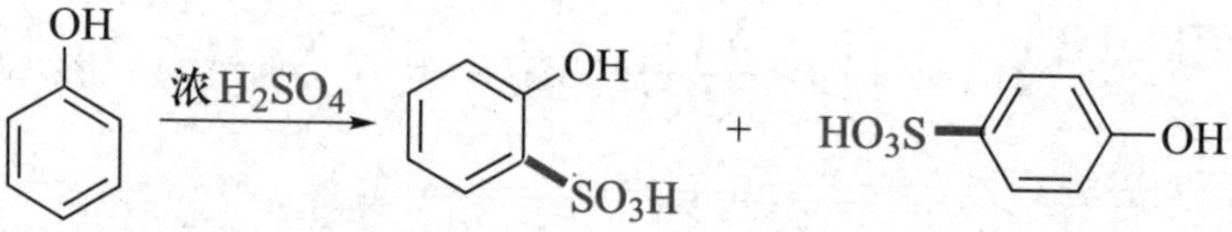 苯酚 $\xrightarrow{浓 H_2SO_4}$ 邻羟基苯磺酸(25 ℃,动力学控制产物) + 对羟基苯磺酸(100 ℃,热力学控制产物)

4. 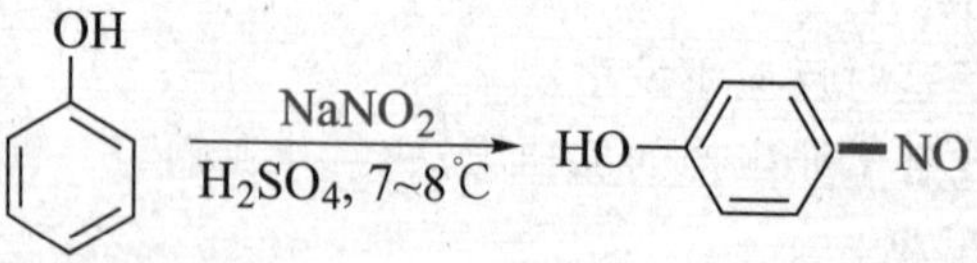 苯酚 $\xrightarrow[H_2SO_4, 7\sim8℃]{NaNO_2}$ 对亚硝基苯酚  亚硝酰正离子为弱亲电试剂

5. 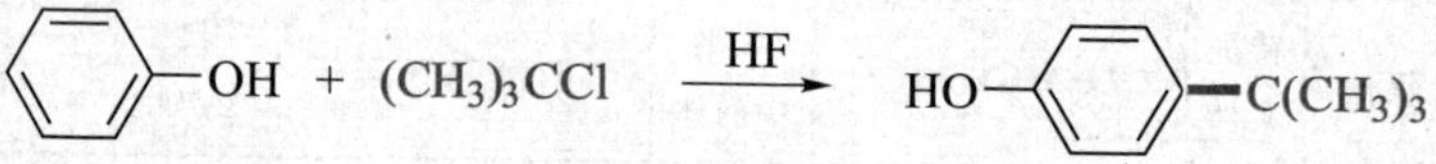 苯酚-OH + $(CH_3)_3CCl$ $\xrightarrow{HF}$ 对叔丁基苯酚 $C(CH_3)_3$  F-C反应

6. 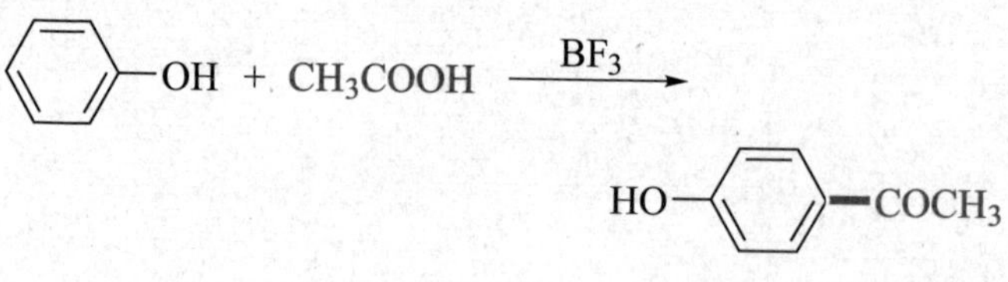 苯酚-OH + $CH_3COOH$ $\xrightarrow{BF_3}$ 对羟基苯乙酮 $COCH_3$  酚和羧酸可直接发生酰基化反应

[特点]

1. 酚羟基上 p 电子与苯环 $\pi$ 体系共轭,使羟基邻、对位电子密度增大,提

高了酚羟基邻、对位亲核能力，使苯环成为亲电取代反应的活性中心。

2. 酚在碱性溶液中比酸性溶液中更易卤化的原因：在碱性环境中，酚会形成芳氧负离子，亲电取代活性更大。

3. 取代苯酚的酸性强弱顺序：

2,4,6-三硝基苯酚 > 对硝基苯酚 > 苯酚 > 对甲氧基苯酚

## 3.9 芳香胺芳香亲电取代——容易发生亲电取代

[反应] 因为氨基是强致活基团，芳香胺的亲电取代反应活性比苯的活性高。

[实例]

1. 苯胺 + $Br_2$ →($H_2O$)→ 2,4,6-三溴苯胺 + HBr  产物为白色沉淀，可鉴定苯胺

2. 苯胺 →($CH_3COCl$)→ 乙酰苯胺 →($Br_2$)→ 对溴乙酰苯胺 →(①$H_3O^+$ ②$HO^-$)→ 对溴苯胺

芳香胺的芳香亲电取代反应

3. N,N-二甲基苯胺 →($Br_2, H_2SO_4$ / $Ag_2SO_4$)→ 间溴-N,N-二甲基苯胺    强酸质子化氨基，成为吸电子基，间位取代，弱酸性条件下，仍为对位取代

4. 对异丙基苯胺 →($(CH_3CO)_2O$)→ 对异丙基乙酰苯胺 →($HNO_3$)→ →(①$H_3O^+$ ②$HO^-$)→ 2-硝基-4-异丙基苯胺    一级芳胺易氧化，不宜直接硝化，需先保护氨基再进行硝化

芳香胺的F-C反应

5. 邻乙基乙酰苯胺 →($CH_3COCl$, $AlCl_3$ / $CS_2$)→ 产物    氨基与$AlCl_3$配位后，成为吸电子取代基，无法完成F-C反应，需先保护

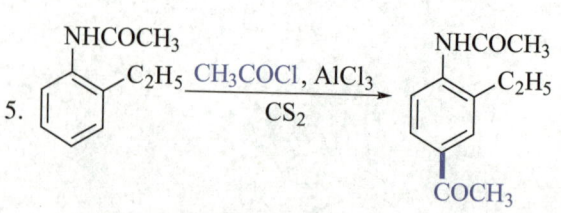

6. C₆H₅-NH₂ $\xrightarrow{\text{NaNO}_2, \text{HCl}}_{0\sim5\text{℃}}$ C₆H₅-N⁺≡N Cl⁻　　芳基重氮盐是重要的有机合成中间体

[特点]

1. 与羟基一样,氮原子上孤对电子参与了苯环 π 体系的离域,给电子共轭效应强于吸电子诱导效应,对苯环而言,氨基是强的给电子基,邻、对位定位基。

2. 氨基又是碱,容易与酸成盐,成盐后没有了与苯环 π 体系共轭的孤对电子,吸电子诱导效应由于氮原子带了部分正电荷而变得更强,从而成为强吸电子基,间位定位基。

3. 芳香胺的亲电取代反应活性高,氨基又容易被氧化,所以,一般要先将氨基乙酰化保护,然后再进行其他的亲电取代反应,最后通过酸性条件下的水解反应除去保护基团。

4. 芳香胺的碱性是因为 N 原子上的孤对电子可以结合氢离子,因此,邻、对位上有给电子基有利于 N 原子电子密度升高,碱性增强。

## 3.10 Reimer–Tiemann 反应——苯酚邻位甲酰化

[反应] 苯酚类化合物和三氯甲烷在碱的水溶液中反应,生成邻羟基苯甲醛(水杨醛)。

$$\text{PhOH} \xrightarrow[10\% \text{ NaOH}]{\text{CHCl}_3} \text{邻羟基苯甲醛(水杨醛)}$$

[机理] 缺电子的二氯碳烯作为亲电试剂。

$$\text{CHCl}_3 \xrightarrow{\text{HO}^-} \text{CCl}_3^- \xrightarrow{-\text{Cl}^-} :\text{CCl}_2 \text{(二氯碳烯,缺电子试剂)} \longrightarrow \cdots \xrightarrow{\text{H}_2\text{O}} \cdots$$

[实例]

1. 对甲基苯酚 + CHCl₃ / 10% NaOH → 2-羟基-5-甲基苯甲醛

2. 吡咯 + CHCl₃ / 10% NaOH → 2-甲酰基吡咯   富电子体系的芳香杂环也可以发生此反应

3. [reaction: o-甲基苯酚 + CHCl₃, NaOH/H₂O → 3-甲基-2-羟基苯甲醛 + 4-羟基-3-甲基苯甲醛 + 6-甲基-6-(二氯甲基)环己-2,4-二烯酮]

[特点]
1. 定位规则：以邻位为主，若邻位被占据，则进入对位。
2. 不能在水中起反应的化合物可在吡啶中进行，只能得到邻位产物。
3. 此法用于工业上制水杨醛。
4. 酚羟基的邻位或对位有取代基时，常会出现 2,2- 或 4,4- 二取代环己二烯酮的副产物。

| 反应类型 | 亲电取代 | 特征条件 | CHCl₃/10%NaOH | 关键中间体 | 二氯碳烯 | 典型产物 | 邻羟基苯甲醛 |
|---|---|---|---|---|---|---|---|

## 3.11 Vilsmeier 反应——苯酚对位甲酰化

[反应] 活性高的芳香族化合物可用 $N$-取代甲酰胺进行甲酰化。

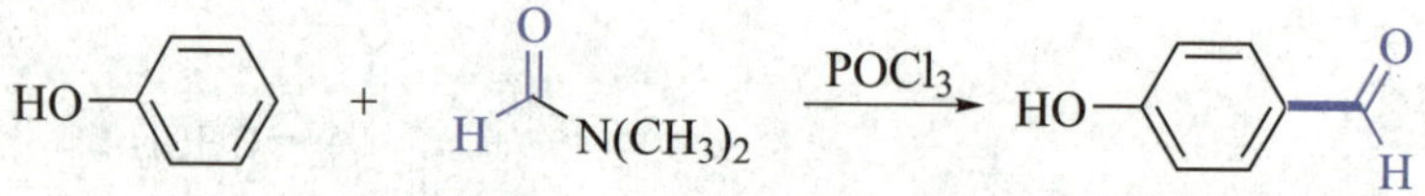

$$HO-C_6H_4-H + HCON(CH_3)_2 \xrightarrow{POCl_3} HO-C_6H_4-CHO$$

[机理] $POCl_3$ 与 DMF 形成的氯亚胺正离子作为弱的亲电试剂。

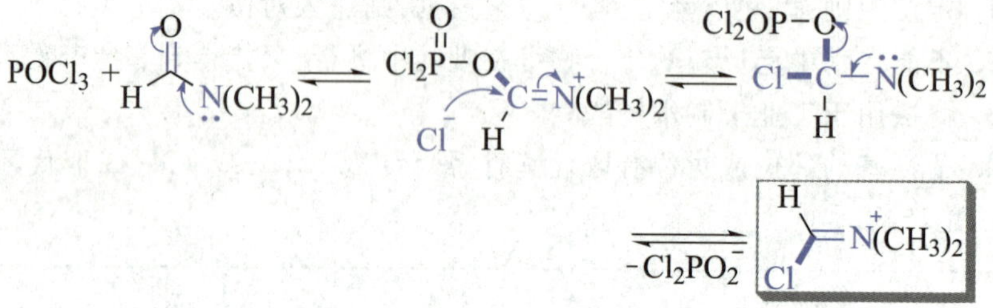

（氯亚胺正离子）

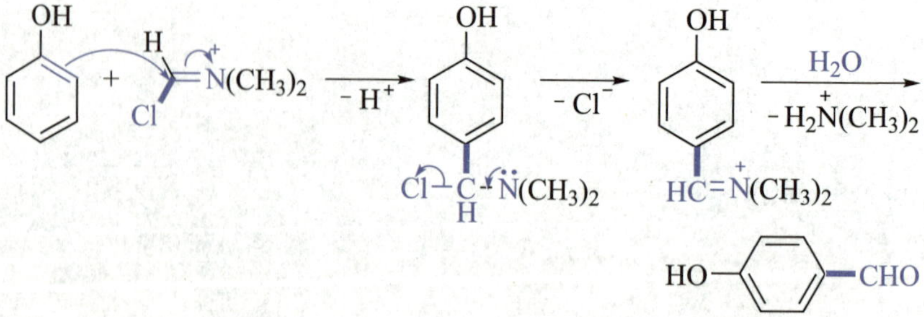

[实例]

1. 2-甲氧基萘 + $HCON(CH_3)_2$ $\xrightarrow{\text{①}POCl_3 \ \text{②}H_2O}$ 1-甲酰基-2-甲氧基萘

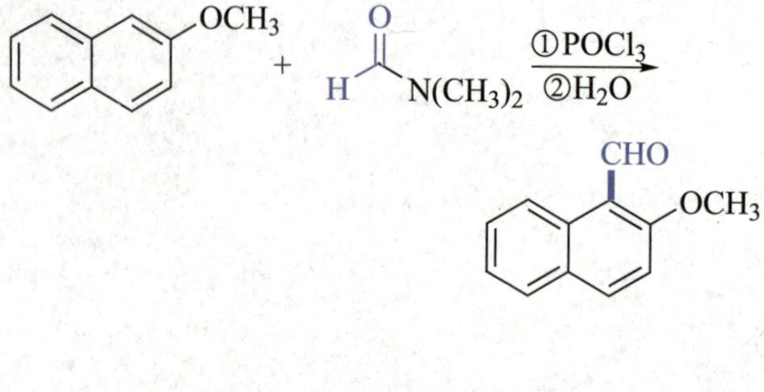

萘 $\alpha$ 位活泼

## 3.11 Vilsmeier 反应——苯酚对位甲酰化

2. 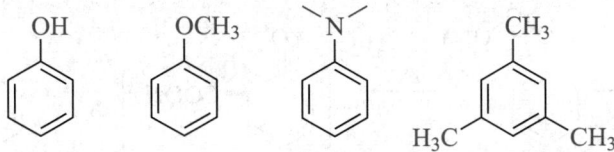 三级芳胺

[特点]

1. 甲酰化试剂：DMF（$N,N$-二甲基甲酰胺）。
2. 有效地在芳环上引入甲酰基的方法，已经实现工业化生产。
3. 氯亚胺正离子是一个弱的亲电试剂，只能和富电子的芳环发生芳香亲电取代反应。活性大的芳香族化合物如羟基或氨基取代的苯环、呋喃、吡咯、噻吩和吲哚环等：

| 反应类型 | 亲电取代 | 特征条件 | DMF/POCl₃ | 关键中间体 | 氯亚胺正离子 | 典型产物 | 芳醛 |
|---|---|---|---|---|---|---|---|

## 3.12 Kolbe-Schmitt 反应
——钠盐低温下得邻位产物，钾盐高温下得对位产物

[反应] 干燥的酚钠和二氧化碳在一定温度和压力下，在苯环上引入羧基。

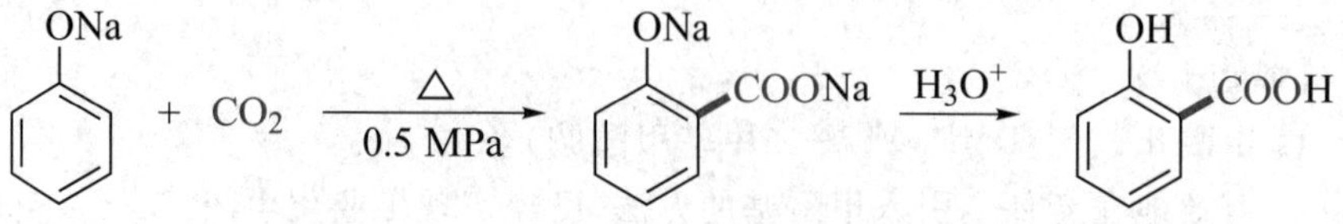

PhONa + CO$_2$ $\xrightarrow[0.5\ \text{MPa}]{\triangle}$ 邻-ONa-C$_6$H$_4$-COONa $\xrightarrow{H_3O^+}$ 水杨酸

[机理] 反应活性较高的酚氧负离子进攻二氧化碳，加热得到 2-羟基苯甲酸盐。

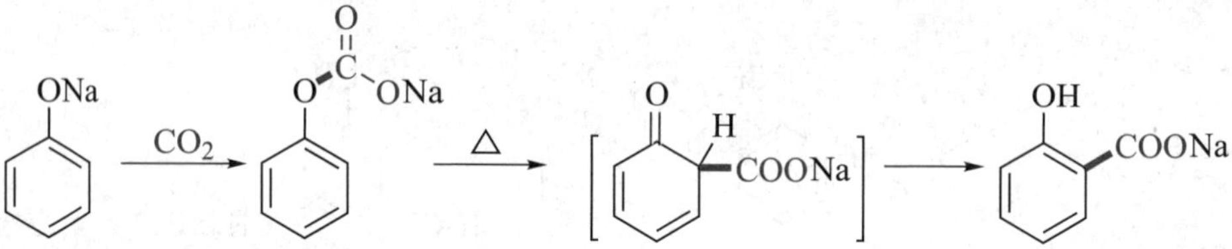

[实例]

1. 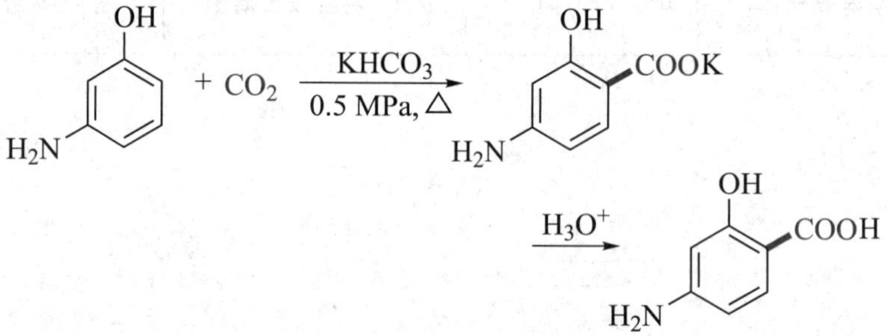 3-氨基苯酚 + CO$_2$ $\xrightarrow[0.5\ \text{MPa},\ \triangle]{KHCO_3}$ 4-氨基-2-羟基苯甲酸钾 $\xrightarrow{H_3O^+}$ 4-氨基-2-羟基苯甲酸

2. PhOK + CO$_2$ $\xrightarrow[0.5\ \text{MPa}]{\triangle}$ 对-KO-C$_6$H$_4$-COOK $\xrightarrow{H_3O^+}$ 对羟基苯甲酸

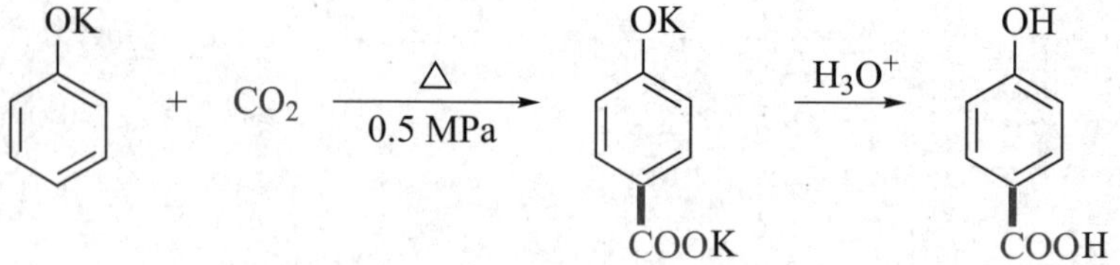

[特点]

1. 生成邻位或对位羟基苯甲酸，使用钠盐及在较低的温度下反应主要得到邻位产物；而用钾盐及在较高温度下反应则主要得对位产物。

## 3.12 Kolbe-Schmitt 反应——钠盐低温下得邻位产物,钾盐高温下得对位产物

2. 邻位异构体在钾盐及较高温度下加热也能转变为对位异构体。
3. 可以用水蒸气蒸馏将对位和邻位异构体分离。
4. 苯环上连有烃基、甲氧基、氨基及羟基等给电子基使反应容易进行;吸电子的硝基、氰基和羧基会减慢反应速率;磺酸基使反应不能进行。

| 反应类型 | 亲电取代 | 特征条件 | $CO_2$ | 关键中间体 | — | 典型产物 | 水杨酸 |
|---|---|---|---|---|---|---|---|

## 3.13 重氮盐偶联反应——活泼芳香族化合物与重氮盐反应

[反应]重氮盐和活泼的芳香族化合物发生亲电取代反应，生成偶氮化合物。

$$\text{Ph-N}_2^+\text{Cl}^- + \text{HO-C}_6\text{H}_4\text{-H} \xrightarrow{\text{弱碱性}} \text{Ph-N=N-C}_6\text{H}_4\text{-OH}$$

$$\text{Ph-N}_2^+\text{Cl}^- + \text{(CH}_3\text{)}_2\text{N-C}_6\text{H}_4\text{-H} \xrightarrow{\text{弱酸性}} \text{Ph-N=N-C}_6\text{H}_4\text{-N(CH}_3\text{)}_2$$

[机理]重氮正离子作为弱的亲电试剂与活泼的芳香化合物进行芳环上的亲电取代反应。

$$\text{G-C}_6\text{H}_4 + {}^+\text{N=N-Ph} \longrightarrow [\text{G-C}_6\text{H}_4(\text{H})\text{-N=N-Ph}]^+$$

$$\xrightarrow{-\text{H}^+} \text{G-C}_6\text{H}_4\text{-N=N-Ph}$$

[实例]

1. $\text{Ph-N}_2^+\text{Cl}^- + \text{CH}_3\text{-C}_6\text{H}_4\text{-OH} \xrightarrow{\text{HO}^-}$ 邻位偶联产物（对位被占据得邻位产物）

2. $\text{Ph-N}_2^+\text{Cl}^- + \text{H}_2\text{N-C}_6\text{H}_5} \xrightarrow{\text{NaOAc}} \text{Ph-N=N-C}_6\text{H}_4\text{-NH}_2$

[特点]

1. 芳基重氮正离子是弱的亲电试剂，只能与高度活化的芳环反应，即环上有强的给电子基，如—OH、—$NR_2$、—NHR 和—$NH_2$。

2. 偶联反应一般在对位发生，如果对位被占据，也可以生成邻位偶联产物。

3. 芳基重氮盐与酚偶联在弱碱性条件下进行,pH = 8~10。因为酚是弱酸性物质,与碱作用生成盐,酚氧负离子由于共轭效应使其邻、对位电子密度更大,所以碱性条件下有利于酚与亲电试剂重氮盐正离子发生偶联反应。但碱性不能太强,因为重氮盐在强碱性条件下会转变成重氮氢氧化物或重氮酸盐,使偶联反应速率降低或反应终止。

4. 芳基重氮盐与芳胺偶联在弱酸性条件下进行,pH = 5~7。三级芳胺有良好的反应性能,但是其在水中的溶解度不大,弱酸性条件下,三级芳胺形成铵盐而增加了溶解度。但是如果酸性太强,三级芳胺会形成铵盐而降低芳胺的浓度,使偶联反应变慢或终止。

5. 偶联反应是合成偶氮染料的基础。芳环通过偶氮基相连形成一个大的共轭体系,$\pi$电子有较大的离域范围,可以吸收可见光波长范围的光,因而显颜色。

| 反应类型 | 亲电取代 | 特征条件 | $ArN_2^+$ | 关键中间体 | 重氮盐 | 典型产物 | 偶氮化合物 |
| --- | --- | --- | --- | --- | --- | --- | --- |

## 3.14 苯的定位取代
——第一类邻、对位取代，第二类间位取代

[反应] 苯环上已有取代基时，如果进一步取代可分为两类，第一类是邻、对位取代，第二类是间位取代。

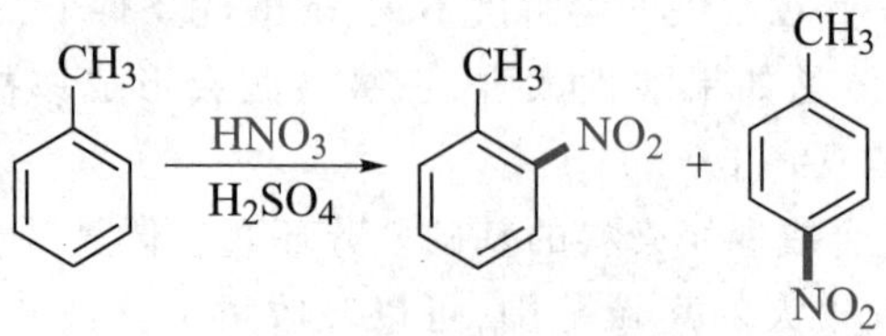

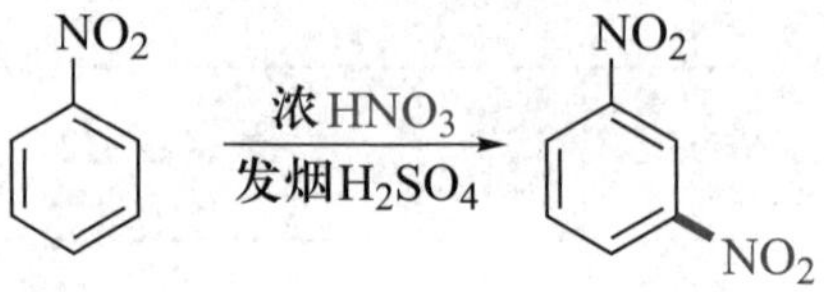

$$\text{甲苯} \xrightarrow{HNO_3 / H_2SO_4} \text{邻硝基甲苯} + \text{对硝基甲苯}$$

$$\text{硝基苯} \xrightarrow{\text{浓}HNO_3 / \text{发烟}H_2SO_4} \text{间二硝基苯}$$

[机理] 给电子基与碳正离子相连，稳定；吸电子基避开碳正离子，稳定。

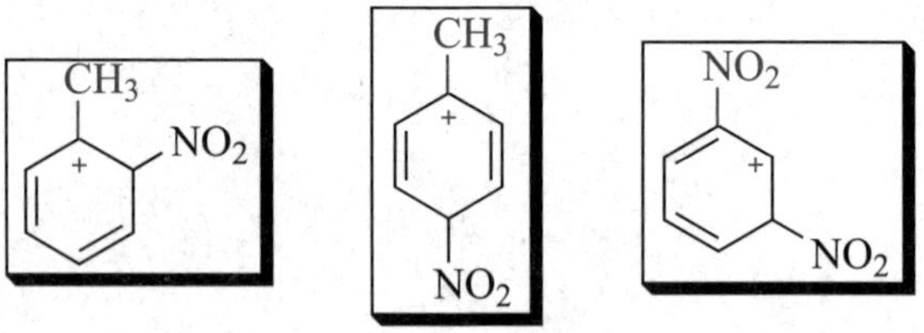

[实例]

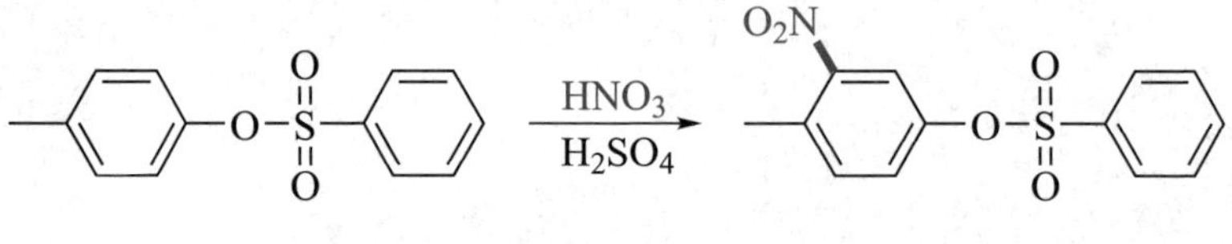

$$\text{对甲苯基苯磺酸酯} \xrightarrow{HNO_3 / H_2SO_4} \text{硝化产物}$$

[特点]

1. 第一类定位基分为致活定位基和致钝定位基。致活定位基通过给电子诱导或共轭效应使苯环电子密度增大，亲电取代更容易进行，且取代只发生在邻位或对位时，中间体碳正离子与取代基直接相连，给电子基将电子供给碳正离子，对稳定碳正离子有利。

2. 以卤素为代表的致钝第一类定位基由于其吸电子诱导效应($-I$)使电子

密度下降,对亲电取代不利,但此反应一旦发生在邻、对位,卤素可以通过给电子共轭效应($+C$)将电子供给中间体碳正离子,有利于碳正离子稳定,$-I>+C$ 使反应较难进行,但仍是邻、对位取代。

3. 第二类定位基都是吸电子基,降低苯环上电子密度,对亲电取代不利,间位上的取代才能避免碳正离子与吸电子基直接相连,有利于稳定碳正离子。

4. 定位效性一致,则共同决定。定位效性不一致:若为同一类取代基,定位效性取决于强的取代基;若为不同类取代基,由第一类取代基决定。

氨基对苯环的电子效应

卤素对苯环的电子效应

醛基对苯环的电子效应

取代苯的定位规则

取代基对芳香亲电取代反应速率的影响

# 第4章 亲核加成反应

速控步为亲核试剂与含有碳氧双键、碳氮三键、碳碳三键等不饱和化学键的底物加成的反应,称为亲核加成反应。亲核加成反应是形成碳杂重键的主要反应。

## 4.1 缩醛(酮)——保护羰基或羟基

[反应]在酸性条件下，醇与醛(酮)亲核加成，先生成半缩醛(酮)，进一步反应生成缩醛(酮)。

$$\underset{}{\rangle=O} \underset{H^+}{\overset{ROH}{\rightleftharpoons}} \underset{}{\rangle\overset{OR}{\underset{OH}{<}}} \underset{H^+}{\overset{ROH}{\rightleftharpoons}} \underset{}{\rangle\overset{OR}{\underset{OR}{<}}}$$

[机理]酸性条件下，羰基与氢离子结合，增加羰基碳原子的亲电性，然后和一分子醇加成，氢离子转移，失去水，再和一分子醇反应，得到缩醛(酮)。

$$\rangle C=O \underset{}{\overset{H^+}{\rightleftharpoons}} \rangle \overset{+}{C}-OH \overset{ROH}{\rightleftharpoons} \boxed{\rangle C \overset{\overset{+}{O}HR}{\underset{OH}{<}}} \underset{H^+\text{转移}}{\rightleftharpoons} \rangle C \overset{OR}{\underset{\overset{+}{O}H_2}{<}}$$

$$\underset{-H_2O}{\rightleftharpoons} \rangle \overset{+}{C}-OR \overset{ROH}{\rightleftharpoons} \rangle C \overset{OR}{\underset{\overset{+}{O}HR}{<}} \underset{-H^+}{\rightleftharpoons} \rangle C \overset{OR}{\underset{OR}{<}}$$

[实例]

1. $CH_3\overset{O}{\overset{\|}{C}}CH_3 \xrightarrow{HOCH_2CH_2OH,\ H^+}$ (1,3-二氧戊环，H_3C和CH_3取代)

2. $\underset{R}{\overset{R}{>}}C=O + HC(OC_2H_5)_3 \xrightarrow{H^+} \underset{R}{\overset{R}{>}}C\overset{OC_2H_5}{\underset{OC_2H_5}{<}}$
   原甲酸三乙酯

3. $HO(CH_2)_4CHO \xrightarrow{HCl}$ (四氢吡喃-2-醇) 半缩醛

[特点]

1. 半缩醛(酮)在酸性或碱性溶液中都不稳定；缩醛(酮)对碱稳定，对酸不稳定，所以缩醛(酮)在无水酸性中形成，在稀酸中水解为原来的醛(酮)，在有机合成中用于保护羰基或保护羟基。

2. 空间位阻大的酮难以反应时，可采用高活性的原甲酸三乙酯$HC(OC_2H_5)_3$，由于反应中不生成水，可以得到较高产率的产物。

3. 分子内同时含有羟基和醛(酮)羰基时,可发生分子内反应,形成五、六元环的半缩醛(酮)。

4. 丙酮也可以用来保护连二醇,但是常用$(CH_3)_2C(OCH_3)_2$,通过缩醛(酮)交换反应保护连二醇。

| 反应类型 | 亲核加成 | 特征条件 | HCl | 关键中间体 | 四面体中间体 | 典型产物 | 缩醛(酮) |
|---|---|---|---|---|---|---|---|

## 4.2 糖苷的形成
——糖类的环状半缩醛与一分子醇形成的缩醛

[**反应**]醛可以和两分子醇形成缩醛;糖类的醛基已经与分子内的一个羟基形成环状半缩醛,所以糖类只能与一分子醇反应形成缩醛,称为糖苷。

α-D-吡喃葡萄糖,半缩醛 + CH₃OH ⇌ (HCl) 产物

β-D-吡喃葡萄糖,半缩醛 + CH₃OH ⇌ (HCl) 产物

[**特点**]

1. 环状糖类的半缩醛(酮)的羟基与其他羟基反应活性是不同的,另一分子化合物中的羟基、氨基或巯基等可以选择性地只与半缩醛羟基反应失去一分子水转化为缩醛,即糖苷。

2. 糖苷是缩醛,不与苯肼、Tollens 试剂、Fehling 试剂反应;糖苷在碱性条件下稳定,在酸性条件下水解,因此,在碱性条件下无变旋现象,在酸性条件下有变旋现象。

3. 形成糖苷是糖类的普遍现象,天然产物中的葡萄糖多数情况以糖苷的形式存在。

| 反应类型 | 亲核加成-取代 | 特征条件 | CH₃OH/HCl | 关键中间体 | — | 典型产物 | 糖苷 |
|---|---|---|---|---|---|---|---|

## 4.3 羰基加成氢氰酸——生成 α-氰醇

[反应] 氰根负离子的碳原子可以和醛及多种活泼的酮发生亲核加成, 产物是 α-羟基腈(氰醇)。

$$\underset{R^2}{\overset{R^1}{>}}C=O + HCN \xrightleftharpoons{HO^-} \underset{R^2}{\overset{R^1}{>}}C\underset{CN}{\overset{OH}{<}}$$

[机理] 氰根负离子进攻羰基碳原子。

$$^-OH + HCN \longrightarrow H_2O + {}^-CN$$

$$\underset{R'}{\overset{R}{>}}C=O \xrightleftharpoons[\text{慢}]{CN^-} \boxed{\underset{R'}{\overset{R}{\underset{|}{C}}}\underset{O^-}{\overset{CN}{|}}} \xrightarrow[\text{快}]{HCN} \underset{R'}{\overset{R}{\underset{|}{C}}}\underset{OH}{\overset{CN}{|}}$$

四面体中间体

[实例]

1. $H_3C-CO-CH_3 \xrightarrow{HCN} H_3C-\underset{CH_3}{\overset{OH}{\underset{|}{C}}}-CN \xrightarrow{CH_3OH, H_2SO_4} \underset{H_3C}{\overset{H_2C}{>}}C=COOCH_3$

   甲基丙烯酸甲酯是制备有机玻璃的单体

2. 3-硝基苯甲醛 $\xrightarrow{HCN}$ 3-硝基-α-羟基苯乙腈 $\xrightarrow[H_2SO_4]{H_2O}$ 3-硝基-α-羟基苯乙酸

   苯环上连吸电子基有利于醛羰基碳正电性提高, 水解得到 α-羟基酸

[特点]
1. 当酮的两个烃基空间位阻太大时, 反应产率大大下降。
2. 此反应在微量的碱存在下, 速率加快, 因为加入碱有利于 HCN 的解离。

但是碱性不能太强,因为最后需要 $H^+$ 才能完成反应。

3. 若加酸,虽然氢离子和羰基发生质子化作用,增加羰基碳原子的亲电性能,但是氢离子浓度升高,降低了氰根负离子浓度,降低了亲核加成反应速率,反应很难发生。

4. α-羟基腈水解生成 α-羟基酸,醇解生成 α-羟基酯,水解产物和醇解产物进一步失水生成 α,β-不饱和羧酸和 α,β-不饱和羧酸酯,这一反应在合成上有普遍的应用价值。

| 反应类型 | 亲核加成 | 特征条件 | HCN/NaOH | 关键中间体 | 四面体中间体 | 典型产物 | 氰醇 |
|---|---|---|---|---|---|---|---|

## 4.4 羰基加成亚硫酸氢钠——醛、酮的鉴别和分离提纯

[反应] 过量的饱和亚硫酸氢钠溶液和醛一同震荡,不需要催化剂就可以发生亲核加成反应,把醛转化为 α-羟基磺酸钠盐。

$$\underset{R}{\overset{H}{>}}C=O \xrightleftharpoons{NaHSO_3} \underset{R}{\overset{H}{>}}C\underset{SO_3^-Na^+}{\overset{OH}{<}} \quad \text{白色沉淀}$$

[机理] 亚硫酸氢根进攻羰基碳原子。

$$\underset{H}{\overset{H_3C}{>}}C=O \xrightleftharpoons{H\ddot{S}O_3^-} \boxed{H_3C\overset{SO_3H}{\underset{H}{\overset{|}{-}}}C-O^-} \rightleftharpoons H_3C\overset{SO_3^-}{\underset{H}{\overset{|}{-}}}C-OH$$

四面体中间体

[实例]

$$H_3C-\overset{O}{\overset{\|}{C}}-H + NaHSO_3 \rightleftharpoons H_3C-\overset{OH}{\underset{SO_3Na}{\overset{|}{C}}}-H \xrightarrow{HCl} H_3C-\overset{O}{\overset{\|}{C}}-H \quad \text{酸性条件下分解}$$

[解析] 羰基加成时遵循 Cram 规则:首先将醛、酮转化成纽曼投影式,羰基与相邻碳原子上的最大基团处于反交叉的位置;亲核试剂从位阻小的一侧进攻。

[特点]

1. 脂肪族甲基酮也能与饱和亚硫酸氢钠溶液反应,甲基换成乙基或者苯基,反应受空间位阻影响很大,不能反应或者反应很少,但是,环酮一般容易与亚硫酸氢钠加成。

2. 产物 α-羟基磺酸钠在饱和亚硫酸氢钠溶液中溶解度小,得到白色沉淀,

可以用来鉴别醛、酮。

3. 此反应是可逆反应,把存在于体系中的微量的亚硫酸氢钠用酸或碱不断除去,可分解为原来的醛和酮,故可用于分离、提纯醛、酮。

| 反应类型 | 亲核加成 | 特征条件 | NaHSO$_3$ | 关键中间体 | 四面体中间体 | 典型产物 | α-羟基磺酸钠 |
|---|---|---|---|---|---|---|---|

## 4.5 羰基加成氮亲核试剂——生成亚胺

[**反应**] 醛、酮与氨及其衍生物发生亲核加成，进而脱水，生成亚胺类化合物。

$$\underset{R^2}{\overset{R^1}{>}}C=O + H_2N-Y \underset{}{\overset{H^+}{\rightleftharpoons}} \underset{R^2}{\overset{R^1}{>}}C=N-Y$$

[**机理**] 氮亲核试剂进攻羰基碳原子并脱水。

四面体中间体

[**实例**]

1. $\underset{R^2}{\overset{R^1}{>}}C=O + H_2N-R \longrightarrow \underset{R^2}{\overset{R^1}{>}}C=N-R$ 亚胺

2. $\underset{R^2}{\overset{R^1}{>}}C=O + H_2N-OH \longrightarrow \underset{R^2}{\overset{R^1}{>}}C=N-OH$ 肟

3. $\underset{R^2}{\overset{R^1}{>}}C=O + H_2N-NH_2 \longrightarrow \underset{R^2}{\overset{R^1}{>}}C=N-NH_2$ 腙

4. $\underset{R^2}{\overset{R^1}{>}}C=O + H_2N-NHPh \longrightarrow \underset{R^2}{\overset{R^1}{>}}C=N-NHPh$ 苯腙

5. $\underset{R^2}{\overset{R^1}{>}}C=O + H_2N-NH-\overset{O}{\overset{\|}{C}}NH_2 \longrightarrow \underset{R^2}{\overset{R^1}{>}}C=N-NH-\overset{O}{\overset{\|}{C}}NH_2$ 缩氨脲

[**特点**]

1. 反应条件:弱酸。若用强酸,则—$NH_2$ 变为—$NH_3^+$,丧失氮原子的亲核能力,不利于反应进行。

2. 亚胺又称 Schiff 碱,是有用的中间体,将 Schiff 碱还原,得到二级胺。共轭的亚胺较稳定。

3. 醛、酮在提纯时比较困难,制成的亚胺衍生物多半是固体,容易结晶,并有确定的熔点,经提纯后,再进行酸性水解,又得到原来的醛、酮,可以用来提纯或鉴定醛、酮。

| 反应类型 | 亲核加成-消除 | 特征条件 | $H^+$ | 关键中间体 | 四面体中间体 | 典型产物 | 亚胺 |
|---|---|---|---|---|---|---|---|

## 4.6 成脎反应——C1、C2 的反应；结构鉴定

[反应] 单糖与过量的苯肼作用,生成不溶于水的结晶化合物脎。

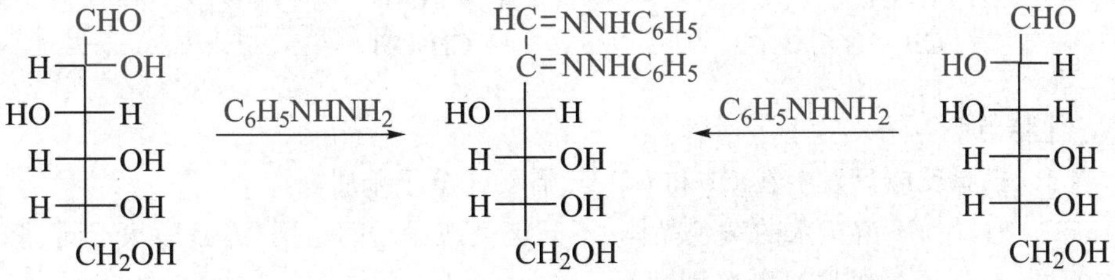

C2差向异构体,生成相同的脎

[机理] 单糖与一分子苯肼生成亚氨基酮,再与两分子苯肼作用,生成脎。

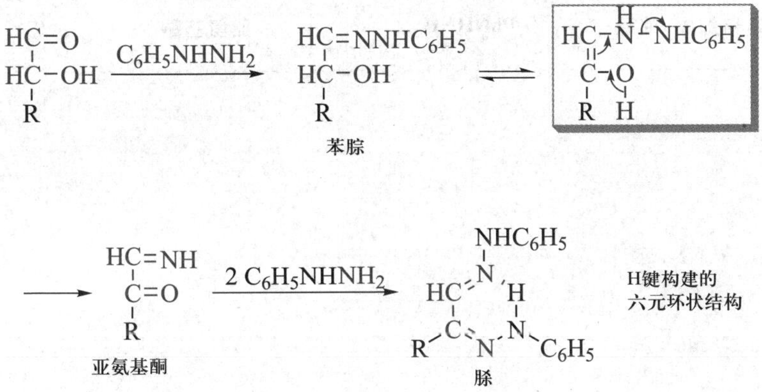

苯腙

亚氨基酮    脎    H键构建的六元环状结构

[实例]

1.

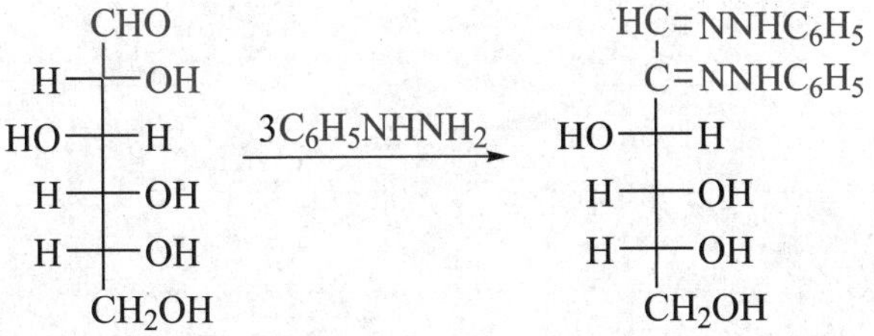

2. 
$$\begin{array}{c} CH_2OH \\ | \\ C=O \\ HO-H \\ H-OH \\ H-OH \\ | \\ CH_2OH \end{array} \xrightarrow{C_6H_5NHNH_2} \begin{array}{c} HC=NNHC_6H_5 \\ | \\ C=NNHC_6H_5 \\ HO-H \\ H-OH \\ H-OH \\ | \\ CH_2OH \end{array}$$

[特点]

1. 成脎反应只发生在 C1 和 C2 上，需要 3 分子苯肼。

2. 糖脎为不溶于水的黄色晶体，不同糖类成脎时间不同、结晶形状不同、熔点不同，可以通过糖脎晶形鉴别糖类。

3. D-葡萄糖、D-果糖和 D-甘露糖 C3、C4 和 C5 相同，生成相同的脎，即可用已知的构型推测未知构型。

| 反应类型 | 亲核加成-消除 | 特征条件 | PhNHNH₂ | 关键中间体 | 亚氨基酮 | 典型产物 | 脎 |
|---|---|---|---|---|---|---|---|

## 4.7 三级烯胺——强亲核性

[**反应**] 二级胺与至少含有一个 α-氢原子的酮反应得到三级烯胺,其具有很强的亲核性。

[**机理**] 二级胺进攻羰基碳原子,脱水。

[**实例**]

1.

2. [反应式: 1-(环己-1-烯基)吡咯烷 + BrCH$_2$CO$_2$C$_2$H$_5$ → H$_2$O/H$^+$ → 2-(乙氧羰基甲基)环己酮]

3. [反应式: 2-甲基环己酮 + 吡咯烷/H$^+$ → 烯胺中间体 → ①H$_2$C=CHCN ②H$_3$O$^+$ → 2-甲基-6-(2-氰乙基)环己酮]

[特点]

1. 烯胺具有亲核性,且有碳原子和氮原子两个反应位置,活泼卤代烃主要发生碳烃基化。

2. 此反应是一个可逆反应,烯胺在稀酸中易水解为酮和胺。

3. 不对称酮的 α-烃基化或酰基化,经过烯胺发生在位阻小的碳原子上。

| 反应类型 | 亲核加成-消除 | 特征条件 | H$^+$ | 关键中间体 | 四面体中间体 | 典型产物 | 三级烯胺 |
| --- | --- | --- | --- | --- | --- | --- | --- |

## 4.8 重氮甲烷与活泼氢的反应——甲基化反应

[**反应**] 含有活泼氢的有机化合物与重氮甲烷反应，氢原子被甲基取代。

$$R-COOH + CH_2N_2 \longrightarrow R-COOCH_3$$

[**机理**] 重氮甲烷首先与质子发生亲电加成反应，将具有亲核能力的亚甲基转化成亲电的甲基。

$$\overset{-}{H_2C}-\overset{+}{N}\equiv N \longleftrightarrow H_2C=\overset{+}{N}=\overset{-}{N} \longleftrightarrow \overset{+}{H_2C}-N=\overset{-}{N}$$

  碳负电性质    碳烯性质    碳正电性质

$$RCOOH + \overset{-}{H_2C}-\overset{+}{N}\equiv N \longrightarrow RCOO^- + H_3C-\overset{+}{N}\equiv N \longrightarrow RCOOCH_3 + N_2$$

[**实例**]

1. 苯酚 + $CH_2N_2 \longrightarrow$ 苯甲醚 (PhOH → PhOCH₃)

2. 2-羟基-4-(羟甲基)苯甲酸 + $CH_2N_2 \longrightarrow$ 对应的甲酯甲醚产物

3. $CH_3\overset{O}{C}CH_2\overset{O}{C}OC_2H_5 + CH_2N_2 \longrightarrow H_3C-\overset{OCH_3}{C}=CH\overset{O}{C}OC_2H_5$

[**特点**]

1. 重氮甲烷是黄色有毒气体，具有爆炸性，使用时要特别注意安全，溶于乙醚中比较稳定，一般使用其乙醚溶液。

2. 重氮甲烷是很重要的甲基化试剂，可以与酸反应形成甲酯，与酚、β-二酮和β-酮酸酯等的烯醇式反应形成相应的甲基醚。

[**延伸**] 重氮甲烷及其衍生物在光照或催化量铜作用下，分解成碳烯：

$$R_2C=\overset{+}{N}=\overset{-}{N} \xrightarrow{h\nu} :CR_2 + N_2$$

| 反应类型 | 亲核加成 | 特征条件 | $CH_2N_2$ | 关键中间体 | — | 典型产物 | 甲酯/甲醚 |
|---|---|---|---|---|---|---|---|

## 4.9 重氮甲烷与酰氯的反应
### ——制备多一个碳原子的羧酸衍生物

[反应]酰氯与重氮甲烷反应得到重氮甲基酮,其在氧化银催化下与水共热,得到酰基碳烯,重排得到烯酮,再与水、醇或胺作用得到多一个碳原子的羧酸衍生物。

$$R-\overset{O}{\underset{}{C}}-Cl + CH_2N_2 \longrightarrow R-\overset{O}{\underset{}{C}}-CH_2N_2 \quad \text{重氮甲基酮}$$

$$R-\overset{O}{\underset{}{C}}-CH_2N_2 + H_2O \longrightarrow R-CH_2-\overset{O}{\underset{}{C}}-OH$$

$$R-\overset{O}{\underset{}{C}}-CH_2N_2 + R^1OH \longrightarrow R-CH_2-\overset{O}{\underset{}{C}}-OR^1$$

$$R-\overset{O}{\underset{}{C}}-CH_2N_2 + NH_3 \longrightarrow R-CH_2-\overset{O}{\underset{}{C}}-NH_2$$

[机理] $\alpha$-重氮酮脱除氮气生成酰基碳烯,重排得到烯酮,再与水反应生成多一个碳原子的羧酸。

$$R-\overset{O}{\underset{}{C}}-Cl + H_2\overset{-}{C}-\overset{+}{N}\equiv N \longrightarrow R-\overset{O^-}{\underset{Cl}{C}}-CH_2-\overset{+}{N}\equiv N \longrightarrow R-\overset{O}{\underset{}{C}}-CH_2-\overset{+}{N}\equiv N \xrightarrow{H_2\overset{-}{C}-\overset{+}{N}\equiv N}_{\text{作为碱}}$$

$$R-\overset{O}{\underset{}{C}}-CH-\overset{+}{N}\equiv N \longrightarrow R-CH=C=O \xrightarrow{H-OH} R-CH_2-\overset{O}{\underset{}{C}}-OH$$

烯酮

[实例]

萘-1-COCl $\xrightarrow{CH_2N_2}$ 萘-1-COCH$_2$N$_2$ $\xrightarrow{Ag_2O, H_2O}$ 萘-1-CH$_2$COOH

[特点]
1. 中间产物烯酮 RCH=C=O 作为酰化试剂。
2. 水解产物为增加一个碳原子的羧酸;醇解产物为增加一个碳原子的羧酸

## 4.9 重氮甲烷与酰氯的反应——制备多一个碳原子的羧酸衍生物

酯；氨解则得到增加一个碳原子的酰胺。

[**延伸**]除重氮甲烷外，重氮乙酸乙酯也是一个比较常见的脂肪族重氮化合物，它可以用氨基乙酸乙酯盐酸盐和亚硝酸钠制备，光解后得到乙氧羰基碳烯，能与烯烃加成。

$$NH_2CH_2COOC_2H_5 \xrightarrow{NaNO_2} \overset{-}{N}=\overset{+}{N}=CHCOOC_2H_5 \xrightarrow[Cu]{\bigcirc} \text{（二环产物）}-COOC_2H_5$$

| 反应类型 | 亲核加成 | 特征条件 | $CH_2N_2$ | 关键中间体 | 酰基碳烯/烯酮 | 典型产物 | 多一个碳原子的羧酸衍生物 |
|---|---|---|---|---|---|---|---|

## 4.10 重氮甲烷与醛、酮的反应——亚甲基插入反应

[反应] 醛、酮与重氮甲烷反应得到多一个碳原子的酮或环氧衍生物。

$$R^1R^2C=O + CH_2N_2 \longrightarrow \underset{R^2}{\overset{R^1}{>}}\!\!\!\triangle\!\!\!\text{CH}_2 \quad \text{或} \quad R^1\text{COCH}_2\text{—}R^2$$

[机理] 重氮甲烷负电性碳原子进攻羰基碳原子，生成氧负离子四面体结构，然后分子内亲核取代得到环氧化合物，或分子内重排成酮。

$$R-\underset{H(R')}{\overset{O}{C}}-H(R') + H_2\overset{-}{C}-\overset{+}{N}\equiv N \longrightarrow R-\underset{H(R')}{\overset{O^-}{C}}-CH_2-\overset{+}{N}\equiv N \xrightarrow{-N_2} \underset{(R')H}{\overset{R}{>}}\!\!\!\triangle\!\!\!\text{CH}$$

$$R-\underset{H(R')}{\overset{O^-}{C}}-CH_2-\overset{+}{N}\equiv N \xrightarrow{-N_2} R-\overset{O}{C}-CH_3(R')$$

[实例]

1. PhCHO $\xrightarrow{CH_2N_2}$ PhCOCH$_3$ 　　醛与重氮甲烷反应得到甲基酮

2. 环戊酮 $\xrightarrow{CH_2N_2}$ 环己酮 　　重排产物

[特点]

1. 重氮甲烷与羰基加成后，发生基团迁移，迁移顺序：H>CH$_3$>RCH$_2$>R$_2$CH>R$_3$C。

2. 重氮甲烷与醛反应得到甲基酮，与环酮反应，得到扩环的产物，同时会有副产物环氧化物生成。

3. 吸电子基取代的醛与重氮甲烷反应，环氧化物的比例会大幅度提高；吸电子基取代的酮与重氮甲烷反应，主产物为环氧化物。

| 反应类型 | 亲核加成 | 特征条件 | CH$_2$N$_2$ | 关键中间体 | — | 典型产物 | 多一个碳原子的酮 |
|---|---|---|---|---|---|---|---|

## 4.11 Grignard 试剂制醇——制备增长碳链的醇

[反应] 醛、酮、酯、酰氯、环氧化物等可与 Grignard 试剂反应,生成醇。

$$\text{R}_2\text{C=O} + \text{RMgX} \longrightarrow \text{R}_3\text{C-OMgX} \xrightarrow{\text{H}_2\text{O}} \text{R}_3\text{C-OH}$$

[机理] Grignard 试剂负电性碳原子进攻羰基碳原子。

$$\text{C=O} + \text{R-MgX} \longrightarrow [\text{-C(R)-OMgX}] \xrightarrow{\text{H}_3\text{O}^+} \text{R-C-OH}$$

[实例]

1. PhMgCl $\xrightarrow{\text{①HCHO}}_{\text{②H}_2\text{O}}$ PhCH$_2$OH  与甲醛反应得到增长一个碳原子的一级醇

2. CH$_3$CHO $\xrightarrow{\text{①(CH}_3\text{)}_2\text{CHMgBr}}_{\text{②H}_2\text{O}}$ CH$_3$CH(OH)—CH(CH$_3$)$_2$  与其他醛反应得到增长碳链的二级醇

3. H$_3$C-CO-CH$_3$ $\xrightarrow{\text{①(CH}_3\text{)}_2\text{CHMgBr}}_{\text{②H}_2\text{O}}$ H$_3$C-C(OH)(CH$_3$)-CH(CH$_3$)$_2$  与酮反应得到增长碳链的三级醇

4. PhMgBr + PhCO-OCH$_2$CH$_3$ $\xrightarrow{\text{①Et}_2\text{O}}_{\text{②H}_2\text{O}}$ Ph$_3$C-OH  与甲酸酯反应得到增长碳链的二级醇,与其他羧酸酯反应得到增长碳链的三级醇

5. RMgX $\xrightarrow{\text{①环氧乙烷}}_{\text{②H}_2\text{O}}$ RCH$_2$CH$_2$OH  与环氧乙烷反应得到增长两个碳原子的一级醇

[特点]

1. Grignard 试剂与甲醛反应生成增长一个碳原子的一级醇；与其他醛反应生成二级醇；与酮反应生成三级醇。

2. Grignard 试剂与环氧乙烷反应生成增长两个碳原子的一级醇；与取代的环氧乙烷反应，具有亲核性的烃基首先进攻空间位阻小的环碳原子，最终生成二级醇或三级醇。

3. Grignard 试剂与羧酸酯反应，投料摩尔比为 2∶1，最终与甲酸酯得到对称的二级醇，与其他羧酸酯生成带有两个相同烃基的三级醇。

| 反应类型 | 亲核加成 | 特征条件 | RMgX | 关键中间体 | 四面体中间体 | 典型产物 | 醇 |
|---|---|---|---|---|---|---|---|

## 4.12 α,β-不饱和醛(酮)与有机金属试剂
## ——1,2-亲核加成与1,4-亲核加成

[反应] α,β-不饱和醛(酮)与有机金属试剂反应时,既可以发生1,2-亲核加成,又可以发生1,4-亲核加成,主要与羰基旁的基团大小有关,也与试剂的空间位阻大小有关:与位阻小的有机锂试剂反应时,主要得到1,2-加成产物;与位阻大的二烃基铜锂反应时,主要得到1,4-加成产物。

PhCH=CHC(O)Ph ①PhLi / ②H₂O → PhCH=CHC(OH)(Ph)Ph    有机锂:1,2-亲核加成

环己-2-烯酮 ①(CH₃)₂CuLi / ②H₂O → 3-甲基环己酮    二烷基铜锂:1,4-亲核加成

[实例]

1. PhCH=CHCHO ①PhMgBr / ②H₂O → PhCH=CHCH(OH)Ph    α,β-不饱和醛:1,2-亲核加成

2. PhCH=CHC(O)CH₃ ①PhMgBr / ②H₂O → PhCH=CHC(OH)(CH₃)Ph    PhMgBr不在位阻大的4位反应

3. PhCH=CHC(O)CH₃ ①EtMgBr / ②H₂O → PhCH(Et)CH₂C(O)CH₃    乙基位阻较小

4. PhCH=CHC(O)C(CH₃)₃ ①PhMgBr / ②H₂O → PhCH(Ph)CH₂C(O)C(CH₃)₃    2位位阻大

5. 环己-2-烯酮 ①CH₃MgI, CuBr / ②H₂O → 3-甲基环己酮    亚铜催化:1,4-亲核加成

[特点]

1. $\alpha,\beta$-不饱和醛(酮)与位阻小的有机锂试剂反应时,主要得到 1,2-加成产物;与位阻大的二烃基铜锂反应时,主要得到 1,4-加成产物。

2. $\alpha,\beta$-不饱和醛羰基旁的空间位阻很小,因此它与 Grignard 试剂反应时,主要得到 1,2-加成产物。

3. $\alpha,\beta$-不饱和酮与 Grignard 试剂加成时,倾向于得到位阻小的产物,加入催化量的卤化亚铜,主要得到 1,4-加成产物。

## 4.13 羧酸衍生物的水解——生成羧酸

[**反应**] 羧酸衍生物水解生成相应的羧酸。

$$R-\overset{O}{\underset{\|}{C}}-Cl + H_2O \longrightarrow R-\overset{O}{\underset{\|}{C}}-OH + HCl$$

$$R-\overset{O}{\underset{\|}{C}}-O-\overset{O}{\underset{\|}{C}}-R + 2H_2O \longrightarrow 2R-\overset{O}{\underset{\|}{C}}-OH$$

$$R-\overset{O}{\underset{\|}{C}}-OR^1 + H_2O \xrightarrow[\Delta]{H^+} R-\overset{O}{\underset{\|}{C}}-OH + R^1OH$$

$$R-\overset{O}{\underset{\|}{C}}-NH_2 + H_2O \xrightarrow[\Delta]{H^+} R-\overset{O}{\underset{\|}{C}}-OH + {}^+NH_4$$

[**机理**] 酯酸性水解，可逆；酯碱性水解，不可逆。

酯的酸性水解机理 $A_{AC}2$

四面体中间体

酯的酸性水解机理 $A_{AL}1$

腈碱性水解

酯的碱性水解机理 $B_{AC}2$

[**实例**]

$$\begin{array}{l} CH_2OOCC_{17}H_{35} \\ HC-OOCC_{17}H_{35} \\ CH_2OOCC_{17}H_{35} \end{array} \xrightarrow{NaOH} \begin{array}{l} CH_2OH \\ HC-OH \\ CH_2OH \end{array} + C_{17}H_{35}COONa \quad 皂化反应：生成肥皂$$

[特点]

1. 羧酸衍生物水解一般是酰氧键断裂,而不是烃氧键断裂。

2. 水解速率顺序:酰卤>酸酐>酯>酰胺,取决于羰基碳原子的正电性和离去基团的离去能力。

3. 只有酯和腈的水解用于羧酸的制备。

4. 酯水解常需酸或碱催化,酸催化的酯水解是酯化反应的逆反应,最后会达到平衡;碱催化酯水解产生的羧酸与碱成盐,反应不可逆,因此,碱不仅是催化剂,而且是试剂。

| 反应类型 | 亲核加成-消除 | 特征条件 | $H_2O$ | 关键中间体 | 四面体中间体 | 典型产物 | 羧酸 |

## 4.14 羧酸衍生物的醇解——生成酯

[反应] 酰氯、酸酐和酯等醇解生成相应的酯,酰胺较难发生醇解。

$$R-\overset{O}{\underset{}{C}}-Cl + HOR' \longrightarrow R-\overset{O}{\underset{}{C}}-OR'$$

$$R-\overset{O}{\underset{}{C}}-O-\overset{O}{\underset{}{C}}-R + HOR' \longrightarrow R-\overset{O}{\underset{}{C}}-OR'$$

$$R-\overset{O}{\underset{}{C}}-OR^1 + HOR' \longrightarrow R-\overset{O}{\underset{}{C}}-OR'$$

[实例]

1. $\text{C}_6\text{H}_5\text{-COCl} + \text{HOC(CH}_3)_3 \xrightarrow{\text{吡啶}} \text{C}_6\text{H}_5\text{-COOC(CH}_3)_3 + \text{吡啶·HCl}$

   酰卤的醇解广泛用于合成酯

2. $(\text{CH}_3\text{CO})_2\text{O} + \text{糠醇-CH}_2\text{OH} \xrightarrow{\text{CH}_3\text{COONa}} \text{糠基-CH}_2\text{O-CO-CH}_3$

   酐的醇解用于各种醇的酰化

3. 丁二酸酐 $+ \text{CH}_3\text{OH} \longrightarrow \begin{array}{l}\text{H}_2\text{C-CO-OCH}_3\\ \text{H}_2\text{C-COOH}\end{array} \xrightarrow[\text{H}^+]{\text{CH}_3\text{OH}} \begin{array}{l}\text{H}_2\text{C-CO-OCH}_3\\ \text{H}_2\text{C-CO-OCH}_3\end{array}$

   环酐的醇解可以得到分子内含酯基的酸

4. $H_3C-\overset{O}{\underset{}{C}}-O\underset{CH_3}{\overset{}{C}}=CH_2$ + [cyclohexanone] $\xrightleftharpoons[\triangle]{p\text{-}CH_3C_6H_4SO_3H}$

[1-acetoxycyclohexene] + $CH_3COCH$  酯交换

5. $CH_3CN$ + $C_2H_5OH$ $\xrightarrow{HCl}$ $CH_3\overset{+NH_2}{C}OC_2H_5\ Cl^-$ $\xrightarrow{H_2O}$ $CH_3\overset{O}{\underset{}{C}}OC_2H_5$  腈的酸催化解

[特点]

1. 酰氯和酸酐可直接与醇作用,酯在酸或碱催化条件下的醇解即酯交换反应(可逆)。

2. 反应活性顺序:酰卤>酸酐>酯>酰胺。

3. 酯交换反应可以制备难以合成或不能直接酯化合成的酯,也可将低沸点醇的酯转为高沸点醇的酯。

| 反应类型 | 亲核加成-消除 | 特征条件 | ROH | 关键中间体 | 四面体中间体 | 典型产物 | 酯 |
| --- | --- | --- | --- | --- | --- | --- | --- |

## 4.15 羧酸衍生物的酸解——交换酰基

[反应] 酰氯、酸酐、酯和酰胺与羧酸一起加热,都得到平衡混合物(交换酰基)。

$$R-\overset{O}{C}-O-\overset{O}{C}-R \;+\; HO-\overset{O}{C}-R' \longrightarrow R-\overset{O}{C}-O-\overset{O}{C}-R' \;+\; HO-\overset{O}{C}-R$$

$$R-\overset{O}{C}-OR' \;+\; HO-\overset{O}{C}-R' \longrightarrow R'-\overset{O}{C}-OR' \;+\; HO-\overset{O}{C}-R$$

[实例]

1. $Cl\text{-}C_6H_4\text{-}\overset{O}{C}\text{-}Cl + Cl\text{-}C_6H_4\text{-}\overset{O}{C}\text{-}OH \xrightarrow{C_5H_5N}$

   $Cl\text{-}C_6H_4\text{-}\overset{O}{C}\text{-}O\text{-}\overset{O}{C}\text{-}C_6H_4\text{-}Cl$

   酰氯酸解制备单酐

2. $F_3C\text{-}\overset{O}{C}\text{-}O\text{-}\overset{O}{C}\text{-}CF_3 \;+\; R\text{-}\overset{O}{C}\text{-}OH \rightleftharpoons$

   $F_3C\text{-}\overset{O}{C}\text{-}O\text{-}\overset{O}{C}\text{-}R \;+\; F_3C\text{-}\overset{O}{C}\text{-}OH$

3. 2,4,6-三甲基苯甲酸 + 2,4,6-三甲基苯酚 $\xrightarrow{\text{催化剂}}$

   2,4,6-三甲基苯甲酸-2,4,6-三甲基苯酯

   催化剂 = $F_3C\text{-}\overset{O}{C}\text{-}O\text{-}\overset{O}{C}\text{-}CF_3$

[特点]
1. 三氟乙酐酸解形成的混酐是一个良好的酰化试剂。
2. 酚不易和酸形成酯,而在三氟乙酐存在下这个反应很容易进行。

| 反应类型 | 亲核加成-消除 | 特征条件 | RCOOH | 关键中间体 | 四面体中间体 | 典型产物 | 羧酸 |
| --- | --- | --- | --- | --- | --- | --- | --- |

## 4.16 羧酸衍生物的氨解——生成酰胺

[反应] 酰氯、酸酐、酯和酰胺等与氨(胺)作用生成酰胺。

$$R-\underset{\underset{O}{\|}}{C}-Cl + NH_3 \longrightarrow R-\underset{\underset{O}{\|}}{C}-NH_2$$

$$R-\underset{\underset{O}{\|}}{C}-O-\underset{\underset{O}{\|}}{C}-R + NH_3 \longrightarrow R-\underset{\underset{O}{\|}}{C}-NH_2$$

$$R-\underset{\underset{O}{\|}}{C}-OR^1 + NH_3 \longrightarrow R-\underset{\underset{O}{\|}}{C}-NH_2$$

$$R-\underset{\underset{O}{\|}}{C}-NH_2 + CH_3NH_2 \xrightarrow{\Delta} R-\underset{\underset{O}{\|}}{C}-NHCH_3$$

[实例]

1. $C_6H_5-\underset{\underset{O}{\|}}{C}-Cl + HN\underset{\diagdown}{\diagup}\!\!\!\bigcirc \xrightarrow{NaOH, H_2O} C_6H_5-\underset{\underset{O}{\|}}{C}-N\underset{\diagdown}{\diagup}\!\!\!\bigcirc$   酰氯氨(胺)解制备酰胺

2. $H_3C-\underset{\underset{O}{\|}}{C}-O-\underset{\underset{O}{\|}}{C}-CH_3 + H_2N-\!\!\bigcirc\!\!-CH_2CH_3 \longrightarrow$

   $H_3C-\underset{\underset{O}{\|}}{C}-NH-\!\!\bigcirc\!\!-CH_2CH_3$

3. 邻苯二甲酸酐 $+ CH_3NH_2 \longrightarrow$ 邻-CONHCH₃，邻-COOH $\xrightarrow{\Delta}$ N-甲基邻苯二甲酰亚胺

[特点]

1. 氨的亲核性比水强，如酰氯遇冷氨水可以发生氨解，乙酸酐的氨(胺)化

也可以在水中进行。

2. 酸酐的氨解用于胺的酰化,常用来保护氨基。

3. 环酐的氨(胺)解可以得到酰胺酸,高温加热可以得到酰亚胺;酰亚胺氮原子上的一对孤电子可以部分离域到氧原子上,在水溶液中是中性的,在碱液中,氮原子上的氢原子具有酸性。

| 反应类型 | 亲核加成-消除 | 特征条件 | 氨(胺) | 关键中间体 | 四面体中间体 | 典型产物 | 酰胺 |

## 4.17 酯化反应
### ——一级、二级醇酰氧键断裂，三级醇烃氧键断裂

[反应] 羧酸和醇在酸催化下生成酯。

$$R^1-\overset{O}{\underset{\|}{C}}-OH + HO^{18}-R^2 \underset{}{\overset{H^+}{\rightleftharpoons}} R^1-\overset{O}{\underset{\|}{C}}-O^{18}-R^2$$

[机理] 一级醇、二级醇酯化，类似于 $S_N2$ 反应，酰氧键断裂；三级醇酯化，发生 $S_N1$ 反应，烃氧键断裂。

$$R^1-\overset{O}{\underset{\|}{C}}-OH \rightleftharpoons^{H^+} \boxed{R^1-\overset{+OH}{\underset{\|}{C}}-OH \xrightarrow{ROH}_{慢}} R^1-\overset{OH}{\underset{|}{C}}-OH \xrightarrow{-H^+} R^1-\overset{OH}{\underset{|}{C}}-OH$$
$$\text{质子化羰基吸电子能力更强} \qquad HO^{18}-R \qquad\qquad \overset{|}{^{18}OR}$$

$$\overset{H^+}{\rightleftharpoons} R^1-\overset{OH}{\underset{|}{\overset{+}{C}}}-OH_2 \xrightarrow{-H_2O} R^1-\overset{+OH}{\underset{|}{C}}-O^{18}R \xrightarrow{-H^+} R^1-\overset{O}{\underset{\|}{C}}-O^{18}R$$
$$\overset{|}{^{18}OR} \quad \text{酰氧键断裂}$$

$$R^2-\overset{R^1}{\underset{R^3}{\overset{|}{C}}}-OH \overset{H^+}{\rightleftharpoons} R^2-\overset{R^1}{\underset{R^3}{\overset{|}{C}}}-\overset{+}{O}H_2 \xrightarrow{-H_2O} \boxed{R^2-\overset{R^1}{\underset{R^3}{\overset{|}{C^+}}} \xleftarrow{R-\overset{O}{\underset{\|}{C}}-OH}}$$
$$\text{三级醇} \qquad \text{烷氧键断裂} \qquad \text{碳正离子}$$

$$R^2-\overset{R^1}{\underset{R^3}{\overset{|}{C}}}-\overset{+}{\underset{H}{O}}-\overset{O}{\underset{\|}{C}}-R \xrightarrow{-H^+} R^2-\overset{R^1}{\underset{R^3}{\overset{|}{C}}}-O-\overset{O}{\underset{\|}{C}}-R$$

[实例]

1. $H_3C\overset{O}{\underset{\|}{C}}-OH + HO-C_2H_5 \overset{H^+}{\rightleftharpoons} H_3C\overset{O}{\underset{\|}{C}}-OC_2H_5 + H_2O$ 酰氧键断裂

2. $H_3C\overset{O}{\underset{\|}{C}}-OH + HO^{18}-C(CH_3)_3 \overset{H^+}{\rightleftharpoons} H_3C\overset{O}{\underset{\|}{C}}-OC(CH_3)_3 + H_2O^{18}$ 烷氧键断裂

[特点]

1. 此反应为可逆反应,从产物中移出一种成分可使平衡右移。
2. 酯化速率受空间位阻影响。
3. 一级醇、二级醇酯化通常类似于 $S_N2$ 反应,决速步与酸和醇的浓度有关。三级醇酯化反应为 $S_N1$ 反应,决速步只与醇的浓度有关。

| 反应类型 | 亲核加成-消除 | 特征条件 | $H^+$ | 关键中间体 | 碳正离子 | 典型产物 | 酯 |
|---|---|---|---|---|---|---|---|

## 4.18 Hinsberg 反应——胺的分离与鉴定

[反应] 磺酰氯与一级胺或者二级胺作用,生成苯磺酰胺,与三级胺不发生酰基化反应,用来分离与鉴定三类胺。此反应通常在碱性条件下进行。

$$\underset{R^1}{\overset{R}{\text{NH}}} + Cl-S(=O)_2-C_6H_4-CH_3 \xrightarrow{NaOH} \underset{R^1}{\overset{R}{\text{N}}}-S(=O)_2-C_6H_4-CH_3$$

[实例]

1. $R-NH_2$ (一级胺) $+ Cl-SO_2-C_6H_4-CH_3 \xrightarrow{NaOH}$

   $R-NH-SO_2-C_6H_4-CH_3$   氮原子上的氢原子有弱酸性,可溶于碱

   $\underset{HCl}{\overset{NaOH}{\rightleftharpoons}}$

   $R-N^{-}(Na^+)-SO_2-C_6H_4-CH_3$

2. $\underset{R^1}{\overset{R}{\text{NH}}}$ (二级胺) $+ Cl-SO_2-C_6H_4-CH_3 \xrightarrow{NaOH}$

   $\underset{R^1}{\overset{R}{\text{N}}}-SO_2-C_6H_4-CH_3$ 不溶于碱 不溶于酸 $\xrightarrow{NaOH}$ 无变化

3. $\underset{R^1}{\overset{R}{\text{N}}}-R^2$ (三级胺) $+ Cl-SO_2-C_6H_4-CH_3 \xrightarrow{NaOH}$ 无变化   生成的磺酸盐容易水解到原来的三级胺

[特点]

1. 一级胺与对甲苯磺酰氯(TsCl)生成的 $N$-取代对甲苯磺酰胺受磺酰基吸电子效应影响,氮原子上的 H 原子具有弱酸性,能溶于碱中;二级胺与对甲苯磺酰氯生成的 $N,N$-二取代对甲苯磺酰胺由于无 H 原子可与 NaOH 反应,不溶于

碱，N 原子碱性很弱，亦不溶于酸。

2. 反应现象：一级胺，加 TsCl 沉淀，加 NaOH 溶解；二级胺，加 TsCl 沉淀，加 NaOH 不溶解；三级胺，催化 TsCl 水解为 TsOH，然后成 TsO$^-$R$_3$N$^+$H，此磺酸盐容易被水解回到原来的三级胺，不发生酰基化反应，故此反应无明显变化。

3. 磺酰胺水解可得原来的胺，但磺酰胺水解速率比酰胺慢得多。

4. 乙酰氯与一级胺和二级胺反应，生成的酰胺较易水解，用于保护氨基。

| 反应类型 | 亲核加成-消除 | 特征条件 | 苯磺酰氯 | 关键中间体 | — | 典型产物 | 苯磺酰胺 |
|---|---|---|---|---|---|---|---|

## 4.19 炔亲核加成——炔与烯的区别

[反应] 炔烃能与氢氰酸等亲核试剂反应,得到加成产物。

$$HC\equiv CH + HCN \xrightarrow{Cu_2Cl_2\text{-}NH_4Cl} H_2C=CH-CN$$

[机理] 氰根负离子首先与三键进行亲核加成形成烯基负离子,再与质子作用生成丙烯腈。

$$HC\equiv CH + {}^-CN \longrightarrow \boxed{\overset{-}{HC}=CH-CN} \xrightarrow{H^+} H_2C=CH-CN$$

烯基负离子

炔烃的亲核加成

[实例]

1. $HC\equiv CH + HOC_2H_5 \xrightarrow[150\sim 180℃,1.5MPa]{碱} H_2C=CH-OC_2H_5$  乙烯基乙基醚

2. $HC\equiv CH + CH_3COOH \xrightarrow[170\sim 210℃]{Zn(OAc)_2} H_2C=CH-OOCCH_3$  醋酸乙烯酯

3. $2HC\equiv CH \xrightarrow[NH_4Cl]{Cu_2Cl_2} H_2C=CH-C\equiv CH$  乙烯基乙炔

[特点]

1. 炔烃与烯烃的明显区别在于,炔烃能发生亲核加成反应,而烯烃不能。

2. 炔烃与带有活泼氢的有机物,如—OH、—SH、—NH$_2$、=NH、—CONH$_2$ 或—COOH 等可以发生亲核加成反应,得到乙烯基产物。

3. 乙烯基乙基醚聚合后得聚乙烯基乙基醚,常用做黏合剂;醋酸乙烯酯是制备聚乙烯醇的原料,这种聚合物主要以胶乳形式用于乳胶漆、其他表面涂料和黏合剂等。

4. 乙炔在不同催化剂作用下,可选择性地聚合成链状或环状,一般不形成高聚物。

| 反应类型 | 亲核加成 | 特征条件 | $Cu_2Cl_2$ | 关键中间体 | 烯基负离子 | 典型产物 | 乙烯基产物 |
|---|---|---|---|---|---|---|---|

## 4.20 炔的水合——马氏加成生成酮或乙醛

**[反应]** 炔烃在汞盐和少量酸的催化下，与水加成，形成不稳定的烯醇，异构化为酮或乙醛。

$$R-C\equiv CH + H_2O \xrightarrow[H_2SO_4]{HgSO_4} \left[ R-\underset{OH}{\overset{}{C}}=CH_2 \right] \rightleftharpoons R-\overset{O}{\underset{}{C}}-CH_3$$

**[机理]** 炔烃与汞盐生成汞鎓离子，与水作用开环。

$$R-C\equiv CH + Hg^{2+} \xrightarrow{\text{快}} \underset{\text{汞鎓离子}}{\boxed{R-\overset{}{C}\overset{}{=}CH \atop Hg^{2+}}} \xrightarrow[\text{慢}]{H_2O} \underset{Hg^+}{\overset{H_2O^+}{\underset{R}{C}=CH}} \xrightarrow{H^+\text{转移}} \underset{Hg^+}{\overset{HO^+}{\underset{R}{C}-CH_2}}$$

受质子化羰基诱导，C—Hg 键极性强

$$\xrightarrow{-Hg^{2+}} \underset{\text{烯醇式不稳定}}{R\overset{OH}{\underset{}{C}}=CH_2} \rightleftharpoons \underset{\text{酮式稳定}}{R-\overset{O}{\underset{}{C}}-CH_3}$$

**[实例]**

1. $CH_3C\equiv CH \xrightarrow[H_2O]{HgSO_4, H_2SO_4} CH_3\overset{O}{\underset{}{C}}CH_3$  马氏加成，异构化得到酮

2. $PhC\equiv CH \xrightarrow[H_2O]{HgSO_4, H_2SO_4} Ph\overset{O}{\underset{}{C}}CH_3$

3. $HC\equiv CH + HO-\overset{O}{\underset{}{C}}-CH_3 \xrightarrow[\text{或}Zn(OAc)_2, \Delta]{HgSO_4} H_3C-\overset{O}{\underset{}{C}}-O-CH=CH_2$  稳定，不重排

**[特点]**

1. 炔烃与水加成遵循马氏规则，因此，除乙炔加水得到乙醛外，其他取代乙炔和水的加成物均为酮。

2. 炔烃与水加成先形成不稳定的加成物烯醇,发生异构化,形成稳定的羰基化合物。

3. 羟汞化-还原脱汞反应中需要用硼氢化钠切断 C—Hg 键,而此反应中 C—Hg 键极性强,$Hg^{2+}$ 离去仅需酸性条件。

| 反应类型 | 亲核加成 | 特征条件 | $HgSO_4/H_2O$ | 关键中间体 | 汞鎓离子 | 典型产物 | 酮/乙醛 |
|---|---|---|---|---|---|---|---|

## 4.21 羟汞化-还原脱汞——反式马氏加成

[反应] 烯烃与醋酸汞溶液反应生成羟汞化合物,再用硼氢化钠还原,得到醇。

$$\text{(CH}_3)_2\text{C=C(CH}_3)_2 \xrightarrow[\text{H}_2\text{O}]{\text{Hg(OAc)}_2} \text{(CH}_3)_2\text{C(OH)-C(CH}_3)_2\text{HgOAc} \xrightarrow{\text{NaBH}_4} \text{(CH}_3)_2\text{C(OH)-CH(CH}_3)_2$$

[机理] 烯烃与醋酸汞生成汞鎓离子,水解开环生成有机金属化合物,经硼氢化钠还原生成醇。

烯烃的羟汞化-还原脱汞反应

$$\text{H}_3\text{C-CH=CH}_2 \xrightarrow[-\text{AcO}^-]{\text{Hg(OAc)}_2} [\text{汞鎓离子}] \xrightarrow[\text{H}_2\text{O}]{\text{慢}} \text{H}_3\text{C-CH-CH}_2\text{HgOAc} / {}^+\text{OH}_2$$

$$\xrightarrow{-\text{H}^+} \text{H}_3\text{C-CH(OH)-CH}_2\text{HgOAc} \xrightarrow{\text{NaBH}_4} \text{H}_3\text{C-CH(OH)-CH}_3$$
C—Hg键还原为C—H键

[实例]

1. $\text{CH}_3(\text{CH}_2)_3\text{CH=CH}_2 \xrightarrow[\text{H}_2\text{O}]{\text{Hg(OAc)}_2} \xrightarrow{\text{NaBH}_4} \text{CH}_3(\text{CH}_2)_3\text{CH(OH)CH}_3$

2. $\text{CH}_3\text{CH}_2\text{-C(CH}_3\text{)=CH}_2 \xrightarrow[\text{H}_2\text{O}]{\text{Hg(OAc)}_2} \xrightarrow{\text{NaBH}_4} \text{CH}_3\text{CH}_2\text{-C(OH)(CH}_3\text{)-CH}_3$ 马氏加成

3. 环己烯 $\xrightarrow[\text{CH}_3\text{OH}]{\text{Hg(OAc)}_2} \xrightarrow{\text{NaBH}_4}$ 1-甲基-1-甲氧基环己烷  烷氧汞化-还原脱汞,得到醚

4. 2-甲基-1-氘代环己烯 $\xrightarrow[\text{H}_2\text{O}]{\text{Hg(OAc)}_2} \xrightarrow{\text{NaBH}_4}$ 产物  反式马氏加成

[特点]

1. 通过烯烃与三级醇经溶剂汞化-还原脱汞反应制备叔烃基醚时,不能用醋酸汞,可以用三氟乙酸汞[$(CF_3COO)_2Hg$]。

2. 反应为反式共平面加成,符合马氏规则。

3. 烯烃的烃氧汞化-还原脱汞法是一个有用的制醚方法,而且不发生消除反应,但是由于空间位阻的原因,这个方法不宜用于制备三级丁醚。

| 反应类型 | 亲核加成 | 特征条件 | $Hg(OAc)_2/NaBH_4$ | 关键中间体 | 汞鎓离子 | 典型产物 | 二级醇/三级醇 |
|---|---|---|---|---|---|---|---|

## 4.22 醛的羟醛缩合——生成 α,β-不饱和醛

[反应] 醛在稀碱（或酸）催化下，形成的碳负离子与另一分子醛加成，生成 β-羟基醛，加热得到 α,β-不饱和醛。

$$CH_3CHO + H-CH_2CHO \xrightleftharpoons{HO^-} CH_3\overset{OH}{\underset{}{C}}HCH_2CHO \xrightarrow{\Delta} CH_3CH=CHCHO$$

[机理] 碱性条件下烯醇负离子进攻羰基；酸性条件下烯醇作亲核试剂。

$$CH_3\overset{O}{\underset{}{C}}H \xrightleftharpoons[-H_2O]{^-OH} \left[ H_2\bar{C}-\overset{O}{\underset{}{C}}-H \longleftrightarrow H_2C=\overset{O^-}{\underset{}{C}}-H \right] \quad 碱催化$$

$$H_2C=\overset{O^-}{\underset{}{C}}-H + \overset{H_3C}{\underset{H}{C}}=O \rightleftharpoons CH_3\overset{O^-}{\underset{}{C}}HCH_2CHO \rightleftharpoons$$

$$H_3C-\overset{OH}{\underset{}{C}}H-\overset{O}{\underset{}{C}}H-CH \xrightarrow{-HO^-} CH_3CH=CHCHO$$

$$CH_3\overset{O}{\underset{}{C}}H + H^+ \rightleftharpoons H-CH_2-\overset{H}{\underset{}{C}}=\overset{+}{O}H \rightleftharpoons H_2C=\overset{OH}{\underset{H}{C}} + H^+ \quad 酸催化$$

$$H_2C=\overset{\ddot{O}H}{\underset{}{C}}-H + H_3C-\overset{+\overset{\cdot\cdot}{O}H}{\underset{}{C}}H \rightleftharpoons CH_3\overset{+\overset{\cdot\cdot}{O}H_2}{\underset{}{C}}H-CH_2\overset{O}{\underset{}{C}}H$$

$$\xrightleftharpoons[H_2O]{-H_2O} CH_3\overset{+}{C}H-\overset{H}{\underset{}{C}}H-\overset{O}{\underset{}{C}}H \xrightarrow{-H^+} CH_3CH=CHCHO$$

[实例]

1. $2CH_3CH_2CHO \xrightleftharpoons{HO^-} CH_3CH_2\overset{OH}{\underset{CH_3}{C}H}CHCHO$

$$\xrightleftharpoons{\Delta} CH_3CH_2CH=\overset{CH_3}{\underset{}{C}}-CHO$$

2. $2CH_3(CH_2)_6CHO \xrightarrow{CH_3CH_2ONa} CH_3(CH_2)_6CH=\overset{(CH_2)_5CH_3}{\underset{}{C}}-CHO$

[特点]

1. 羟醛缩合反应是一个可逆反应,低温有利于正向反应,加热回流有利于逆向反应。

2. 对于原料碳原子数少于 7 的醛,一般首先得到 $\beta$-羟基醛,接着在加热情况下才脱水生成 $\alpha,\beta$-不饱和醛。庚醛以上的醛在碱性溶液中缩合一般得到 $\alpha,\beta$-不饱和醛。

3. 产物 $\beta$-羟基醛加热时,容易失水生成 $\alpha,\beta$-不饱和醛。$\beta$-羟基醛在碱性溶液中脱水是通过其共轭碱进行的;$\beta$-羟基醛在酸性溶液中脱水是通过羟基质子化,形成碳正离子,然后失去 $\beta$-质子。

| 反应类型 | 缩合 | 特征条件 | NaOH | 关键中间体 | 烯醇负离子 | 典型产物 | $\alpha,\beta$-不饱和醛 |
|---|---|---|---|---|---|---|---|

## 4.23 酮的羟醛缩合——制备不饱和环酮

[反应] 酮在稀碱（或酸）催化下，也可以生成 $\beta$-羟基酮，但是平衡大大偏向反应物一方。

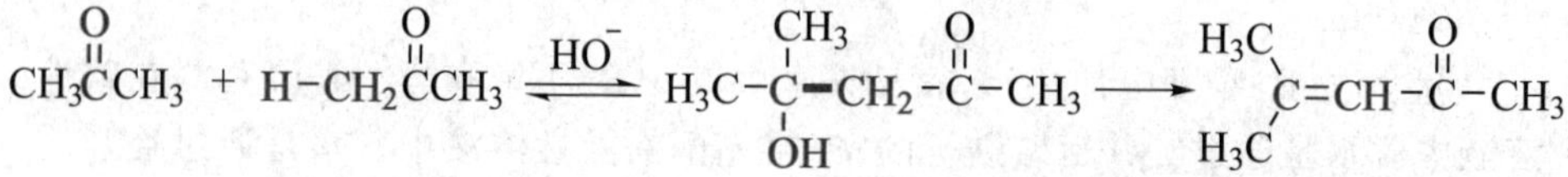

$$CH_3CCH_3 + H-CH_2CCH_3 \xrightarrow{HO^-} H_3C-\underset{OH}{\underset{|}{\overset{CH_3}{\underset{|}{C}}}}-CH_2-\overset{O}{\underset{\|}{C}}-CH_3 \longrightarrow \underset{H_3C}{\overset{H_3C}{>}}C=CH-\overset{O}{\underset{\|}{C}}-CH_3$$

[机理] 烯醇负离子进攻羰基。

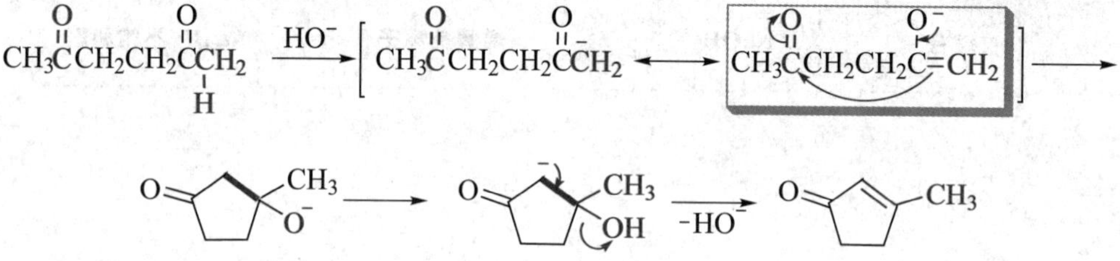

$$CH_3\overset{O}{\underset{\|}{C}}CH_2CH_2\overset{O}{\underset{\|}{C}}\underset{H}{\overset{|}{C}}H_2 \xrightarrow{HO^-} \left[ CH_3\overset{O}{\underset{\|}{C}}CH_2CH_2\overset{O}{\underset{\|}{C}}\bar{C}H_2 \longleftrightarrow CH_3\overset{O}{\underset{\|}{C}}CH_2CH_2\overset{O^-}{\underset{\|}{C}}=CH_2 \right] \longrightarrow$$

[图：环戊酮中间体到甲基环戊烯酮的转化] $\xrightarrow{-HO^-}$

[实例]

1. 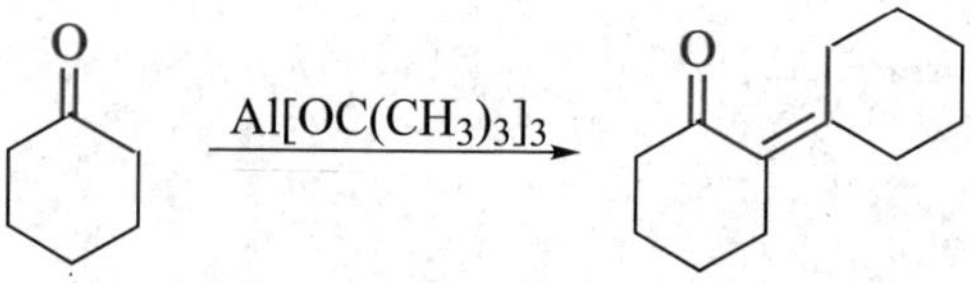 环己酮 $\xrightarrow{Al[OC(CH_3)_3]_3}$ 2-环己亚基环己酮

2. $CH_3\overset{O}{\underset{\|}{C}}CH_2CH_2\overset{O}{\underset{\|}{C}}CH_3 \longrightarrow$ 3-甲基-2-环戊烯酮    分子内缩合，5~7元环

3. 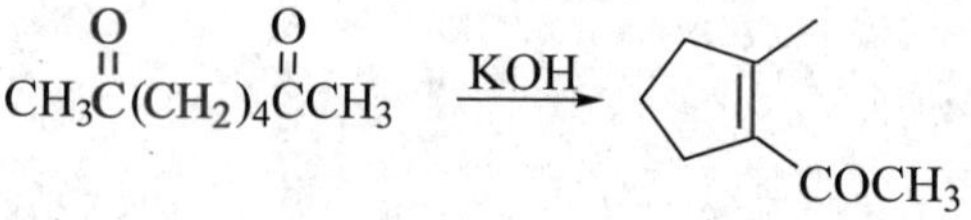 $CH_3\overset{O}{\underset{\|}{C}}(CH_2)_4\overset{O}{\underset{\|}{C}}CH_3 \xrightarrow{KOH}$ 1-乙酰基-2-甲基环戊烯

4. [环癸二酮] $\xrightarrow{Na_2CO_3}$ [双环庚烯酮]

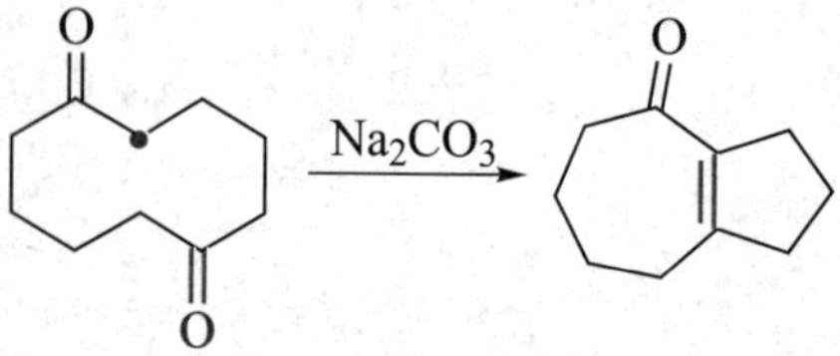

[特点]
1. 脂肪族的酮，羟醛缩合反应的平衡大大偏向反应物，往往需要特殊的方

法,才能使平衡向产物方向进行。

2. 环酮的缩合比较容易,如环己酮可在三级丁醇铝作用下缩合成不饱和酮。

3. 若分子内既有羰基,又有烯醇负离子,则发生分子内羟醛缩合,生成环状化合物,可用于 5~7 元环化合物的合成。

| 反应类型 | 缩合 | 特征条件 | NaOH | 关键中间体 | 烯醇负离子 | 典型产物 | $\alpha,\beta$-不饱和酮 |
|---|---|---|---|---|---|---|---|

## 4.24 交叉羟醛缩合——烯醇化的酮与醛缩合

[反应]醛和酮在稀碱(或酸)催化下缩合,得到混合 α,β-不饱和醛(酮)产物。

$$Ph\text{-}CHO + H\text{-}CH_2\overset{O}{\underset{\|}{C}}CH_3 \xrightarrow{HO^-} Ph\text{-}CH=CH\overset{O}{\underset{\|}{C}}CH_3$$

[机理]烯醇负离子进攻羰基。

$$CH_3\overset{O}{\underset{\|}{C}}CH_2\text{-}H \xrightarrow{HO^-} \left[ CH_3\overset{O}{\underset{\|}{C}}\overset{-}{C}H_2 \longleftrightarrow CH_3\overset{O^-}{\underset{\|}{C}}=CH_2 \right] \xrightarrow{PhCHO}$$

$$H_3C\text{-}\overset{O}{\underset{\|}{C}}\text{-}CH_2\text{-}\overset{O^-}{\underset{\|}{C}H}\text{-}Ph \longrightarrow H_3C\text{-}\overset{O}{\underset{\|}{C}}\text{-}CH\text{-}\overset{OH}{\underset{\|}{C}H}\text{-}Ph \xrightarrow{-HO^-}$$

$$H_3C\text{-}\overset{O}{\underset{\|}{C}}\text{-}CH=CH\text{-}Ph$$

[实例]

1. $Ph\text{-}CHO + CH_3\overset{O}{\underset{\|}{C}}CH_2CH_3 \xrightarrow{HO^-} Ph\text{-}CH=CH\text{-}\overset{O}{\underset{\|}{C}}\text{-}CH_2CH_3$

2. $CH_3CH_2CH_2\overset{O}{\underset{\|}{C}}CH_3 + LDA \xrightarrow{THF} CH_3CH_2CH_2\overset{OLi}{\underset{\|}{C}}=CH_2$
   二异丙基氨锂

   $\xrightarrow[\text{②}H_2O]{\text{①}CH_3CH_2CH_2CHO} CH_3CH_2CH_2\overset{OH}{\underset{\|}{C}H}CH\overset{O}{\underset{\|}{C}}CH_2CH_2CH_3$

3. $CH_3CHO + H_2N\text{-}C_6H_{11} \longrightarrow CH_3CH=N\text{-}C_6H_{11} \xrightarrow{LDA}$

   $Li^+\,{}^-CH_2CH=N\text{-}C_6H_{11} \xrightarrow{Ph_2C=O} Ph\text{-}\underset{Ph}{\overset{O^-Li^+}{\underset{|}{C}}}CH_2CH=N\text{-}C_6H_{11} \xrightarrow{H^+}$

   $\underset{Ph}{\overset{Ph}{\underset{|}{C}}}=CHCHO$

[**特点**]

1. 交叉羟醛缩合的产物是混合物,分离困难,无合成应用价值,但是,一种有 α-H 的醛、酮和另一种没有 α-H 的醛、酮反应,会得到一种主要缩合产物。

2. 用 LDA[$(i\text{-}C_3H_7)_2$NLi,二异丙基氨锂]使一种醛、酮完全转变成烯醇盐,然后再与另一种醛、酮起加成反应,可以使羟醛缩合向预定的方向进行。

3. LDA 的特点是碱性强,体积大,是空间位阻很大的碱,对位置有高度的选择性,低温下可使不对称酮几乎全部形成动力学稳定的烯醇负离子,再进行反应。

4. 醛不能直接制成烯醇锂盐,因为醛羰基太活泼,制成的锂盐会与其反应。所以,在制锂盐时,需先与胺反应形成亚胺加以保护。

| 反应类型 | 缩合 | 特征条件 | NaOH | 关键中间体 | 烯醇负离子 | 典型产物 | $α,β$-不饱和醛(酮) |
|---|---|---|---|---|---|---|---|

## 4.25 安息香缩合——极性翻转

[反应]苯甲醛在氰化钠(钾)催化下,双分子缩合生成二苯羟乙酮(安息香)。

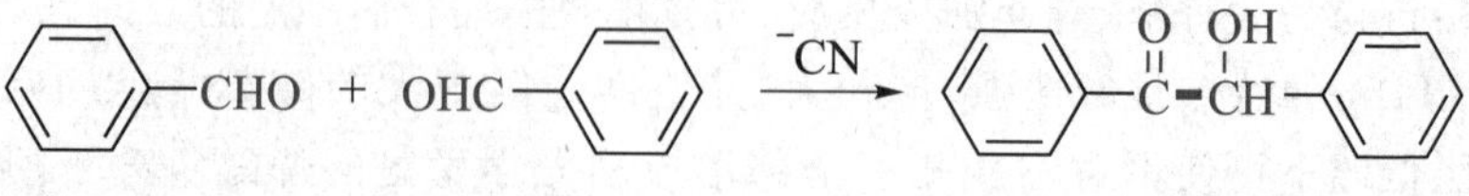

PhCHO + OHCPh $\xrightarrow{^-CN}$ Ph-CO-CH(OH)-Ph

二苯羟乙酮

[机理]氰根负离子进攻羰基,质子由碳原子转移到氧原子上形成的碳负离子进攻另一分子羰基。

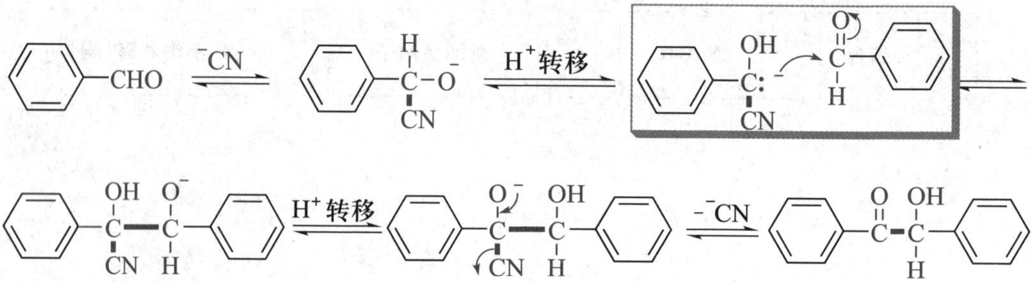

(反应机理示意图)

[实例]

1. 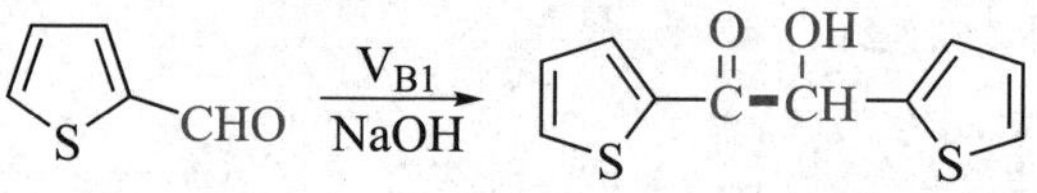 噻吩-2-甲醛 $\xrightarrow{V_{B1}/NaOH}$ 双(2-噻吩基)羟乙酮    $V_{B1}$是绿色的催化剂

2. 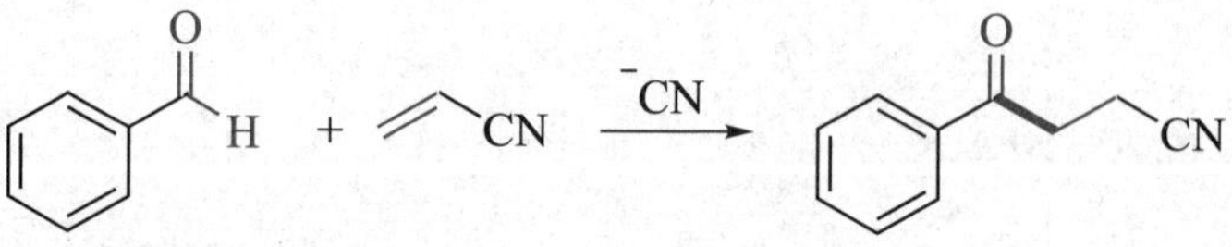 PhCHO + $CH_2=CHCN$ $\xrightarrow{^-CN}$ $PhCOCH_2CH_2CN$

3. $CH_3(CH_2)_4CHO + CH_3(CH_2)_4CHO$ $\xrightarrow{\text{噻唑季铵盐}}$ $CH_3(CH_2)_4CO-CH(OH)(CH_2)_4CH_3$

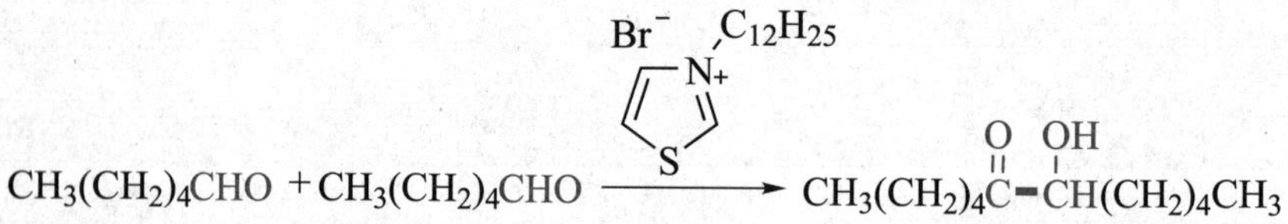

噻唑季铵盐催化

[特点]

1. $^-CN$ 在反应中的作用:作为亲核试剂与羰基加成;作为吸电子基使原来醛基的质子离去,转移到氧原子上形成碳负离子;最后作为离去基团离去。

2. 在⁻CN作用下,原本呈正电性的羰基碳原子呈现负电性,具有亲核性,这样的变化称为极性翻转。

3. ⁻CN不催化脂肪醛缩合,可以用噻唑季铵盐作为催化剂。

| 反应类型 | 缩合 | 特征条件 | ⁻CN | 关键中间体 | 碳负离子 | 典型产物 | 二苯羟乙酮 |
|---|---|---|---|---|---|---|---|

## 4.26 Cannizzaro 反应——不含 α-H 的醛歧化为羧酸和醇

[反应] 芳醛或不含活泼 α-氢原子的脂肪醛与浓碱共热，一分子的醛基氢原子以氢负离子的形式转移给另一分子，结果一分子被氧化成酸，另一分子被还原为醇。

$$PhCHO \xrightarrow[\triangle]{50\% \text{ NaOH}} PhCOONa + PhCH_2OH$$

[机理] 浓碱与醛羰基亲核加成，进而提供氢负离子进攻另一醛羰基。

$$Ar-\underset{H}{\overset{H}{C}}=O + {}^-OH \longrightarrow Ar-\underset{OH}{\overset{H}{C}}-O^- \quad 亲核加成$$

$$Ar-\underset{H}{\overset{H}{C}}=O + Ar-\underset{OH}{\overset{H}{C}}-O^- \longrightarrow Ar-\underset{H}{\overset{H}{C}}-O^- + Ar-\underset{OH}{\overset{}{C}}=O \longrightarrow ArCH_2OH + ArCOO^-$$

氧原子带有负电荷，使碳原子排斥电子能力加强，碳原子上的氢原子以氢负离子的形式离去

[实例]

1. $2 \text{ PhCHO} \xrightarrow[D_2O]{NaOD} PhCH_2OD + PhCOONa$    醇的 α-H 来自另一个醛而不是反应介质

2. $PhCHO + HCHO \xrightarrow{NaOH} PhCH_2OH + HCOONa$    甲醛在醛类中最活泼，总被氧化为甲酸

3. $(HOH_2C)_2C(CHO)(CH_2OH) + HCHO \xrightarrow{NaOH} C(CH_2OH)_4 + HCOONa$    季戊四醇，涂料工业重要原料

4. （分子内歧化反应）二醛 $\xrightarrow[\text{②}H^+]{\text{①}HO^-}$ 羟基羧酸 $\xrightarrow[\text{②}H^+,\triangle]{\text{①}HO^-}$ 内酯

[特点]

1. 反应物必须是无 α-H 的脂肪醛或芳醛，浓碱、加热条件下反应，产物歧化为羧酸和醇。

2. 交叉 Cannizzaro 反应：较活泼的醛被氧化为酸，不活泼的醛则被还原为醇。

| 反应类型 | 还原氧化 | 特征条件 | 浓 NaOH | 关键中间体 | 氢负离子 | 典型产物 | 醇与羧酸 |
|---|---|---|---|---|---|---|---|

## 4.27 Claisen 酯缩合——生成 β-酮酸酯

[反应] 酯的 α-H 在碱作用下，与另一分子酯缩合，得到 β-酮酸酯。

$$CH_3COOC_2H_5 + H-CH_2COOC_2H_5 \xrightarrow[②H^+]{①CH_3CH_2ONa} CH_3\overset{O}{\overset{\|}{C}}CH_2\overset{O}{\overset{\|}{C}}OC_2H_5$$

[机理] 烯醇负离子进攻酯羰基。

$$CH_3COOC_2H_5 \xrightarrow{C_2H_5O^-} [\bar{C}H_2COOC_2H_5 \leftrightarrow H_2C=\overset{O^-}{\overset{|}{C}}OC_2H_5] \xrightarrow{CH_3COOC_2H_5} $$

烯醇负离子

$$H_3C-\overset{O^-}{\overset{|}{\underset{OC_2H_5}{C}}}-CH_2COOC_2H_5$$

$$H_3C-\overset{O}{\overset{\|}{C}}-CH_2COOC_2H_5 \xrightarrow{C_2H_5O^-} H_3C-\overset{O}{\overset{\|}{C}}-\bar{C}HCOOC_2H_5 \xrightarrow{H^+} H_3C-\overset{O}{\overset{\|}{C}}-CH_2COOC_2H_5$$

[实例]

1. $(CH_3)_2CHCOOC_2H_5 \xrightarrow[②H^+]{①Ph_3CNa} (CH_3)_2CH-\overset{O}{\overset{\|}{C}}-\overset{CH_3}{\overset{|}{\underset{CH_3}{C}}}-COOC_2H_5$

   酯的 α-碳原子上只有一个活泼氢原子，需要碱性更强的三苯甲基钠催化

2. 分子内缩合，戊二酸二乙酯 ①$C_2H_5ONa$ ②$H^+$ 得到 2,5-二(乙氧羰基)-1,4-环己二酮，然后 ①$HO^-$ ②$H^+, \Delta$ 得到 1,4-环己二酮

[特点]

1. 虽然乙酸乙酯酸性很弱（$pK_a \approx 24.5$），乙醇钠碱性也不强（$pK_a \approx 15.9$），乙酸乙酯形成负离子比较困难，但是最后的产物乙酰乙酸乙酯是比较强的酸，

形成稳定的负离子,使平衡向生成乙酰乙酸乙酯的负离子方向移动。

2. 可以使用的强碱有叔丁醇钾、氨基钠、氢化钠(钾)、三苯甲基钠和 LDA 等。

3. Claisen 酯缩合反应是可逆的,因此,$\beta$-二羰基化合物在催化量的碱与一分子醇作用下,可分解为两分子酯。

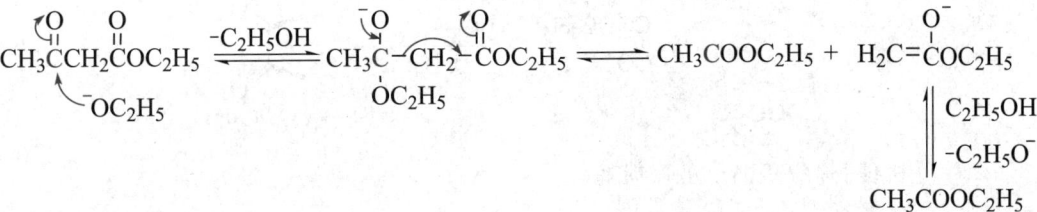

| 反应类型 | 缩合 | 特征条件 | $C_2H_5ONa$ | 关键中间体 | 烯醇负离子 | 典型产物 | $\beta$-酮酸酯 |
|---|---|---|---|---|---|---|---|

## 4.28 交叉 Claisen 酯缩合——有 α-H 的酯和无 α-H 的酯

[反应] 有 α-H 的酯和无 α-H 的酯反应得到交叉缩合产物。

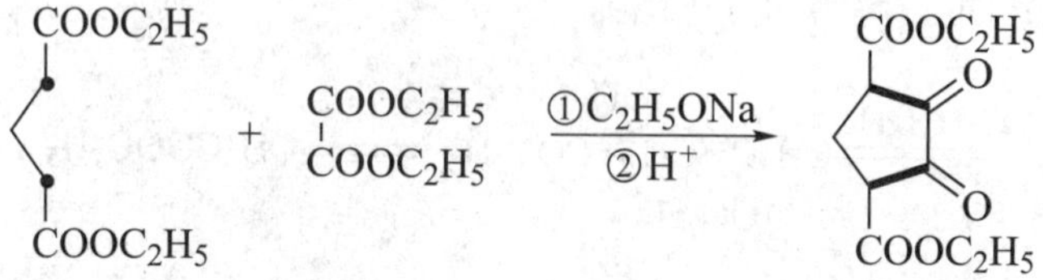

[机理] 烯醇负离子进攻羰基。

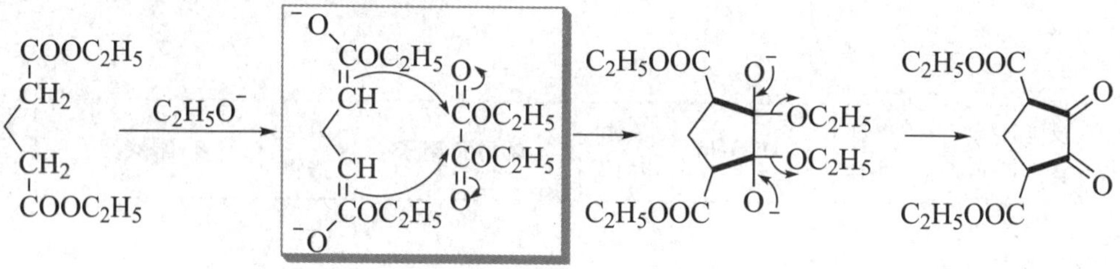

[实例]

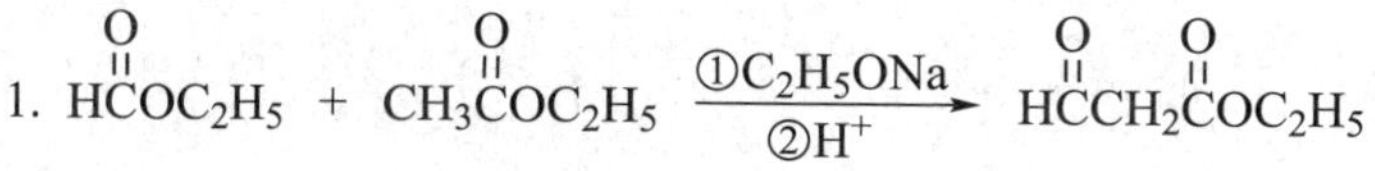

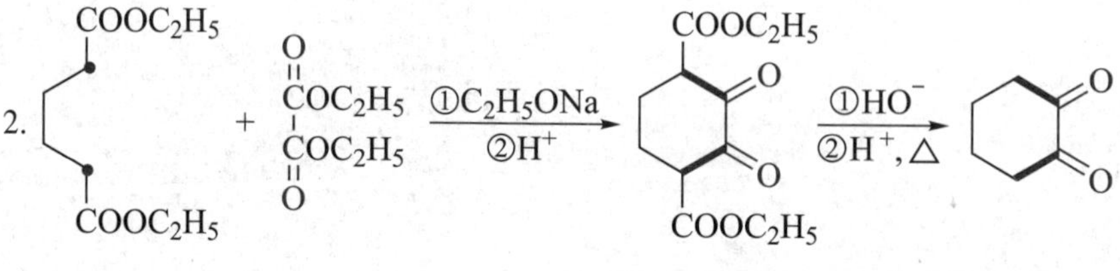

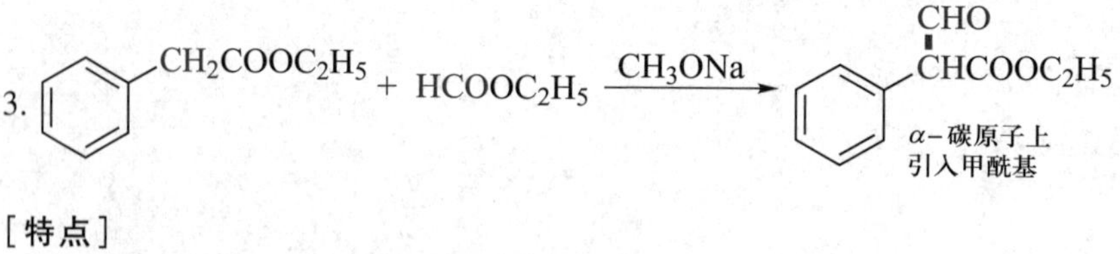

1. $HCOOC_2H_5 + CH_3COOC_2H_5 \xrightarrow{①C_2H_5ONa}{②H^+} HCCH_2COC_2H_5$ (with carbonyls)

2. 戊二酸二乙酯 + 草酸二乙酯 $\xrightarrow{①C_2H_5ONa}{②H^+}$ 环己烷三酮二酯 $\xrightarrow{①HO^-}{②H^+, \Delta}$ 1,3-环己二酮

3. $C_6H_5CH_2COOC_2H_5 + HCOOC_2H_5 \xrightarrow{CH_3ONa}$ $C_6H_5CH(CHO)COOC_2H_5$
   α-碳原子上引入甲酰基

[特点]

1. 芳香酸酯的酯羰基一般不够活泼，缩合时需要用较强的碱，如 NaH。
2. 草酸酯由于一个酯基的诱导效应，增加了另一羰基的亲电作用，有利于缩合反应。

3. 与甲酸酯发生酯缩合后，在 α-碳原子上引入甲酰基。
4. 常用的无 α-氢原子的酯：

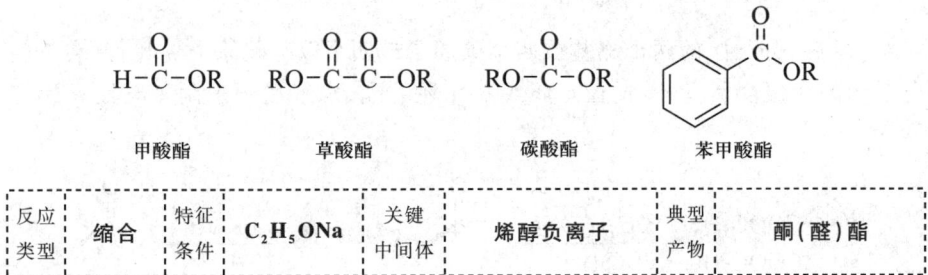

| 反应类型 | 缩合 | 特征条件 | C₂H₅ONa | 关键中间体 | 烯醇负离子 | 典型产物 | 酮(醛)酯 |

## 4.29 Dieckmann 酯缩合——分子内 Claisen 酯缩合

[反应] 分子中的两个酯基被四个碳原子或四个以上碳原子隔开，就会发生分子内的酯缩合反应，形成五元环或六元环的酯，水解后用来制备五元环酮和六元环酮。

[机理] 分子内 Claisen 酯缩合。

[实例]

1.

2.

[特点]

1. 实质:分子内 Claisen 酯缩合。
2. 当含两种 $\alpha$-H 时,强碱进攻位阻小的 $\alpha$-H。
3. 用于制备五元环酮和六元环酮。

| 反应类型 | 缩合 | 特征条件 | $C_2H_5ONa$ | 关键中间体 | 碳负离子 | 典型产物 | 环酮 |
|---|---|---|---|---|---|---|---|

## 4.30 酮酯缩合——有 α-H 的酮和无 α-H 的酯

[反应] 碱性条件下,有 α-H 的酮和无 α-H 的酯缩合,得到 β-二羰基化合物。

$$R^1\text{-}CH_2\text{-}\underset{O}{\overset{O}{C}}\text{-}R^2 + R^3\text{-}\underset{}{\overset{O}{C}}\text{-}OC_2H_5 \xrightarrow{CH_3ONa} R^3\text{-}\underset{}{\overset{O}{C}}\text{-}\underset{R^1}{CH}\text{-}\underset{}{\overset{O}{C}}\text{-}R^2$$

[机理] 碳负离子进攻酯的羰基。

$$R^1\text{-}CH_2\text{-}\overset{O}{C}\text{-}R^2 \xrightarrow{CH_3ONa} R^1\text{-}\overset{O}{\underset{}{C}H}\text{-}\overset{O}{C}\text{-}R^2 \xrightarrow{R^3\text{-}\overset{O}{C}\text{-}OC_2H_5}$$

碳负离子进攻

$$C_2H_5O\text{-}\underset{R^3\ R^1}{\overset{O^-}{\underset{}{C}}}\text{-}CH\text{-}\overset{O}{C}\text{-}R^2 \longrightarrow R^3\text{-}\overset{O}{C}\text{-}\underset{R^1}{CH}\text{-}\overset{O}{C}\text{-}R^2$$

[实例]

1. 环庚酮 + $C_2H_5O\text{-}CO\text{-}OC_2H_5$ $\xrightarrow{①NaH \\ ②H^+}$ 2-乙氧羰基环庚酮 (COOC$_2$H$_5$)

2. 苯乙酮 + 苯甲酸乙酯 (PhCOOC$_2$H$_5$) $\xrightarrow{C_2H_5ONa}$ 1,3-二苯基-1,3-丙二酮

3. 丙酮 $\xrightarrow{LDA}$ Li$^+$ 烯醇负离子 + $CH_3COOC_2H_5$ → 2,4-戊二酮

[特点]

1. 如果采用甲酸酯为原料,产物中有一个醛羰基和一个酮羰基;若采用草酸酯或碳酸二甲酯为原料,产物是 β-羰基酯;采用其他一元羧酸酯,产物是 β-二酮。

2. 一个有 α-H 的对称酮和一个有 α-H 的酯缩合，理论上有四种产物，为了得到某种目标产物，可以先用足够强度的碱与酮或酯反应形成烯醇盐，再与另一部分进行缩合。

| 反应类型 | 缩合 | 特征条件 | $C_2H_5ONa$ | 关键中间体 | 碳负离子 | 典型产物 | $\beta$-二羰基化合物 |
|---|---|---|---|---|---|---|---|
| | | | | | | | |

## 4.31 Darzens 反应——可制备增加一个碳原子的醛、酮

[反应] 醛、酮与 α-卤代酸酯在强碱作用下,生成 α,β-环氧酸酯,经水解、脱羧后得到增长碳链的醛、酮。

$$\underset{R^2}{\overset{R^1}{>}}\!\!=\!\!O + X\text{—CHCOOEt} \xrightarrow[t\text{-BuOH}]{t\text{-BuOK}} \underset{R^2}{\overset{R^1}{>}}\!\!\overset{O}{\triangle}\!\!\text{—COOEt}$$

[机理] α-卤代酸酯在碱作用下形成碳负离子,与羰基亲核加成后,再进行分子内类 $S_N2$ 反应, α,β-环氧酸酯经水解、脱羧后得到醛、酮。

EtO⁻ ClCHCOOEt ⟶ ClCHCOOEt ⟶ (加成 $R^1$-C-$R^2$) ⟶ [分子内 $S_N2$] ⟶ $\overset{R^1}{\underset{R^2}{>}}\overset{O}{\triangle}$—COOEt

卤代碳负离子      分子内 $S_N2$

$\overset{R^1}{\underset{R^2}{>}}\overset{O}{\triangle}$—COOEt $\xrightarrow[\text{②HCl}]{\text{①NaOH}}$ ... $\xrightarrow{-CO_2}$ $\overset{R^1}{\underset{R^2}{>}}\!\!=\!\!\overset{OH}{\underset{H}{}}$ $\xrightarrow{\text{互变异构}}$ $\overset{R^1}{\underset{R^2}{>}}\text{CH—CHO}$

[实例]

1. 反应式(含环己烯基取代物 + ClCH₂CO₂CH₃ / CH₃ONa → 环氧酯 → NaOH, 0~5 ℃ → 产物醛)

2. 环己酮 + ClCH₂CO₂Et / (CH₃)₃COK → 螺环氧酯 CO₂C₂H₅ → ①KOH ②H⁺, Δ → 环己基CHO

水解、脱羧得到增加一个碳原子的醛

## 4.31 Darzens 反应——可制备增加一个碳原子的醛、酮

3. PhCOCH₃ + ClCH(COOC₂H₅) —NaNH₂→ 环氧酸酯(Ph, COOC₂H₅) —①KOH ②H⁺,Δ→ PhCH(CH₃)COCH₃

[特点]

1. 酯基和卤原子双重作用稳定碳负离子,与醛、酮加成后,生成的氧负离子进行分子内类 $S_N2$ 反应。

2. 反应物是至少含一个 α-H 的 α-卤代酸酯,也可以是其他含 α-H 的化合物,如 α-卤代醛、酮和 α-卤代酰胺等。

3. α,β-环氧酸酯经过水解、脱羧后得到增加碳原子的醛、酮。

| 反应类型 | 缩合 | 特征条件 | *t*-BuOK | 关键中间体 | 卤代碳负离子 | 典型产物 | 醛/酮 |
|---|---|---|---|---|---|---|---|

## 4.32 Mannich 反应——含有活泼 α-H 醛、酮的氨甲基化

[反应] 含有活泼 α-H 的醛、酮和甲醛及胺反应，得到 β-氨基酮。

$$Ph\text{-}CO\text{-}CH_3 + HCHO + HN(C_2H_5)_2 \xrightarrow{H^+} Ph\text{-}CO\text{-}CH_2\text{-}CH_2\text{-}N(C_2H_5)_2$$

[机理] 烯醇与胺和甲醛形成的亚胺正离子反应。

$$R_2\ddot{N}H + \underset{H}{\overset{H}{C}}=O \rightleftharpoons R_2N\text{-}\underset{H}{\overset{H}{C}}\text{-}O\text{-}H \underset{\rightleftharpoons}{\overset{H^+}{}} R_2\ddot{N}\text{-}\underset{H}{\overset{H}{C}}\text{-}\overset{+}{O}\text{-}H \xrightarrow{-H_2O} \boxed{R_2\overset{+}{N}=CH_2}$$

亚胺正离子

$$H_3C\text{-}CO\text{-}CH_3 \underset{\rightleftharpoons}{\overset{H^+}{}} \underset{\text{烯醇}}{H_3C\text{-}C(OH)=CH_2} \xrightarrow[-H^+]{H_2C=\overset{+}{N}R_2} H_3C\text{-}CO\text{-}CH_2CH_2NR_2$$

[实例]

1. 茚酮 + $CH_2O$ + $HN(CH_3)_2$ $\xrightarrow{\text{①HCl}}_{\text{②HO}^-}$ 1-二甲氨基甲基-2-茚酮

2. $H_3C\text{-}CO\text{-}CH_3$ + $CH_2O$ + $HN(Et)_2$ $\xrightarrow{\text{①HCl}}_{\text{②HO}^-}$ $H_3C\text{-}CO\text{-}CH_2CH_2N(Et)_2$

3. 4-庚酮 + $CH_2O$ + $HN(CH_3)_2$ $\xrightarrow{\text{①HCl}}_{\text{②HO}^-}$ α-二甲氨基甲基-4-庚酮

4. 2-甲基环己酮 + $CH_2O$ + $HN(CH_3)_2$ $\xrightarrow{\text{①HCl}}_{\text{②HO}^-}$ 2-甲基-2-(二甲氨基甲基)环己酮   在位阻大的一边反应

## 4.32 Mannich 反应——含有活泼 α-H 醛、酮的氨甲基化

[特点]

1. 酸的作用:催化醛与胺亲核加成,形成亚胺正离子;促进烯醇的形成。

2. 具有 α-H 的醛、酮、羧酸、酯、硝基化合物、腈,以及炔烃、富电子的芳香环系均可发生反应,胺包括一级胺和二级胺,醛也不限于甲醛。

3. 对于不对称酮,取代多的 α-H 被氨甲基取代的产物为主。

4. 产物 Mannich 碱在蒸馏时发生分解,或在碱作用下分解,或通过彻底甲基化反应、形成四级铵碱及 Hofmann 消除反应,均可制备 α,β-不饱和酮。

| 反应类型 | 缩合 | 特征条件 | HCl | 关键中间体 | 亚胺正离子 | 典型产物 | β-氨基酮 |
|---|---|---|---|---|---|---|---|

## 4.33 Reformatsky 反应——有机锌试剂的亲核加成

[反应] α-溴代酸酯和醛、酮在锌粉作用下反应，产物水解后生成 β-羟基酸酯。

$$R-CHO + BrCH_2COOC_2H_5 \xrightarrow[\text{②}H^+]{\text{①}Zn} R-\underset{\underset{OH}{|}}{C}HCH_2COOC_2H_5$$

[机理] α-溴代酸酯与锌形成的有机锌试剂与羰基亲核加成。

$$BrCH_2COOR + Zn \xrightarrow{Et_2O} Br\overset{+}{Zn}\overset{-}{C}H_2COOR \longrightarrow H_2C=\underset{\text{酯烯醇负离子}}{\overset{O\overset{+}{Zn}Br}{\underset{|}{C}}OR}$$

[实例]

1. 环戊酮 + $BrCH_2CO_2Et$ $\xrightarrow[\text{②}H^+]{\text{①}Zn, Et_2O}$ 1-羟基-1-(乙氧羰基甲基)环戊烷

2. $C_6H_5-CHO$ + $BrCH_2CO_2Et$ $\xrightarrow[\text{②}H^+]{\text{①}Zn, Et_2O}$ $C_6H_5\underset{\underset{OH}{|}}{C}H-CH_2CO_2Et$

3. (2,6-二甲基环己烯基)丁烯酮 + $BrZnCH_2COOC_2H_5$ $\longrightarrow$ 产物 $COOC_2H_5$    β-羟基酸酯失水成 α,β-不饱和酯

[特点]

1. 这个反应不能用 Mg 代替 Zn，原因是生成的有机镁化合物会和未反应的溴代酸酯中的羰基反应；有机锌活性较低，不与酯反应，只和醛、酮反应。

2. $\alpha$-溴代酸酯的 $\alpha$-碳原子上有烃基或芳基时均可反应,芳香醛、酮亦可反应,唯有空间位阻太大时,不能反应。

3. $\beta$-羟基酸酯容易失水生成 $\alpha,\beta$-不饱和酯。

4. 金属有机化合物活性:RLi、RMgX 活性较高; $BrZnCH_2COOR$ 活性次之; $R_2CuLi$、$R_2Cd$ 活性较低。

| 反应类型 | 缩合 | 特征条件 | Zn | 关键中间体 | 有机锌试剂 | 典型产物 | $\beta$-羟基酸酯 |
|---|---|---|---|---|---|---|---|

## 4.34 Perkin 反应——芳醛与酸酐缩合生成 $\beta$-芳基-$\alpha,\beta$-不饱和羧酸

[反应] 芳醛和酸酐在相应羧酸盐存在下缩合，生成 $\beta$-芳基-$\alpha,\beta$-不饱和羧酸。

$$Ph\text{-}CHO + CH_3\overset{O}{C}O\overset{O}{C}CH_3 \xrightarrow{CH_3COONa} Ph\text{-}CH=CH\text{-}COOH \text{ (肉桂酸)}$$

[机理] 酸酐碳负离子进攻羰基。

$$RH_2C\overset{O}{C}\text{-}O\text{-}\overset{O}{C}CH_2R \xrightarrow{RCH_2COONa} RH_2C\overset{O}{C}\text{-}O\text{-}\overset{O}{C}\overset{-}{C}H R \xrightarrow{Ar\text{-}CHO}$$

$$RH_2C\overset{O}{C}\text{-}O\text{-}\overset{O}{C}\text{-}CH(R)\text{-}CH(Ar)\text{-}O^-$$

$$\longrightarrow \underset{R}{\overset{Ar}{C}H}\text{-}\underset{O^-}{\overset{O}{C}}\text{-}CH_2R \longrightarrow RH_2C\overset{O}{C}\text{-}O\text{-}CH(Ar)\text{-}CH(R)\text{-}CO^- \xrightarrow{RH_2C\overset{O}{C}\text{-}O\text{-}\overset{O}{C}CH_2R}$$

$$RH_2C\overset{O}{C}\text{-}O\text{-}CH(Ar)\text{-}CH(R)\text{-}\overset{O}{C}\text{-}O\text{-}\overset{O}{C}\text{-}CH_2R \xrightarrow{RCH_2COONa}$$

$$RH_2C\overset{O}{C}\text{-}O\text{-}CH(Ar)\text{-}CH(R)\text{-}\overset{O}{C}\text{-}O\text{-}\overset{O}{C}\text{-}CH_2R \longrightarrow Ar\text{-}CH=C(R)\text{-}\overset{O}{C}\text{-}O\text{-}\overset{O}{C}\text{-}CH_2R \xrightarrow{H_2O}$$

$$Ar\text{-}CH=C(R)\text{-}\overset{O}{C}\text{-}OH$$

## 4.34 Perkin 反应——芳醛与酸酐缩合生成 β-芳基-α,β-不饱和羧酸

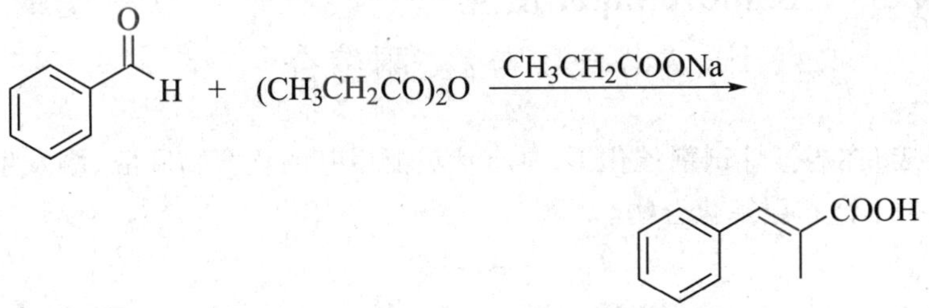

[实例]

1. PhCHO + (CH₃CH₂CO)₂O $\xrightarrow{CH_3CH_2COONa}$ PhCH=C(CH₃)COOH  （反式为主）

2. 邻羟基苯甲醛 + (CH₃CO)₂O $\xrightarrow{CH_3COONa}$ [邻羟基肉桂酸中间体] → 香豆素

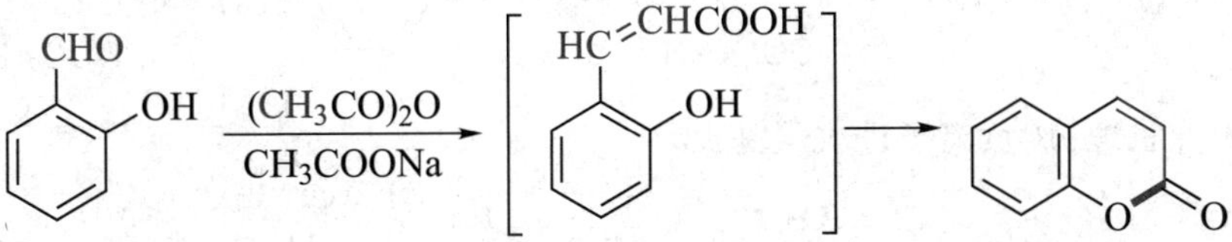

[特点]

1. Perkin 反应存在反应温度较高、使用催化剂碱性较强、产率较低等缺点，但是由于原料便宜，在工业生产中经常使用。

2. 香豆素是重要的香料，可以用水杨醛和乙酸酐在乙酸钠作用下，一步得到香豆素。

| 反应类型 | 缩合 | 特征条件 | RCOONa | 关键中间体 | 碳负离子 | 典型产物 | α,β-不饱和羧酸 |
|---|---|---|---|---|---|---|---|

## 4.35 Knoevenagel 反应——具有活泼亚甲基的化合物与醛、酮缩合

[反应] 在弱碱性试剂催化下，具有活泼亚甲基的化合物和醛、酮发生缩合，得到 $\alpha,\beta$-不饱和羰基化合物。

PhCHO + CH$_2$(COOC$_2$H$_5$)$_2$ —(哌啶)→ PhCH=C(COOC$_2$H$_5$)$_2$

[机理] 碳负离子进攻羰基。

$$G^1CH_2G^2 \xrightarrow[-HB]{:B} G^1\bar{C}HG^2 \xrightarrow{R^1-CO-R^2} R^2C(O^-)(G^1)(G^2)CR^1 \xrightarrow[-B^-]{HB} R^2C(OH)(G^1)(G^2)CR^1H \xrightarrow[-H_2O]{:B} R^1R^2C=CG^1G^2$$

[实例]

1. PhCHO + CH$_2$(COOH)$_2$ —(哌啶)→ PhCH=CHCOOH

2. CH$_3$CHO + CH$_2$(COOH)$_2$ —(哌啶)→ CH$_3$CH=CHCOOH

3. (CH$_3$)$_2$N-C$_6$H$_4$-CHO + CH$_3$NO$_2$ —(哌啶)→ (CH$_3$)$_2$N-C$_6$H$_4$-CH=CHNO$_2$

[特点]

1. 含活泼亚甲基的化合物：$G^1$—CH$_2$—$G^2$（G 可以是—CHO，—COR，—COOH，—COOR，—CN，—NO$_2$ 等吸电子基）。

2. 活泼亚甲基有足够活泼的氢原子，弱碱作用下就可以产生足够浓度的碳

负离子进行亲核加成;使用弱碱可以避免醛、酮的自身缩合。

3. 常用的碱性催化剂有吡啶、六氢吡啶、脂肪胺等。

4. 此类反应有时需要加入弱酸,目的是质子化醛、酮的羰基,有利于弱碱的亲核加成。

| 反应类型 | 缩合 | 特征条件 | $R_2NH$ | 关键中间体 | 碳负离子 | 典型产物 | $\alpha,\beta$-不饱和羰基化合物 |
|---|---|---|---|---|---|---|---|

## 4.36 Wittig 反应——生成碳碳双键

[反应] 醛、酮与膦内鎓盐发生亲核反应，直接合成烯烃。

$$\underset{R^2}{\overset{R^1}{>}}C=O + Ph_3P=\underset{R^4}{\overset{R^3}{<}} \longrightarrow \underset{R^2}{\overset{R^1}{>}}C=C\underset{R^4}{\overset{R^3}{<}}$$

[机理] 极性翻转的碳磷双键与羰基顺式加成。

$$\underset{R^4}{\overset{R^3}{>}}CHX \xrightarrow{Ph_3P} \underset{R^4}{\overset{R^3}{>}}\overset{+}{C}HPPh_3 \ \bar{X} \xrightarrow{PhLi} \underset{R^4}{\overset{R^3}{>}}\bar{C}-\overset{+}{P}Ph_3 \longleftrightarrow \underset{R^4}{\overset{R^3}{>}}C=PPh_3$$

$$\underset{R^2}{\overset{R^1}{>}}C=O + \underset{R^4}{\overset{R^3}{>}}C=PPh_3 \longrightarrow \boxed{\begin{array}{c} R^1\\R^2 \end{array}\!C\!-\!O \atop \begin{array}{c}R^3\\R^4\end{array}\!C\!=\!PPh_3} \longrightarrow \underset{R^4}{\overset{R^3}{>}}C\!-\!PPh_3 \atop \underset{R^2}{\overset{R^1}{>}}C\!-\!O \longrightarrow \underset{R^2}{\overset{R^1}{>}}C=C\underset{R^4}{\overset{R^3}{<}}$$

顺式加成

[实例]

1. $Ph_3\overset{+}{P}-\overset{-}{C}HCH_2CH_3 + \overset{O}{\triangle} \xrightarrow{\Delta} \underset{H_3C}{\overset{H_3C}{>}}C=CHCH_2CH_3$

2. 环己酮 $+ Ph_3\overset{+}{P}-\overset{-}{C}H_2 \longrightarrow$ 亚甲基环己烷($=CH_2$)

3. $\underset{Ph}{\overset{Ph}{>}}C=O + Ph_3\overset{+}{P}-\overset{-}{C}H_2 \longrightarrow \underset{Ph}{\overset{Ph}{>}}C=CH_2$

4. (2,6,6-三甲基环己烯基)-CHO + $Ph_3P=CH-CH=CH-C(CH_3)=CH-CH_2OH \longrightarrow$

视黄醇 (retinol): 2,6,6-三甲基环己烯基-CH=CH-C(CH_3)=CH-CH=CH-C(CH_3)=CH-CH_2OH

## 4.36 Wittig 反应——生成碳碳双键

[**特点**]

1. 叶立德(Ylide)：在相邻位置上带有相反电荷的两性离子，称为叶立德。

2. 一级和二级卤代烃与三苯基膦生成的季膦盐在强碱作用下，消除卤化氢生成具有碳负离子性质的膦内鎓盐(Wittig 试剂)，可以与羰基发生 Wittig 反应。

3. Wittig 试剂与 $\alpha,\beta$-不饱和羰基化合物作用，不发生 1,4-加成，生成的双键处于原来羰基的位置。

4. 用比较稳定的磷叶立德，产物的取向有一定的立体选择性，以 $E$ 型为主；当磷叶立德很活泼时，则产生顺反异构体的混合物。

| 反应类型 | 缩合 | 特征条件 | $Ph_3P=CR^1R^2$ | 关键中间体 | 四元环状过渡态 | 典型产物 | 烯烃 |
| --- | --- | --- | --- | --- | --- | --- | --- |

## 4.37 硫叶立德——生成环状化合物

[反应] 醛、酮的羰基可以和作为亲核试剂的硫叶立德加成,得到环状化合物。

$$\text{PhCHO} + {}^-\text{CH}_2\text{S}^+(\text{CH}_3)_2 \longrightarrow \text{Ph-CH-CH}_2\text{-O (环氧)}$$

[机理] 硫叶立德负电性碳原子进攻羰基,生成环状化合物。

$$\underset{R^4}{\overset{R^3}{\text{CH-X}}} \xrightarrow[\text{二甲硫醚}]{\text{CH}_3\text{SCH}_3} \underset{R^4}{\overset{R^3}{\text{CH-S}^+(\text{CH}_3)_2}} \text{X}^- \xrightarrow{\text{NaNH}_2} \underset{R^4}{\overset{R^3}{\text{C}^--\text{S}^+(\text{CH}_3)_2}}$$

$$\underset{R^4}{\overset{R^3}{\text{C}^--\text{S}^+(\text{CH}_3)_2}} + \underset{R^2}{\overset{R^1}{\text{C=O}}} \longrightarrow (\text{H}_3\text{C})_2\overset{+}{\text{S}} \underset{R^4\ O^-}{\overset{R^3\ R^1}{-\text{C-C-}R^2}} \longrightarrow \underset{R^4}{\overset{R^3}{\underset{O}{\text{C-C}}}} \overset{R^1}{\underset{R^2}{}}$$

$$\underset{R^4}{\overset{R^3}{\text{CH-X}}} \xrightarrow[\text{二甲亚砜}]{\text{CH}_3\text{SOCH}_3} \underset{R^4}{\overset{R^3}{\text{CH-S}^+(\text{CH}_3)_2}}\underset{O}{} \text{X}^- \xrightarrow{\text{NaH}} \underset{R^4}{\overset{R^3}{\text{C}^--\text{S}^+(\text{CH}_3)_2}}\underset{O}{}$$

$$\underset{R^4}{\overset{R^3}{\text{C}^--\text{S}^+(\text{CH}_3)_2}}\underset{O}{} + \underset{R^2}{\overset{R^1}{\text{C=O}}} \longrightarrow (\text{H}_3\text{C})_2\overset{+}{\text{S}} \underset{O\ R^4\ O^-}{\overset{R^3\ R^1}{-\text{C-C-}R^2}} \longrightarrow \underset{R^4}{\overset{R^3}{\underset{O}{\text{C-C}}}} \overset{R^1}{\underset{R^2}{}}$$

[实例]

1. 环己酮 + $\text{H}_2\bar{\text{C}}-\overset{+}{\text{S}}(\text{CH}_3)_2$ (=O) ⟶ 螺环氧化物   环氧乙烷衍生物

2. 1-乙酰基环己烯 + $\text{H}_2\bar{\text{C}}-\overset{+}{\text{S}}(\text{CH}_3)_2$ (=O) ⟶ 双环酮   环丙烷衍生物

[特点]

1. 硫叶立德可由二甲亚砜或二甲硫醚与碘甲烷制备。

2. 硫叶立德与非共轭醛、酮反应,首先发生亲核加成,然后发生分子内取代反应,得到环氧乙烷衍生物。

3. 硫叶立德与 $\alpha,\beta$-不饱和酮作用,共轭加成,然后再发生分子内取代反应,得到环丙烷衍生物。

| 反应类型 | 缩合 | 特征条件 | — | 关键中间体 | 四面体中间体 | 典型产物 | 环状化合物 |

## 4.38 Michael 加成——不饱和羰基化合物与烯醇负离子的 1,4-加成

[反应] $\alpha,\beta$-不饱和醛(酮)、酯、腈、硝基化合物等与烯醇负离子的 1,4-共轭加成。

环己烯酮 + $CH_2(COOC_2H_5)_2$ $\xrightarrow{C_2H_5ONa}{C_2H_5OH}$ 3-取代环己酮-$CH(COOC_2H_5)_2$

[机理] 烯醇负离子的碳端与 $\alpha,\beta$-不饱和羰基化合物发生 1,4-共轭加成。

[实例]

1. 2-甲基环己酮 + $H_2C=CH-C(=O)Ph$ $\xrightarrow{KOC_2H_5}{HOC_2H_5}$ 产物 (1,5-二羰基化合物)

2. 戊二烯酸甲酯 + 丙二酸二乙酯 $\xrightarrow{碱}$ 产物 (1,7-二羰基化合物)

## 4.38 Michael 加成——不饱和羰基化合物与烯醇负离子的 1,4-加成

[特点]

1. 能提供亲核碳负离子的化合物(给体)与能提供亲电共轭体系的化合物(受体)的 1,4-共轭加成。

2. 用于合成 1,5-二官能团化合物，尤以 1,5-二羰基化合物为多。若受体共轭体系进一步扩大，也可以制备 1,7-二官能团化合物。

3. 碱进攻位阻大的 $\alpha$-H，不对称酮进行 Michael 加成反应时，主要在多取代的 $\alpha$-碳原子上发生。

4. 常用的催化剂有三乙胺、六氢吡啶、氢氧化钠(钾)、乙醇钠、三级丁醇钾、氨基钠和四级铵碱等。

| 反应类型 | 缩合 | 特征条件 | EtONa | 关键中间体 | 烯醇负离子 | 典型产物 | $\alpha,\beta$-不饱和羰基化合物 |
|---|---|---|---|---|---|---|---|

## 4.39 Robinson 增环反应——Michael 加成+羟醛缩合

[反应] Michael 加成后,再进行分子内羟醛缩合,得到环状 α,β-不饱和酮。

[机理] Michael 加成和羟醛缩合。

[实例]

## 4.39 Robinson 增环反应——Michael 加成+羟醛缩合

3. 

$$\text{PhCH=CHCOCH}_3 + \begin{matrix}\text{COOEt}\\\text{COOEt}\end{matrix} \xrightarrow{\text{C}_2\text{H}_5\text{ONa}} \text{[中间产物]} \xrightarrow[\text{②H}^+,\Delta]{\text{①HO}^-}$$

1,3-环己二酮

[特点]
1. 反应实质:Michael 加成反应和分子内羟醛缩合。
2. 该反应可在一个六元环上,增加四个碳原子,形成一个二并六元环体系。
3. 除了在一个环上加一个环,还可以在两个环相稠和的碳原子上引入角甲基,这个甲基很难用其他方法引入,但是很多药物如激素等含有角甲基结构。

| 反应类型 | 缩合 | 特征条件 | EtONa | 关键中间体 | 烯醇负离子 | 典型产物 | 环状 $\alpha,\beta$-不饱和酮 |
|---|---|---|---|---|---|---|---|

## 4.40 乙酰乙酸乙酯合成法——制备甲基酮

[实例]

1. $CH_3\overset{O}{C}CH_2\overset{O}{C}OCH_2CH_3 \xrightarrow[\text{②RX}]{\text{①EtONa}} CH_3\overset{O}{C}\underset{R}{CH}\overset{O}{C}OCH_2CH_3 \xrightarrow[H_2O]{KOH}$

$CH_3\overset{O}{C}\underset{R}{CH}\overset{O}{C}OK \xrightarrow[\Delta]{H^+} CH_3\overset{O}{C}\underset{R}{CH_2}$

制备甲基酮

2. $CH_3\overset{O}{C}CH_2\overset{O}{C}OCH_2CH_3 \xrightarrow[\text{②R-}\overset{O}{C}\text{-X}]{\text{①EtONa}} CH_3\overset{O}{C}\underset{\underset{R}{C=O}}{CH}\overset{O}{C}OCH_2CH_3 \xrightarrow[\text{②}H^+,\Delta]{\text{①KOH}}$

$CH_3\overset{O}{C}CH_2\overset{O}{C}R$

制备1,3-二酮

3. $CH_3\overset{O}{C}CH_2\overset{O}{C}OCH_2CH_3 \xrightarrow[\text{②R}\overset{O}{C}CH_2X]{\text{①EtONa}} \xrightarrow[\text{②}H^+,\Delta]{\text{①KOH}} CH_3\overset{O}{C}CH_2CH_2\overset{O}{C}R$

制备1,4-二酮

4. $CH_3\overset{O}{C}CH_2\overset{O}{C}OEt \xrightarrow[\text{②ClCH}_2COOEt]{\text{①EtONa}} CH_3\overset{O}{C}\underset{CH_2COOEt}{CH}\overset{O}{C}OEt \xrightarrow[\text{②}H^+,\Delta]{\text{①KOH}}$

$CH_3\overset{O}{C}CH_2CH_2COOH$

制备 γ-酮酸

[特点]

1. 乙酰乙酸乙酯含有活泼亚甲基，在碱作用下可以产生烯醇负离子，进而发生亲核取代或亲核加成-消除反应，成酮水解，得到目标产物。

2. 要增加两个基团，必须分步进行，先增加活性小的后增加活性大的，先增加位阻大的，后增加位阻小的。

3. $\beta$-酮酸酯在稀酸或稀碱条件下酯基水解,生成不稳定的 $\beta$-酮酸,脱羧分解为酮和二氧化碳。在浓碱中水解,羟基进攻羰基,发生亲核加成,生成两分子酸。

| 反应类型 | 缩合 | 特征条件 | EtONa | 关键中间体 | 烯醇负离子 | 典型产物 | 甲基酮/二酮/酮酸 |

## 4.41 丙二酸酯合成法——制备取代乙酸

[实例]

1. $CH_2(COOC_2H_5)_2$ $\xrightarrow[\text{②}CH_3CH_2CH_2Cl]{\text{①}EtONa, EtOH}$ $\underset{H_2C-CH_2CH_3}{CH(COOC_2H_5)_2}$ $\xrightarrow[\text{②}H^+, \Delta]{\text{①}KOH}$

$\underset{CH_2CH_3}{H_2C-CH_2COOH}$

合成一元羧酸

2. $2CH_2(COOC_2H_5)_2$ $\xrightarrow[\text{②}BrCH_2CH_2Br]{\text{①}2EtONa, EtOH}$ $\underset{CH_2CH(COOC_2H_5)_2}{CH_2CH(COOC_2H_5)_2}$ $\xrightarrow[\text{②}H^+, \Delta]{\text{①}KOH}$

$\underset{CH_2CH_2COOH}{CH_2CH_2COOH}$

合成二元羧酸

3. $\underset{H_3C}{\overset{H_3C}{>}}C=CH-\overset{O}{\overset{\|}{C}}CH_3$ $\xrightarrow[EtONa, EtOH]{CH_2(COOC_2H_5)_2}$ $(CH_3)_2CH-\underset{CH(CO_2C_2H_5)_2}{CH_2-\overset{O}{\overset{\|}{C}}CH_3}$ $\xrightarrow[\text{②}H^+, \Delta]{\text{①}KOH}$

$(CH_3)_2CH-CH_2-\overset{O}{\overset{\|}{C}}CH_3$
$\phantom{(CH_3)_2CH-CH_2-}\underset{CHCOOH}{|}$

Michael加成合成酮酸

4. $CH_2(COOC_2H_5)_2$ $\xrightarrow[\text{②}BrCH_2CH_2Br]{\text{①}2EtONa, EtOH}$ $\triangle\!\!\!<^{COOC_2H_5}_{COOC_2H_5}$ $\xrightarrow[\text{②}H^+, \Delta]{\text{①}KOH}$ $\triangle\!\!\!-COOH$

脂环族甲酸

5. $CH_2(COOC_2H_5)_2$ $\xrightarrow[EtONa]{\overset{O}{\triangle}}$ $\bar{O}H_2CH_2C\underset{\underset{O}{\overset{\|}{C}OEt}}{\overset{\overset{O}{\|}}{C}OEt}$ → [γ-丁内酯结构，含-C(=O)-OEt]

6. $CH_2(COOC_2H_5)_2$ $\xrightarrow[\underset{NH}{\bigcirc}]{H_3C-\overset{O}{\overset{\|}{C}}H}$ $H_3C-CH=C(COOC_2H_5)_2$

# 4.41 丙二酸酯合成法——制备取代乙酸

[特点]

1. 丙二酸酯可以提供碳负离子，作为亲核试剂来完成合成反应。

2. 酯基的分解方法是在稀碱介质中水解，然后在酸性条件下脱羧得到取代乙酸。

3. 丙二酸酯与二卤代烃反应，投料比不同，得到的产物也不同。

| 反应类型 | 缩合 | 特征条件 | EtONa | 关键中间体 | 烯醇负离子 | 典型产物 | 羧酸/酮酸 |
|---|---|---|---|---|---|---|---|

## 4.42　Skraup 反应——合成喹啉

[**反应**]芳香族一级胺与甘油同硫酸和某些氧化剂一起加热，得到喹啉衍生物。

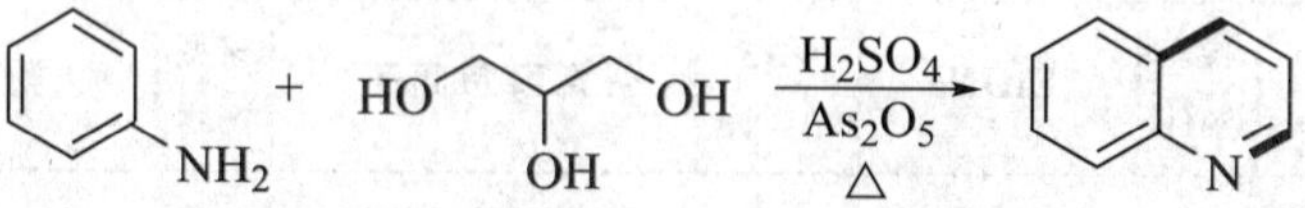

NH2
HO
OH
OH
H2SO4
As2O5
△
N


[**机理**]芳香族一级胺与丙烯醛发生 1,4-加成，酸性条件下烯胺对羰基正离子进行加成，失水后生成二氢喹啉，氧化芳构化生成喹啉。

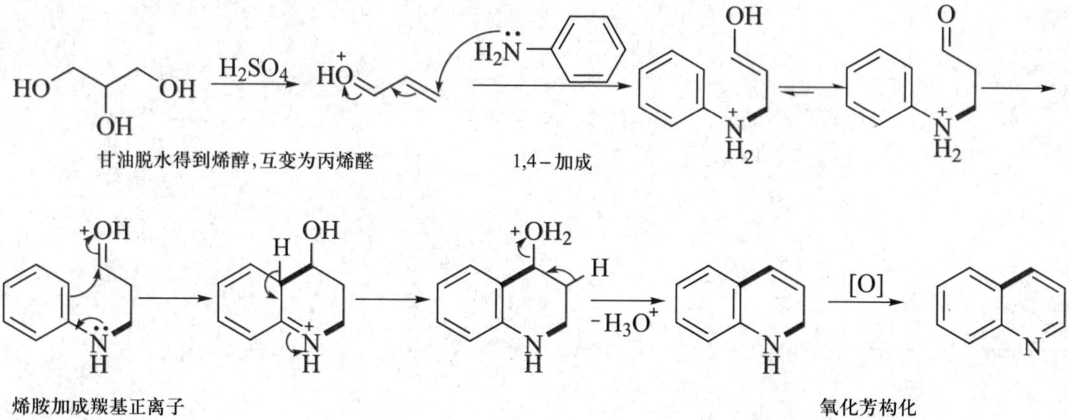

H2SO4
甘油脱水得到烯醇，互变为丙烯醛
1,4-加成
-H3O+
[O]
烯胺加成羰基正离子
氧化芳构化


[**实例**]

1\. 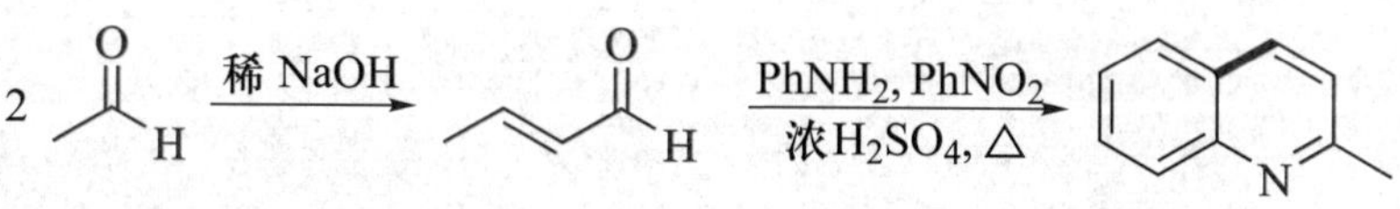

2
稀 NaOH
PhNH2, PhNO2
浓H2SO4, △
N


2\. 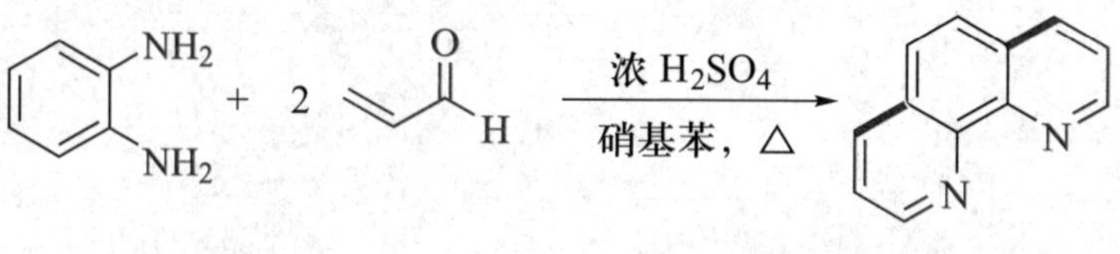

NH2
NH2
+ 2
浓 H2SO4
硝基苯，△
N
N


3\. 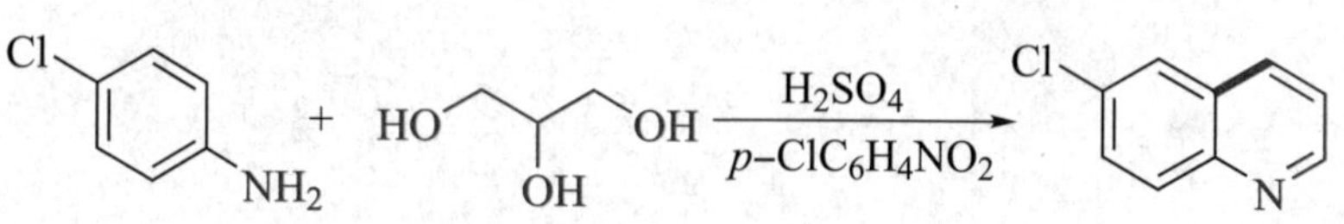

Cl
NH2
HO
OH
OH
H2SO4
p-ClC6H4NO2
N

4. 

[特点]

1. 若苯胺环上氨基的间位有给电子基，反应位点在给电子基的对位，生成 7-取代喹啉。

2. 若苯胺环上氨基的间位有吸电子基，反应位点在吸电子基的邻位，生成 5-取代喹啉。

| 反应类型 | 缩合 | 特征条件 | 甘油/[O] | 关键中间体 | 烯醇 | 典型产物 | 喹啉 |
|---|---|---|---|---|---|---|---|
| | | | | | | | |

# 第 5 章 亲电加成反应

速控步是亲电试剂与不饱和键加成的反应称为亲电加成反应,如碳碳双键上的亲电加成反应可以使烯烃转变成各种单官能团和邻二官能团化合物。

## 5.1 烯烃与酸加成——碳正离子中间体

[反应] 烯烃与无机酸和强的有机酸容易进行亲电加成反应，与弱的有机酸可以在强酸催化下发生反应。

$$H_2C=CH_2 + HA \longrightarrow \underset{H\ A}{H_2C-CH_2}$$

[机理] 烯烃的 π 电子与质子结合生成碳正离子，然后与负离子结合形成产物。

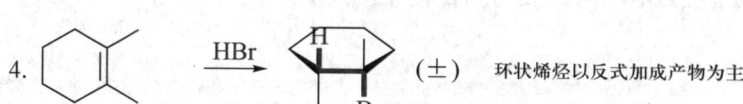

烯烃加成氢卤酸的区域选择性

[实例]

1. $H_3C-\overset{\delta^+}{CH}=CH_2 \xrightarrow{HCl}$ (CH₃)₂CHCl   甲基具有给电子诱导效应和给电子超共轭效应

2. $F_3C-\overset{\delta^+}{CH}=CH_2 \xrightarrow{HCl} F_3C-CH_2CH_2Cl$   三氟甲基具有吸电子诱导效应

3. $H_3C-\overset{\delta^+}{CH}=CH_2 + HOBr \longrightarrow CH_3\underset{OH}{CH}CH_2Br$   或用 Br₂+H₂O

烯烃与 HBr 的亲电加成和自由基加成

4. 环己烯甲基 $\xrightarrow{HBr}$ (反式加成产物) (±)   环状烯烃以反式加成产物为主

5. $H_3C-CH=CH_2 \xrightarrow[ROOR]{HBr} CH_3CH_2CH_2Br$   自由基反应机理，反马氏规则取向

苯乙烯与溴化氢的亲电加成

[解析] 写反应：

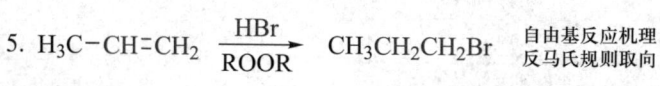

$O_2N-C_6H_4-CH=CH-C_6H_4-OCH_3 \xrightarrow{HBr}$ ( )

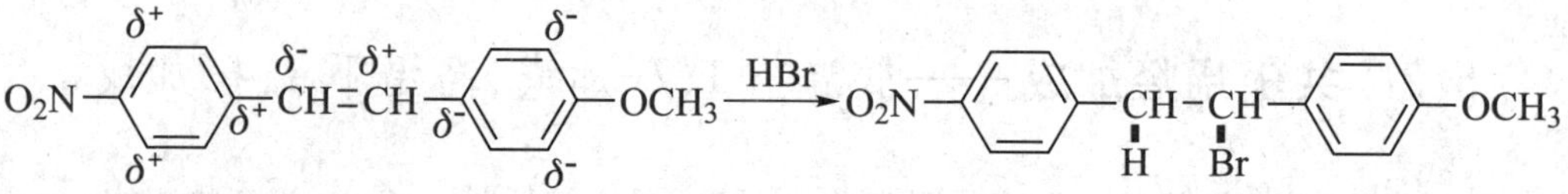

$$\underset{\delta^+}{O_2N}-\underset{\delta^+}{\overset{\delta^-}{\bigcirc}}-\underset{\delta^+}{\overset{\delta^-}{CH}}=\underset{\delta^-}{\overset{\delta^+}{CH}}-\underset{\delta^-}{\overset{\delta^-}{\bigcirc}}-OCH_3 \xrightarrow{HBr} O_2N-\bigcirc-\underset{H}{\overset{}{CH}}-\underset{Br}{\overset{}{CH}}-\bigcirc-OCH_3$$

硝基为吸电子基,靠近硝基的双键一端富电子

[特点]

1. 烯烃双键上电子密度越高,氢卤酸酸性越强(HI>HBr>HCl),反应越容易进行。

2. 反应中间体为碳正离子,会发生重排,常伴随重排产物产生。

3. 在过氧化物存在下,烯烃加 HBr 时,通过自由基加成反应机理进行,得到反马氏规则产物。

| 反应类型 | 亲电加成 | 特征条件 | HX | 关键中间体 | 碳正离子 | 典型产物 | 卤代烃 |
|---|---|---|---|---|---|---|---|

## 5.2 共轭烯烃加成——低温下 1,2-加成,高温下 1,4-加成

[反应] 共轭烯烃可与亲电试剂发生反应,温度较低时,1,2-加成产物为主;温度较高时,则以 1,4-加成产物为主。

$$H_2C=CH-CH=CH_2 \xrightarrow{HBr}_{-80℃} H_3C-\underset{Br}{CH}-CH=CH_2 \quad 1,2\text{-加成}$$

$$H_2C=CH-CH=CH_2 \xrightarrow{HBr}_{40℃} H_3C-CH=CH-\underset{Br}{CH_2} \quad 1,4\text{-加成}$$

动力学控制与热力学控制

[机理] $H^+$ 进攻 1,3-丁二烯端基碳原子,生成烯丙基型碳正离子,$\pi$ 电子密度较小的(正电性较大)C2 和 C4 均可与卤负离子结合。

$$\underset{1\;2\;3\;4}{H_2C=CH-CH=CH_2} \xrightarrow{H^+} \boxed{\underset{1\;\;\;2\;\;\;3\;\;\;4}{H_3C-\overset{\delta^+}{CH}\cdots CH\cdots \overset{\delta^+}{CH_2}}} \xrightarrow{X^-} \underset{H\;\;X}{H_2C-CH-CH=CH_2} + \underset{H\;\;\;\;\;\;\;\;\;\;X}{H_2C-CH=CH-CH_2}$$

[实例]

1. $\text{CH}_2=\text{CH-CH}=\text{CH}_2 \xrightarrow{HCl}_{-80℃}$ CH$_2$=CH-CHCl-CH$_3$ (75%) + ClCH$_2$-CH=CH-CH$_3$ (25%)

2. $\text{CH}_2=\text{CH-CH}=\text{CH}_2 \xrightarrow{HCl}_{40℃}$ CH$_2$=CH-CHCl-CH$_3$ (25%) + ClCH$_2$-CH=CH-CH$_3$ (75%)

[特点]
1. 在极性溶剂中易得 1,4-加成产物,在非极性溶剂中易得 1,2-加成产物。
2. 温度较低时,1,2-加成产物为主;反应为动力学控制(速率控制),产物由稳定中间体得到。
3. 温度较高时,1,4-加成产物为主;反应是热力学控制(平衡控制),得到稳定产物。

4. 1,2-加成产物和 1,4-加成产物可以通过碳正离子互相转变,升高反应温度、延长反应时间都对 1,4-加成产物的生成有利。

| 反应类型 | 亲电加成 | 特征条件 | HX | 关键中间体 | 烯丙基型碳正离子 | 典型产物 | 卤代烯烃 |
|---|---|---|---|---|---|---|---|

## 5.3 烯烃与卤素加成——反式加成

烯烃与溴
亲电加成

[反应] 烯烃与氯、溴加成,生成相应的二卤代物。

$$\text{C=C} + X_2 \longrightarrow \text{X-C-C-X}$$

[机理] 烯烃与溴形成环溴鎓离子,溴负离子从环背面进攻,生成反式加成产物。

环溴鎓离子

[实例]

反-2-丁烯与
溴加成

1. 反-2-丁烯 + Br₂ → 反式加成,内消旋体

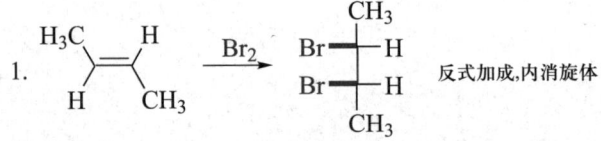

顺-2-丁烯与
溴加成

2. 顺-2-丁烯 + Br₂ → 一对对映异构体

3. 甲基环己烯 $\xrightarrow{\text{Br}_2/\text{H}_2\text{O}}$ → 极性溶剂中

4. (CH₃)₂C=C(CH₃)₂ $\xrightarrow{\text{Cl}_2}$ → 氯生成氯鎓离子能力较弱

[特点]

1. 氟与烯烃加成反应非常剧烈,反应放出大量的热会使烯烃分解,需要在

特殊条件下进行。

2. 碘与烯烃一般不发生离子型反应，但 ICl 和 IBr 比较活泼，可以与双键加成，可以定量地与碳碳双键发生加成，利用这个反应，可以测定石油和脂肪中不饱和化合物的含量。

3. 若 2-丁烯为 $E$ 型，得到内消旋体；若 2-丁烯为 $Z$ 型，得到外消旋体（一对对映异构体）。

4. 实验室常用溴与烯烃的加成反应对烯烃进行定性和定量分析，当烯烃中加入溴的四氯化碳溶液，红棕色马上消失，表明发生了加成反应。

| 反应类型 | 亲电加成 | 特征条件 | $X_2$ | 关键中间体 | 溴鎓离子 | 典型产物 | 二卤代烃 |
|---|---|---|---|---|---|---|---|

## 5.4 硼氢化-氧化反应——顺式反马氏规则加成

[反应] 烯烃与甲硼烷加成生成烃基硼,并与碱性双氧水反应,硼原子被羟基取代得到醇。

[机理] 硼烷中的硼原子缺电子,与烯烃由四元环状过渡态生成烃基硼,碱性氧化水解得到醇。

烯烃的硼氢化-氧化反应

[实例]

1. 环己烯 $\xrightarrow{BH_3}$ $\xrightarrow[HO^-]{H_2O_2}$ 产物  反马氏规则加成,顺式加成

2. $(CH_3)_2C=CHCH_3$ $\xrightarrow[②H_2O_2, HO^-]{①B_2H_6, THF}$ $(CH_3)_2\underset{H}{C}-\underset{OH}{C}HCH_3$

[特点]

1. 乙硼烷中缺电子的硼原子与烯烃中电子密度大的碳(负电性碳)原子接

近,氢原子加到双键碳上含氢原子较少的碳原子上,即反马氏规则加成。

2. 经过四元环状过渡态加成,不经过碳正离子中间体,不重排,一步完成,各碳原子的取代基位置保持不变,是立体专一性的顺式加成。

3. 末端烯烃加成乙硼烷氧化水解制备一级醇产率高,烯烃酸催化水合得到二级或三级醇。

[延伸] 烷基硼与羧酸反应,生成烷烃,是通过硼氢化-还原将烯烃还原成烷烃的一种方法。

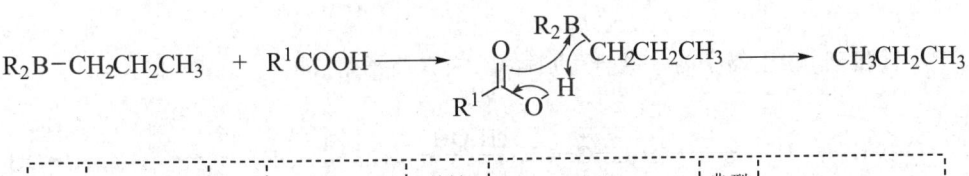

| 反应类型 | 亲电加成 | 特征条件 | $B_2H_6/H_2O_2$ | 关键中间体 | 烃基硼 | 典型产物 | 一级醇/二级醇 |

## 5.5 烯烃水合——马氏加成

[反应]烯烃与水的加成通常要用酸催化,先生成碳正离子,然后与水结合生成锌盐,再失去质子生成醇。

$$\text{(CH}_3)_2\text{C=C(CH}_3)\text{H} + H_2O \xrightarrow{H^+} \text{(CH}_3)_2\text{C(OH)-CH(CH}_3)\text{H}$$

[机理]碳正离子与水结合生成锌盐,失去质子生成醇。

$$(CH_3)_2C=CH_2 + H^+ \longrightarrow \underset{\text{碳正离子}}{H_3C-\overset{+}{C}(CH_3)-CH_3} \xrightarrow{H-OH} H_3C-\overset{CH_3}{\underset{CH_3}{C}}-\overset{+}{O}H_2 \xrightarrow{-H^+} H_3C-\overset{CH_3}{\underset{CH_3}{C}}-OH$$

[实例]

1. $H_2C=CH-C(CH_3)_2-CH_3 + H_2O \xrightarrow{H^+} H_3C-\overset{OH}{\underset{CH_3}{C}}-CH_2-CH_2-H$ 碳正离子重排

2. $(CH_3)_2C=CH_2 \xrightarrow{H_2SO_4} \underset{\text{硫酸氢三级丁酯}}{(CH_3)_3COSO_2OH} \xrightarrow{H_2O} (CH_3)_3COH$ 间接水合法

[特点]

1. 酸催化水合通过碳正离子中间体进行,碳正离子会发生重排,得到较稳定的碳正离子;符合马氏加成规则,即氢原子加到含氢较多的碳原子上。

2. 烯烃与硫酸的加成在 0 ℃时就能发生,加成产物硫酸氢酯在有水存在时加热,水解为醇,称为烯烃的间接水合法。

3. 乙醇、异丙醇及三级丁醇在工业上曾经是用相应的烯烃在不同浓度的硫酸中反应,即得硫酸氢酯的澄清溶液,然后用水稀释、加热制备的。

[延伸]烯烃与有机酸加成生成酯,与醇或酚加成生成醚。由于有机酸、醇、酚酸性都比较弱,加成通常在强酸如硫酸、对甲苯磺酸和氟硼酸等催化下才能发生。

$$H_2C=CH_2 + CH_3COOH \xrightarrow{H^+} CH_3COOCH_2CH_3$$

$$(CH_3)_2C=CH_2 + CH_3OH \xrightarrow{HBF_4} (CH_3)_3COCH_3$$

| 反应类型 | 亲电加成 | 特征条件 | $H^+/H_2O$ | 关键中间体 | 碳正离子 | 典型产物 | 二级醇/三级醇 |

## 5.6 烯烃加成碳烯——生成环丙烷

单线态卡宾
与三线态
卡宾

[反应]烯烃或炔烃与碳烯(含二价碳原子的电中性化合物)的加成反应。

$$\text{C=C} + :CH_2 \xrightarrow{\Delta} \text{环丙烷}$$

[机理]单线态碳烯经三元环状过渡态生成顺式加成产物,三线态碳烯不具有立体专一性。

烯烃加成单
线态卡宾

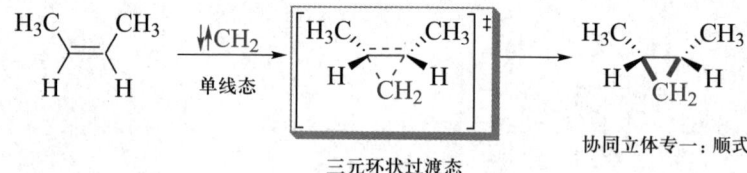

三元环状过渡态 协同立体专一:顺式

自由基加成

[实例]

烯烃加成三
线态卡宾

1. $:CH_2 + H_2C=CH_2 \xrightarrow{\Delta}$ △

2. 环己烯 $+ CH_2I_2 \xrightarrow{Zn, CuCl}$ 双环产物 $CH_2I_2 \xrightarrow{Zn, CuCl} ICH_2ZnI$ 类碳烯试剂

3. 环己烯 $+CHBr_3 \xrightarrow{(CH_3)_3COK}$ 二溴环产物  $CHBr_3$ 经E1消除形成单线态二溴碳烯

[特点]

1. 碳烯碳原子周围只有 6 个电子,具有亲电性,有高度的反应性能。

2. 碳烯有单线态和三线态两种,如重氮甲烷在液态用光分解,产生单线态碳烯,能量高,碳原子为 $sp^2$ 杂化,空 p 轨道可以接受电子,可作为亲电试剂,$sp^2$ 杂化轨道上的电子对可以作为亲核试剂。

3. 如果重氮甲烷在光敏剂二苯酮存在下光照,产生三线态碳烯,能量低,碳原子为 sp 杂化,有两个单电子,具有双自由基性质。

[延伸] 碳烯来源:

$$H_2\overset{\frown}{C}-N\equiv N \xrightarrow{h\nu} :CH_2 + N_2 \qquad H_2\overset{\frown}{C}=C=O \xrightarrow{h\nu} :CH_2 + CO$$

$$CHBr_3 \xrightarrow{(CH_3)_3COK} :CBr_2$$

| 反应类型 | 亲电加成 | 特征条件 | $:CH_2$ | 关键中间体 | 三元环状过渡态 | 典型产物 | 环丙烷 |
|---|---|---|---|---|---|---|---|

## 5.7 炔的卤化——反式马氏加成

[反应]炔烃有两个 π 键,可以和两分子卤素或卤化氢进行亲电加成,选择合适的条件,反应可以控制在加成一分子卤素或卤代烃的阶段。

$$R^1-C\equiv C-R^2 \xrightarrow{X_2} \underset{X}{\overset{R^1}{\diagup}}=\underset{R^2}{\overset{X}{\diagdown}} \xrightarrow{X_2} \underset{X}{\overset{R^1}{\diagup}}\underset{X}{\overset{X}{\diagdown}}\underset{R^2}{\overset{X}{\diagdown}}$$

$$R-C\equiv C-H \xrightarrow{HX} \underset{X}{\overset{R}{\diagup}}=\underset{H}{\overset{H}{\diagdown}} \xrightarrow{HX} \underset{X}{\overset{R}{\diagup}}\underset{X}{\overset{H}{\diagdown}}\underset{H}{\overset{H}{\diagdown}}$$

[机理]烯碳正离子。

炔烃亲电加成活性比烯烃低

[实例]

1. $CH_3CH_2C\equiv CCH_2CH_3 \xrightarrow[CCl_4]{Br_2}$ (Br, C₂H₅/H₅C₂, Br 反式加成)

2. 戊-1-烯-4-炔 $\xrightarrow{Br_2}$ 产物  烯烃比炔烃活性高

3. $H_3CC\equiv CH \xrightarrow[HgCl_2]{HCl} H_3CC=CH_2, Cl \xrightarrow{HCl} H_3C-C(Cl)_2-CH_3$  与HCl或Cl₂的加成需要催化
   亲核加成反应

炔烃与 HBr 的加成

4. 己-1-炔 $\xrightarrow[ROOR]{HBr}$ 产物 $\xrightarrow[ROOR]{HBr}$ 产物
   自由基加成反应

过氧化物效应,反马氏规则

[特点]

1. 卤代烯烃中的卤原子使烯键的反应活性降低,反应可以停留在只加一分子卤化氢阶段。

2. 炔烃比烯烃亲电加成活性低,烯烃可使溴的四氯化碳溶液立即褪色,炔烃却需要几分钟才能使之褪色。

3. 炔烃与 HBr 反应有过氧化物效应(反马氏规则)。

4. 碳正离子稳定性顺序:

$$R_3\overset{+}{C} > R_2\overset{+}{CH} > R\overset{+}{CH_2} > R\overset{+}{C}=CH_2 > RCH=\overset{+}{CH}$$

| 反应类型 | 亲电加成 | 特征条件 | $X_2$;HX | 关键中间体 | 烯碳正离子 | 典型产物 | 卤代烃 |
|---|---|---|---|---|---|---|---|

## 5.8 炔烃的硼氢化——顺式反马氏加成生成醛、酮

[反应] 炔烃的硼氢化生成烯基硼烷。

$$3\ CH_3CH_2-C\equiv C-CH_2CH_3 \xrightarrow{BH_3-THF} \left[ \begin{array}{c} H_3CH_2C \\ \diagdown \\ H \end{array} C=C \begin{array}{c} CH_2CH_3 \\ \diagup \\ \end{array} \right]_3 B$$

烯基硼烷

炔烃的硼氢化-还原生成 Z 型烯烃

烯基硼烷用酸处理得到 Z 型烯烃(硼氢化-酸化)。

$$\left[ \begin{array}{c} H_3CH_2C \\ \diagdown \\ H \end{array} C=C \begin{array}{c} CH_2CH_3 \\ \diagup \\ \end{array} \right]_3 B \xrightarrow{HOAc} \begin{array}{c} H_3CH_2C \\ \diagdown \\ H \end{array} C=C \begin{array}{c} CH_2CH_3 \\ \diagup \\ H \end{array}$$

Z 型烯烃

烯基硼烷氧化得到醛、酮(硼氢化-氧化)。

$$\left[ \begin{array}{c} H_3CH_2C \\ \diagdown \\ H \end{array} C=C \begin{array}{c} CH_2CH_3 \\ \diagup \\ \end{array} \right]_3 B \xrightarrow[HO^-]{H_2O_2} \begin{array}{c} H_3CH_2C \\ \diagdown \\ H \end{array} C=C \begin{array}{c} CH_2CH_3 \\ \diagup \\ OH \end{array} \rightleftharpoons CH_3CH_2-CH_2-\underset{\underset{O}{\parallel}}{C}-CH_2CH_3$$

烯醇式不稳定　　　　　　酮式稳定

[实例]

1. $C_6H_{13}-C\equiv CH \xrightarrow{R_2BH} \begin{array}{c} H_{13}C_6 \\ \diagdown \\ H \end{array} C=C \begin{array}{c} H \\ \diagup \\ BR_2 \end{array} \xrightarrow[HO^-]{H_2O_2} C_6H_{13}CH_2CHO$ 　反马氏规则取向，端炔得到醛

2. $C_6H_{13}-C\equiv CH \xrightarrow[H_2O]{HgSO_4} C_6H_{13}-\underset{\underset{OH}{|}}{C}=CH_2 \longrightarrow C_6H_{13}-\underset{\underset{O}{\parallel}}{C}-CH_3$ 　马氏规则取向，端炔得到酮

[特点]

1. 炔烃的硼氢化是反马氏规则取向的，端炔氧化后得到醛；而炔烃的水合是马氏规则取向的，端炔水合后得到酮。

2. 炔烃与硼烷试剂反应生成的烯基硼烷，用醋酸处理，得到反马氏规则取向的 Z 型烯烃。

| 反应类型 | 亲电加成 | 特征条件 | $B_2H_6-H_2O_2$ | 关键中间体 | 烯基硼烷 | 典型产物 | 醛/酮/Z 型烯烃 |
|---|---|---|---|---|---|---|---|

## 5.9 醛、酮的 α-H 卤化反应——酸性条件下位阻大侧一卤代,碱性条件下位阻小侧多卤代

[反应]酸或碱的催化下,醛、酮的 α-H 被卤素取代,生成卤代醛、酮。

$$CH_3-\overset{O}{C}CH_3 \xrightarrow{Cl_2/NaOH} ClCH_2\overset{O}{C}CH_3 \longrightarrow Cl_3C\overset{O}{C}CH_3$$

[机理]烯醇盐或烯醇亲电加成。

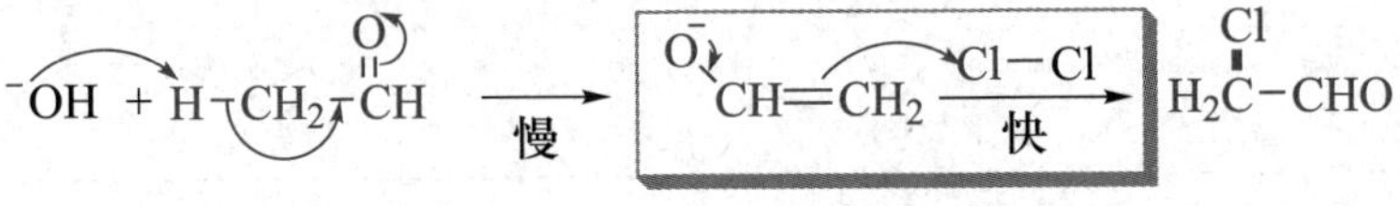

烯醇盐亲电加成（碱催化）

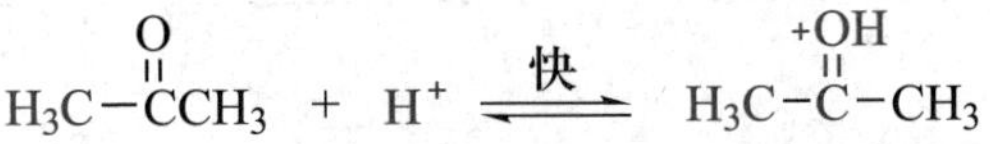

酸催化

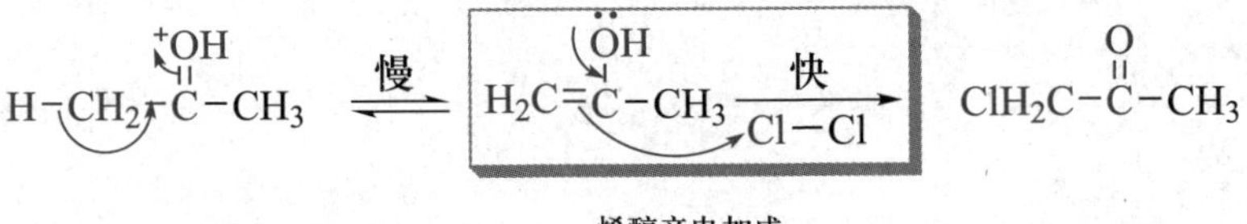

烯醇亲电加成

[实例]

1. 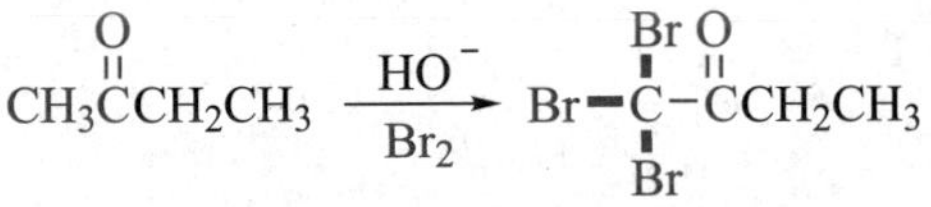 $CH_3\overset{O}{C}CH_2CH_3 \xrightarrow[Br_2]{HO^-}$ 产物（含 $Br_3C$ 基团） 碱催化在位阻小的一侧反应且易得多卤代产物

2. 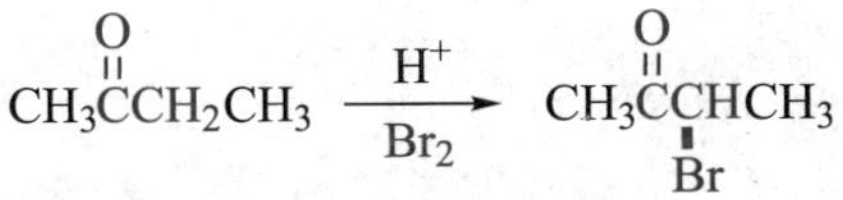 $CH_3\overset{O}{C}CH_2CH_3 \xrightarrow[Br_2]{H^+}$ $CH_3\overset{O}{C}CHCH_3$（含 Br） 酸催化在位阻大的一侧反应可用来制备一卤代产物
   
[特点]

1. 碱催化下,$HO^-$ 夺取质子形成烯醇负离子,再与卤素发生反应,因此酸性大、位阻小的一侧容易反应。一元卤代后,卤原子的吸电子效应使卤原子所连碳原子上的氢原子酸性更大,因此会继续卤化,直到这个碳原子上的氢原子完全被取代为止。

2. 酸催化下,α-碳原子上取代基越多,超共轭效应越大,形成的烯醇式越

稳定。一元卤代后,卤原子的吸电子效应使羰基氧原子电子密度降低,质子化形成烯醇式较困难,小心控制卤素用量和控制反应条件,可使反应停留在一元阶段。

3. 醛直接卤化,常被氧化成酸,可以将醛形成缩醛后再卤化,然后水解得到卤代醛。

| 反应类型 | 亲电加成 | 特征条件 | $X_2$ | 关键中间体 | 烯醇盐、烯醇式 | 典型产物 | $\alpha$-卤代醛(酮) |
|---|---|---|---|---|---|---|---|

## 5.10 卤仿反应——甲基酮的鉴别

[**反应**] 甲基酮在碱催化下发生 α-H 卤化,生成 α-三卤甲基酮,由于卤素的强吸电子作用,羰基碳原子正电性加强,碱性条件下容易使 C—C 键断裂,生成三卤甲烷(卤仿)和羧酸盐。

$$\text{R-}\underset{\underset{O}{\|}}{\text{C}}\text{-CH}_3 + X_2 \xrightarrow{\text{HO}^-} \text{R-}\underset{\underset{O}{\|}}{\text{C}}\text{-O}^- + \text{CHX}_3$$

[**机理**] 碱性条件下,三卤甲基容易离去。

$$\text{R-}\underset{\underset{O}{\|}}{\text{C}}\text{-CX}_3 \underset{}{\overset{\text{HO}^-}{\rightleftharpoons}} \boxed{\text{R-}\underset{\underset{\text{OH}}{|}}{\overset{\overset{O^-}{|}}{\text{C}}}\text{-CX}_3} \longrightarrow \text{R-}\underset{\underset{O}{\|}}{\text{C}}\text{-OH} + {}^-\text{CX}_3 \longrightarrow \text{HCX}_3 + \text{R-COO}^-$$

烯醇盐亲电加成产物　　　亲核加成-消除　　　　　弱酸　　　　强碱　　　　　弱碱

[**实例**]

1. $\text{CH}_3\text{CHO} \xrightarrow[\text{(或 }X_2+\text{NaOH)}]{\text{NaOX}} \text{CHX}_3 + \text{HCOONa}$

2. $(\text{CH}_3)_3\text{CCOCH}_3 + \text{NaOCl} \longrightarrow (\text{CH}_3)_3\text{CCOONa} + \text{CHCl}_3$

[**特点**]

1. 反应物可以是 $\text{CH}_3\text{CHO}$、$\text{CH}_3\text{CO}-$、$\text{CH}_3\text{CH}_2\text{OH}$、$\text{CH}_3\text{CH(OH)}-$等甲基酮或者能在反应条件下被氧化成甲基酮的化合物(含三个 α-氢原子)。

2. $\text{CHI}_3$(碘仿)是不溶于碱溶液的黄色固体,实验室常用碘仿反应来鉴别乙醇、乙醛和甲基酮。

3. 可制备减少一个碳原子的羧酸。

| 反应类型 | 亲电加成;亲核加成-消除 | 特征条件 | NaOX | 关键中间体 | 四面体中间体 | 典型产物 | 卤仿/羧酸 |
|---|---|---|---|---|---|---|---|

## 5.11 Hell–Volhard–Zelinsky 反应——羧酸 α-H 卤化

[反应] 羧酸的 α-H 在催化量红磷（或三卤化磷）的作用下可以被氯或溴取代，生成 α-卤代酸。

$$R-CH_2-COOH + X_2 \xrightarrow{\text{红磷}} R-\underset{X}{C}H-COOH$$

[机理] 酰氯烯醇式亲电加成。

$$P + Cl_2 \longrightarrow PCl_3$$

$$R-CH_2-\underset{O}{\overset{\|}{C}}OH \xrightarrow{PCl_3} R-CH_2-\underset{O}{\overset{\|}{C}}Cl \rightleftharpoons R-CH=\underset{OH}{\overset{}{C}}-Cl \xrightarrow{Cl-Cl} R-\underset{Cl}{C}H-\overset{+OH}{\underset{}{C}}-Cl$$

烯醇式亲电加成

$$\xrightarrow{-H^+} R-\underset{Cl}{C}H-\underset{O}{\overset{\|}{C}}-Cl \xrightarrow[\text{酰基交换}]{RCH_2COOH} R-\underset{Cl}{C}H-\underset{O}{\overset{\|}{C}}-OH + R-CH_2-\underset{O}{\overset{\|}{C}}-Cl$$

[实例]

$$CH_3CH_2CH_2COOH + Br_2 \xrightarrow{\text{红磷}} CH_3CH_2CH_2\underset{Br}{C}HCOOH$$

[特点]

1. 羧酸由于有较强的 p-π 共轭效应，羰基碳原子的正电性较弱，不像醛、酮中的羰基那样活泼；羧酸转化为酰卤后，其 α-H 比羧酸的 α-H 活泼，更容易形成烯醇而加快了卤化反应。

2. 此反应可用来鉴别脂肪酸中 α-H 的存在。

3. α-溴代酸是非常重要的化合物，是制备其他 α-取代酸的前体化合物。

[延伸] 不能用此法制备 α-氟代酸、α-碘代酸，因为氟化和碘化反应也能在其他碳原子上发生。制备 α-碘代酸可用下列方法：

$$R\underset{Br}{C}H\underset{O}{\overset{\|}{C}}OH + NaI \xrightarrow{CH_3COCH_3} R\underset{I}{C}H\underset{O}{\overset{\|}{C}}OH + NaBr$$

| 反应类型 | 亲电加成 | 特征条件 | $X_2/P$ | 关键中间体 | 烯醇式 | 典型产物 | α-卤代酸 |
|---|---|---|---|---|---|---|---|

# 第 6 章　自由基反应

　　自由基是由共价键的均裂而产生的具有未成对电子的活性反应中间体,由其参与的反应称为自由基反应。自由基反应多数是链反应,通常包括链引发、链增长和链终止。

## 6.1 烷烃卤化——自由基取代

[反应] 烷烃与卤素在加热或光照条件下,发生取代反应,生成卤代烃。

$$R-H + X_2 \xrightarrow{h\nu} R-X$$

[机理] 自由基取代。

自由基链式机理

1. 链引发  $Cl:Cl \xrightarrow{h\nu} Cl\cdot + \cdot Cl$

2. 链增长  $CH_4 + Cl\cdot \longrightarrow \cdot CH_3 + HCl$
   $\cdot CH_3 + Cl_2 \longrightarrow CH_3Cl + Cl\cdot$

甲烷自由基氯化的反应进程

3. 链终止  $Cl\cdot + Cl\cdot \longrightarrow Cl_2$
   $\cdot CH_3 + Cl\cdot \longrightarrow CH_3Cl$
   $\cdot CH_3 + \cdot CH_3 \longrightarrow CH_3CH_3$

[实例]

1. $CH_3CH_2CH_3 + Cl_2 \xrightarrow{h\nu} CH_3CH_2CH_2Cl + CH_3CHCH_3$  产物一般为混合物
   　　　　　　　　　　　　　　　　　　　　　　　　　　　　|
   　　　　　　　　　　　　　　　　　　　　　　　　　　　　Cl
   　　　　　　　　　　　　　　43%　　　　　　　57%

2. 　　CH₃
   　　 |
   CH₃-C-H + Br₂ $\xrightarrow{h\nu}$ H₃C-C-Br + H₃C-C-H   溴化选择性较氯化高
   　　 |　　　　　　　　　　　　　|　　　　　　|
   　　CH₃　　　　　　　　　　　　CH₃　　　　CH₂Br
   　　　　　　　　　　　　　　　>99%　　　<1%

3. 　　CH₃
   　　 |
   H₃C-C-H + Cl₂ $\xrightarrow{h\nu}$ H₃C-C-Cl + H₃C-C-H
   　　 |　　　　　　　　　　　　　|　　　　　　|
   　　CH₃　　　　　　　　　　　　CH₃　　　　CH₂Cl
   　　　　　　　　　　　　　　　36%　　　64%

[特点]

1. 决速步:反应机理中的卤素自由基夺取氢原子的步骤。
2. 卤素的反应活性顺序:F>Cl>Br>I。
3. 由于活性中间体自由基的稳定性如下,所以氢原子的反应活性顺序:三级氢>二级氢>一级氢>甲烷氢。

$$\underset{\underset{CH_3}{|}}{\overset{\overset{CH_3}{|}}{H_3C-C\cdot}} > \underset{\underset{H}{|}}{\overset{\overset{CH_3}{|}}{H_3C-C\cdot}} > \underset{\underset{H}{|}}{\overset{\overset{H}{|}}{H_3C-C\cdot}} > \underset{\underset{H}{|}}{\overset{\overset{H}{|}}{H-C\cdot}}$$

| 反应类型 | 自由基取代 | 特征条件 | $X_2$/光照 | 关键中间体 | 自由基 | 典型产物 | 卤代烃 |
|---|---|---|---|---|---|---|---|

超共轭效应

## 6.2 烯烃 α-卤化——α-H 的自由基取代

[反应] 烯键的 α-H 被自由基取代为 α-卤代产物。

$$CH_3-CH=CH_2 + \underset{NBS}{\text{(succinimide)}}N-Br \xrightarrow{(PhCOO)_2} Br-CH_2-CH=CH_2$$

[机理] 自由基取代。

$$(PhCOO)_2 \xrightarrow{\Delta} PhCOO\cdot \xrightarrow[-CO_2]{} Ph\cdot \xrightarrow[-PhBr]{Br_2} Br\cdot$$

$$Br\cdot + H_3C-CH=CH_2 \longrightarrow HBr + H_2\dot{C}-CH=CH_2$$

$$H_2\dot{C}-CH=CH_2 + Br_2 \longrightarrow H_2C(Br)-CH=CH_2 + Br\cdot$$

[实例]

1. 环己烯 + NBS/(PhCOO)₂ → 3-溴环己烯 + 琥珀酰亚胺-Br + HBr → 琥珀酰亚胺-H + Br₂

   NBS与体系中存在的极少量的酸或水生成低浓度的Br₂(高浓度加成)

2. 戊-1-烯 + NBS/(PhCOO)₂ → 3-溴戊-1-烯 + 1-溴戊-2-烯

   不对称烯烃卤化容易得到混合物

3. PhCH₂CH₃ + NBS/(PhCOO)₂ → PhCHBrCH₃

[解析]

环己烯* + NBS → 3-溴环己烯(标记在双键碳上)(50%) + (标记在另一双键碳上)(25%) + (标记在烯丙位)(25%)

[特点]
1. 氢原子被卤化的容易程度：烯丙基氢>三级氢>二级氢>一级氢>$CH_4$。
2. 低浓度卤素(代替高温)可使取代(自由基)比加成有利。

| 反应类型 | 自由基取代 | 特征条件 | NBS；$Cl_2$/高温 | 关键中间体 | 自由基 | 典型产物 | α-卤代烯烃 |
|---|---|---|---|---|---|---|---|

## 6.3 Sandmeyer 反应——亚铜盐催化的重氮盐自由基取代

[反应] 重氮盐在氯化亚铜、溴化亚铜和氰化亚铜存在下分解，分别生成芳基氯、芳基溴和芳基腈。

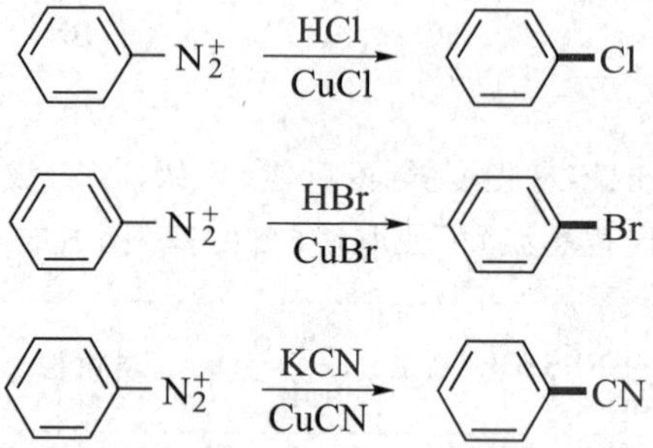

$$Ph-N_2^+ \xrightarrow[CuCl]{HCl} Ph-Cl$$

$$Ph-N_2^+ \xrightarrow[CuBr]{HBr} Ph-Br$$

$$Ph-N_2^+ \xrightarrow[CuCN]{KCN} Ph-CN$$

[机理] 重氮盐接受亚铜给予的单电子，失去氮气形成苯自由基。

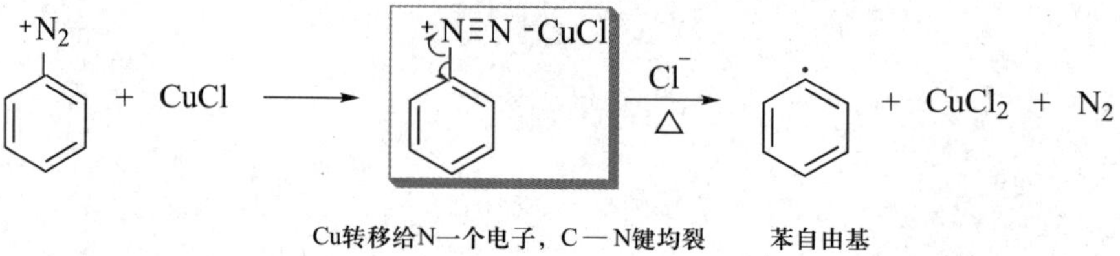

$$Ph-\overset{+}{N_2} + CuCl \longrightarrow [Ph-\overset{+}{N}\equiv N\text{-}CuCl] \xrightarrow[\Delta]{Cl^-} Ph\cdot + CuCl_2 + N_2$$

Cu 转移给 N 一个电子，C—N 键均裂　　苯自由基

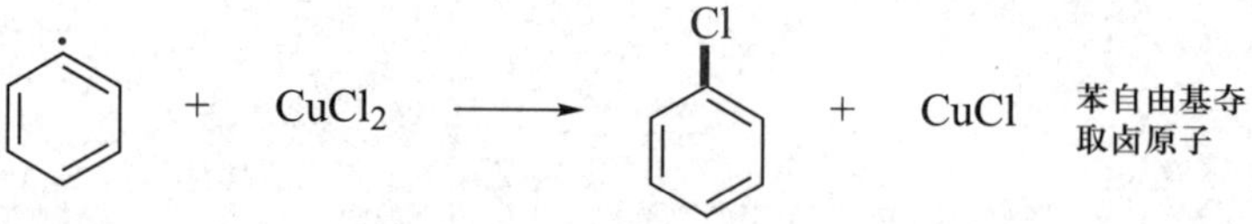

$$Ph\cdot + CuCl_2 \longrightarrow Ph-Cl + CuCl \quad \text{苯自由基夺取卤原子}$$

[实例]

1. 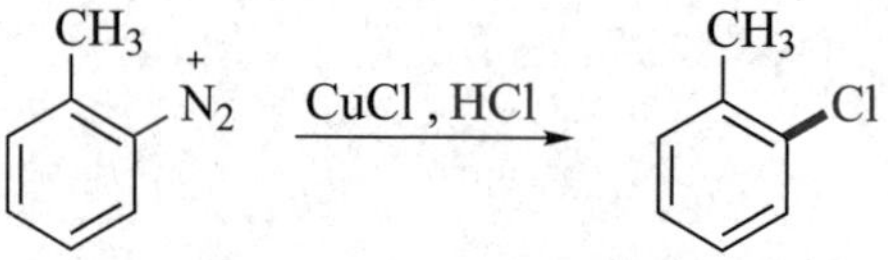 邻甲基苯重氮盐 $\xrightarrow{CuCl, HCl}$ 邻甲基氯苯

2. 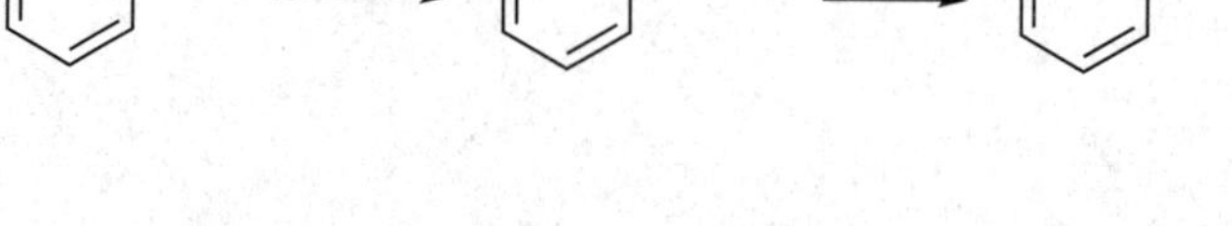 苯重氮盐 $\xrightarrow{NaBF_4}$ $PhN_2^+BF_4^-$ $\xrightarrow{\Delta}$ Ph-F　　Schiemann 反应，非自由基反应机理

3. $\text{PhN}_2^+ \xrightarrow[\Delta]{\text{KI}} \text{PhI}$  碘离子亲核性强,不需要催化剂,非自由基反应机理

[特点]

1. 氯离子和溴离子亲核能力较弱,不能用碘离子的方法引入苯环,但在相应的亚铜盐的催化下,可以发生取代。

2. 氰化亚铜作用下,重氮盐可以被氰基取代,反应需在中性条件下进行,避免氢氰酸溢出。

3. 碘化、氟化经芳基碳正离子直接取代。

| 反应类型 | 自由基取代 | 特征条件 | CuCl/HCl | 关键中间体 | 自由基 | 典型产物 | 芳卤 |
| --- | --- | --- | --- | --- | --- | --- | --- |

## 6.4 Gattermann 反应——铜催化的重氮盐自由基取代

[反应] 用金属铜和盐酸或氢溴酸代替氯化亚铜或溴化亚铜,与重氮盐反应可制得芳香氯化物或溴化物。

$$\text{Ph-N}_2^+ \xrightarrow[\text{Cu}]{\text{HCl}} \text{Ph-Cl}$$

[实例]

1. $\text{Ph-N}_2^+ \xrightarrow[\text{Cu}]{\text{NaNO}_2} \text{Ph-NO}_2$

2. $\text{Ph-N}_2^+ \xrightarrow[\text{Cu}]{\text{KSCN}} \text{Ph-SCN}$

3. $\text{Ph-N}_2^+ \xrightarrow[\text{Cu}]{\text{Na}_2\text{SO}_3} \text{Ph-SO}_3\text{Na}$

4. $\text{Ph-N}_2^+ \xrightarrow{\text{H}_3\text{O}^+} \text{Ph-OH}$   水解,羟基化;注意:制备重氮盐时,用硫酸

5. $\text{Ph-N}_2^+ \xrightarrow{\text{D}_3\text{PO}_2} \text{Ph-D}$   氢化,也可以用乙醇

6. $\text{Ph-N}_2^+ + \text{Ph-H} \xrightarrow{\text{NaOH}} \text{Ph-Ph}$   芳基化

7. $\text{Ph-N}_2^+ \xrightarrow[\text{NaOH}]{\text{Na}_2\text{S}_2\text{O}_3} \text{Ph-NHNH}_2$   还原

[特点]

1. 本方法优点是操作比较简单,反应可在较低温度下进行,缺点是其产率一般较 Sandmeyer 反应低。

2. Gattermann 反应和 Sandmeyer 反应的可能副产物是联苯和偶氮苯,如果芳环上带有吸电子基,主要副产物为联苯衍生物;芳环上带有给电子基,主要副产物为偶氮化合物。

| 反应类型 | 自由基取代 | 特征条件 | Cu/HCl | 关键中间体 | 自由基 | 典型产物 | 芳卤 |

## 6.5 烯烃自由基加成——过氧化物效应

[反应]烯烃与 HBr 加成，无过氧化物时得到符合马氏规则的加成产物，有过氧化物存在时得到反马氏规则的加成产物。

$$CH_3CH_2CH=CH_2 + HBr \longrightarrow CH_3CH_2-\underset{Br}{CH}-CH_3$$

$$CH_3CH_2CH=CH_2 + HBr \xrightarrow{ROOR} CH_3CH_2CH_2-\underset{Br}{CH_2}$$

[机理]自由基加成。

1. 链引发　　$RO-OR \longrightarrow RO\cdot$
　　　　　　　$RO\cdot + HBr \longrightarrow Br\cdot + ROH$

2. 链增长　　$CH_3-\underset{H}{C}=CH_2 + Br\cdot \longrightarrow CH_3-\overset{\cdot}{CH}-CH_2Br$　　较稳定自由基
　　　　　　　$CH_3-\overset{\cdot}{CH}-CH_2Br + HBr \longrightarrow CH_3-CH_2-CH_2Br + Br\cdot$

3. 链终止　　$2Br\cdot \longrightarrow Br_2$

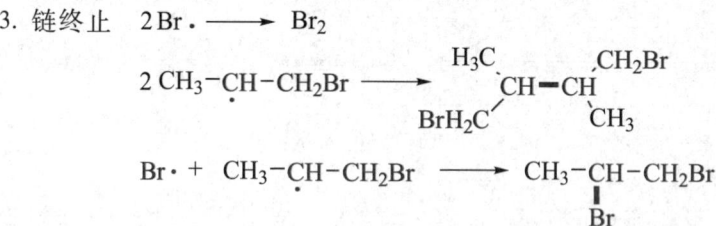

$Br\cdot + CH_3-\overset{\cdot}{CH}-CH_2Br \longrightarrow CH_3-\underset{Br}{CH}-CH_2Br$

烯烃与 HBr 的
亲电加成和
自由基加成

[实例]

1. $CH_3-CH=CH_2 + HBr \xrightarrow{ROOR} CH_3CH_2CH_2Br$　　制备一级卤代烷

2. 环戊基=CH_2 + HBr $\xrightarrow{ROOR}$ 环戊基-$\underset{Br}{CH_2}$　　反马氏规则加成

[特点]

1. 溴原子和 π 键反应时，只有溴原子加到丙烯末端碳原子上，才能生成较稳定的自由基，氢原子加到自由基的碳原子上。

2. 亲电加成则是氢离子先加到丙烯双键末端的碳原子上，形成比较稳定的碳正离子,然后溴负离子加到带正电荷的碳原子上。

3. HCl 不能进行自由基加成,H—Cl 键比 H—Br 键键能大,需要较高的活化能,阻碍了链反应。

4. 虽然 H—I 键键能小,但是与双键加成要求的活化能高,且总反应为吸热反应,也不能发生自由基加成反应。

| 反应类型 | 自由基加成 | 特征条件 | ROOR | 关键中间体 | 自由基 | 典型产物 | 卤代烃 |

## 6.6 苯的加成——三个双键同时加成

[**反应**] 苯比一般不饱和烃稳定,很难发生加成反应,只有在特殊条件下,才能发生加成反应。

$$\text{C}_6\text{H}_6 + \text{H}_2 \xrightarrow[\Delta]{\text{Ni}} \text{C}_6\text{H}_{12} \quad \text{催化氢化}$$

$$\text{C}_6\text{H}_6 + \text{Cl}_2 \xrightarrow[\Delta]{h\nu} \text{C}_6\text{H}_6\text{Cl}_6 \quad \text{自由基加成}$$

六六六

[**机理**] 光照条件下为自由基加成。

$$\text{C}_6\text{H}_6 + \text{Cl} \cdot \longrightarrow [\text{C}_6\text{H}_6\text{Cl} \cdot] \xrightarrow[-\text{Cl} \cdot]{\text{Cl}_2} \text{C}_6\text{H}_6\text{Cl}_2 \xrightarrow{\text{Cl}_2} \text{C}_6\text{H}_6\text{Cl}_6$$

[**实例**]

1. 苯甲酸 $\xrightarrow[\text{Ni}]{\text{H}_2}$ 环己甲酸

2. 萘 $\xrightarrow{\text{Cl}_2}$ 1,4-二氯二氢萘 $\xrightarrow{\text{Cl}_2}$ 1,2,3,4-四氯四氢萘

3. 蒽 $\xrightarrow{\text{Br}_2}$ 9,10-二溴-9,10-二氢蒽    蒽9、10位活性高

## 6.6 苯的加成——三个双键同时加成

[特点]

1. 特殊条件下,芳烃也可以发生加成反应,且三个双键都发生加成,形成一个环己烷体系。

2. 萘、蒽、菲等稠环比苯更容易发生加成反应,萘和氯气不受光照即可加成,并停留在 1,4-二氯-1,4-二氢萘和 1,2,3,4-四氯-1,2,3,4-四氢萘阶段;蒽和菲 9、10 位化学活性较高,加成反应优先发生在 9、10 位。

| 反应类型 | 自由基加成 | 特征条件 | $Ni/H_2$;光照/$Cl_2$ | 关键中间体 | 自由基 | 典型产物 | 取代环己烷 |
|---|---|---|---|---|---|---|---|

# 第7章 消除反应

消除反应通常指从分子中除去两个原子或基团而生成不饱和化合物或环状化合物的反应。

## 7.1 卤代烃消除反应——Zaitsev 烯烃

[反应]卤代烃在碱的醇溶液中加热,脱去卤素和 $\beta$-碳原子上的氢原子生成烯烃。

单分子消除反应 E1

$$\underset{H}{\overset{R}{C}}HX \xrightarrow[\Delta]{C_2H_5ONa, C_2H_5OH} \overset{R}{\diagup}$$

[机理]E1,通过中间体碳正离子消除;E2,协同反应,一步完成;E1cb,碳负离子中间体。

双分子消除反应 E2

$$(CH_3)_3C-Br \underset{慢}{\rightleftharpoons} [(CH_3)_3\overset{\delta^+}{C}\cdots\overset{\delta^-}{Br}] \rightleftharpoons (CH_3)_3\overset{+}{C} + Br^-$$

$(CH_3)_2\overset{+}{C}H-CH_2-H \xrightarrow[快]{B^-} (CH_3)_2C=CH_2$  E1:碳正离子机理

$B^- + H-CH_2-CH_2-Br \longrightarrow [B\cdots H\cdots CH_2\cdots CH_2\cdots Br] \longrightarrow CH_2=CH_2 + Br^-$  E2:协同机理

单分子共轭碱消除反应 E1cb

$$\underset{|}{\overset{|}{-}}\overset{H}{\underset{|}{C}}-\overset{|}{\underset{|}{C}}-X \xrightleftharpoons{C_2H_5O^-} [\overset{|}{\underset{|}{\overset{-}{C}}}-\overset{|}{\underset{|}{C}}-X] \xrightarrow{-X^-} \overset{|}{\underset{|}{C}}=\overset{|}{\underset{|}{C}}$$  E1cb:碳负离子机理

[实例]

卤代烷双分子消除的立体化学

1. $CH_3CH_2\underset{Br}{\overset{|}{C}}HCH_3 \xrightarrow{\dfrac{CH_3CH_2ONa}{CH_3CH_2OH}}$ $\underset{81\%}{CH_3CH=CHCH_3}$
   $+ \underset{19\%}{CH_3CH_2CH=CH_2}$   主产物为 Zaitsev 烯烃

2. Ph-CH$_2$CH$_2$Br $\xrightarrow{NaOH, H_2O}$ Ph-CH=CH$_2$   一级卤代烷含有活泼 $\beta$-H

卤代烷双分子消除的立体化学

卤代烷双分子消除的立体化学

3. (反式-1-氯-2-氘-4-甲基环己烷) $\xrightarrow{CH_3ONa}$ (4-甲基-1-氘环己烯)   E2:反式共平面

## 7.1 卤代烃消除反应——Zaitsev 烯烃

[**特点**]

1. E1 和 E2 反应的产物为 Zaitsev 烯烃,即脱去含氢少的 $\alpha$-碳原子上的氢原子,生成双键碳原子上取代基多的烯烃。

2. E1 反应中间体为碳正离子,常伴随重排;E2 反应没有中间产物,一步完成;E2 反应立体化学:反式共平面消除。

3. E1cb 反应中间体为碳负离子。消除产物:Hofmann 烯烃,即双键碳原子上取代基较少的烯烃。$\beta$-碳原子上有硝基、羰基、氰基等吸电子基或者氟代烃才能按照 E1cb 机理反应。

| 反应类型 | 消除 | 特征条件 | **EtOH/EtONa** | 关键中间体 | **E1/E2/E1cb** | 典型产物 | 烯烃 |
|---|---|---|---|---|---|---|---|

位阻小的碱催化卤代烷双分子消除

位阻大的碱催化卤代烷双分子消除

## 7.2 邻二卤代烃失卤——E1cb 机理

[反应] 邻二卤代烃在锌或镁作用下,失去卤原子生成烯烃。

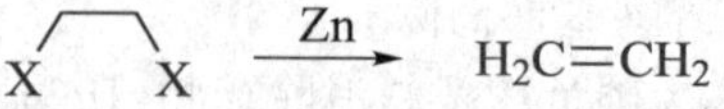

$$X-CH_2-CH_2-X \xrightarrow{Zn} H_2C=CH_2$$

[机理] 首先锌或镁提供一对电子给卤原子,碳卤键断裂,形成碳负离子中间体,再失去一个卤负离子,生成烯烃。

E1cb:碳负离子

[实例]

1. 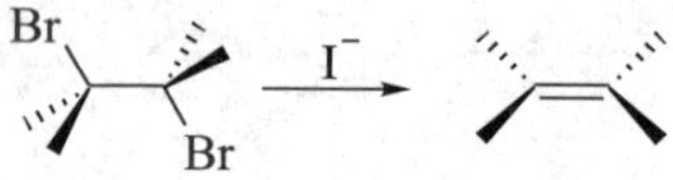 碘负离子也可以使邻二卤代烷失卤

2. 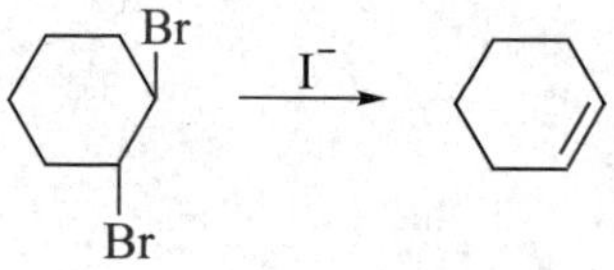 反-1,2-二溴环己烷可以顺利反应

3. 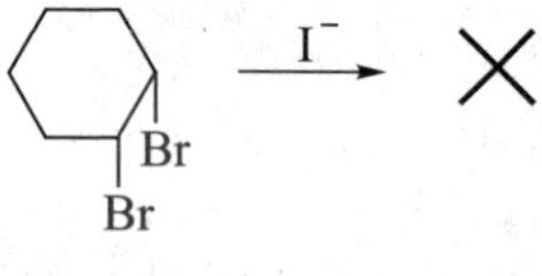 顺-1,2-二溴环己烷不能反应

4. 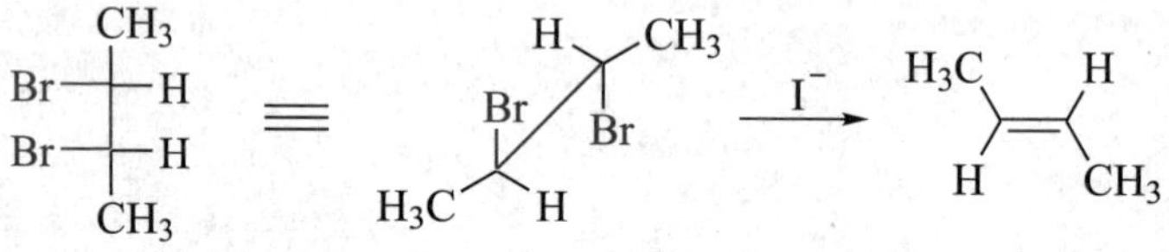 反式共平面

5.

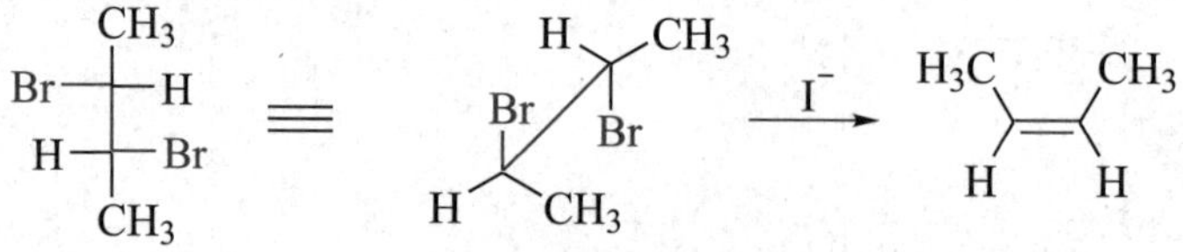

[特点]

1. 金属镁与锌以同样的方式反应,其中间产物是一个 $\beta$ 位上带有卤原子的

Grignard 试剂,这种 Grignard 试剂不稳定,很快分解为烯烃。

2. 反应立体化学:反式共平面消除。

| 反应类型 | 消除 | 特征条件 | Zn/Mg/I$^-$ | 关键中间体 | 碳负离子 | 典型产物 | 烯烃 |
|---|---|---|---|---|---|---|---|

## 7.3 醇分子内脱水——Zaitsev 烯烃

[反应] 醇在强酸催化下,加热脱去一分子水生成烯烃。

$$\underset{H\ \ OH}{>\!\!\!-\!\!\!<} \xrightarrow{H^+} \ >\!\!=\!\!< \ + \ H_2O$$

[机理] E1 碳正离子消除机理:在酸的作用下,不好离去基团羟基变成好的离去基团水,水离去后形成碳正离子,与之相邻的碳原子失去一个质子,形成双键。

$$CH_3CH_2-OH + H_2SO_4 \underset{}{\overset{快}{\rightleftharpoons}} CH_3CH_2-\overset{+}{O}H_2 + HSO_4^-$$

$$CH_3CH_2-\overset{+}{O}H_2 \overset{慢}{\rightleftharpoons} \boxed{CH_3\overset{+}{C}H_2} + H_2O \quad \text{E1机理,碳正离子}$$

$$HSO_4^- \ \ H-CH_2-\overset{+}{C}H_2 \longrightarrow H_2C=CH_2 + H_2SO_4$$

[实例]

1. $CH_3CH_2OH \xrightarrow[170℃]{浓H_2SO_4} H_2C=CH_2 + H_2O$ 　　高温酸催化脱水

2. $\underset{\underset{CH_3}{|}}{\overset{\overset{CH_3}{|}}{H_3C-C-OH}} \xrightarrow{浓H_2SO_4} \underset{}{\overset{\overset{CH_3}{|}}{H_3C-C=CH_2}} + H_2O$ 　　醇的反应活性顺序:三级醇>二级醇>一级醇

3. $CH_3CH_2-\underset{\underset{CH_3}{|}}{\overset{\overset{CH_3}{|}}{C}}-OH \xrightarrow{H^+} CH_3CH=\underset{主}{\overset{\overset{CH_3}{|}}{C}-CH_3} +$

　　　　　　　　　　　　　　　$\underset{次}{CH_3CH_2-\overset{\overset{CH_3}{|}}{C}=CH_2}$ 　生成取代基较多的烯烃

[特点]
1. 反应条件:高温气相脱水($Al_2O_3$)或酸催化脱水($H_2SO_4$,$H_3PO_4$,$T_sOH$)。
2. 反应活性顺序:三级醇>二级醇>一级醇。
3. 消除方向:产物是 Zaitsev 烯烃,即双键上取代基较多的烯烃;有顺反异构时,$E$ 型烯烃为主。

4. 中间产物碳正离子会发生重排,生成更稳定的碳正离子。

5. 工业上,常将醇加热到 350~400 ℃在氧化铝或硅酸盐表面上脱水,此反应不发生重排。

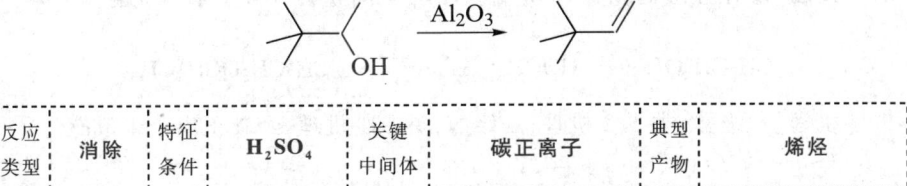

| 反应类型 | 消除 | 特征条件 | H$_2$SO$_4$ | 关键中间体 | 碳正离子 | 典型产物 | 烯烃 |
|---|---|---|---|---|---|---|---|

## 7.4 醇分子间脱水——生成醚

[反应] 醇在强酸催化下,一定温度下分子间脱去一分子水生成醚。

$$CH_3CH_2OH + HOCH_2CH_3 \xrightarrow{H^+} CH_3CH_2OCH_2CH_3$$

[机理] 一级醇,类 $S_N2$ 机理;二级醇,类 $S_N1$ 机理,经碳正离子生成醚。

$$CH_3CH_2OH \xrightarrow{H_2SO_4} CH_3CH_2\overset{+}{O}H_2 \xrightarrow[S_N2]{HOC_2H_5}$$

一级醇:类 $S_N2$ 机理

$$CH_3CH_2\overset{+}{\underset{H}{O}}-CH_2CH_3 \xrightarrow[-H_2SO_4]{HSO_4^-} CH_3CH_2OCH_2CH_3$$

$$\underset{H_3C}{\overset{H_3C}{>}}CH-OH \xrightarrow{H_2SO_4} \underset{H_3C}{\overset{H_3C}{>}}CH-\overset{+}{O}H_2 \longrightarrow \underset{H_3C}{\overset{H_3C}{>}}\overset{+}{CH} \quad \text{二级醇:类 } S_N1 \text{ 机理}$$

$$\underset{H_3C}{\overset{H_3C}{>}}CH-OH + \underset{H_3C}{\overset{H_3C}{>}}\overset{+}{CH} \longrightarrow \underset{H_3C}{\overset{H_3C}{>}}CH-\overset{+}{\underset{H}{O}}-CH\underset{CH_3}{\overset{CH_3}{<}} \xrightarrow{-H^+} \underset{H_3C}{\overset{H_3C}{>}}CH-O-CH\underset{CH_3}{\overset{CH_3}{<}}$$

[实例]

1. $C_2H_5OH + HOC_2H_5 \xrightarrow[140°C]{H_2SO_4} C_2H_5OC_2H_5 + H_2O$ 　低温利于生成醚,高温利于生成烯烃

2. $HOCH_2CH_2CH_2CH_2OH \xrightarrow{H_3PO_4}$ ◯(四氢呋喃)　控制条件,可以得到五元、六元环醚

3. $HOCH_2CH_2OH \xrightarrow{H_3PO_4}$ ◯(二氧六环)　工业制二氧六环

[特点]

1. 一级醇分子间脱水发生类 $S_N2$ 反应,二级醇分子间脱水发生类 $S_N1$ 反应。

2. 三级醇不能制得醚而得到烯烃,但是可利用三级醇在酸作用下形成碳正

离子速率比一级醇快得多的事实,使三级醇和一级醇混合,可制得产率较高的混合醚。

3. 分子内脱水与分子间脱水相互竞争,低温有利于生成醚,高温有利于生成烯烃;三级醇在酸催化下主要生成烯烃。

| 反应类型 | 消除 | 特征条件 | $H_2SO_4$ | 关键中间体 | 过渡态/碳正离子 | 典型产物 | 醚 |
|---|---|---|---|---|---|---|---|

## 7.5 醇酸脱水——分子内酯化与分子间酯化

[反应]若分子内含有羟基和羧基两个可以互相反应的官能团,可以发生分子内酯化或分子间酯化。醇酸受热容易脱水,产物因羟基与羧基相对位置不同而异。

[实例]

1. 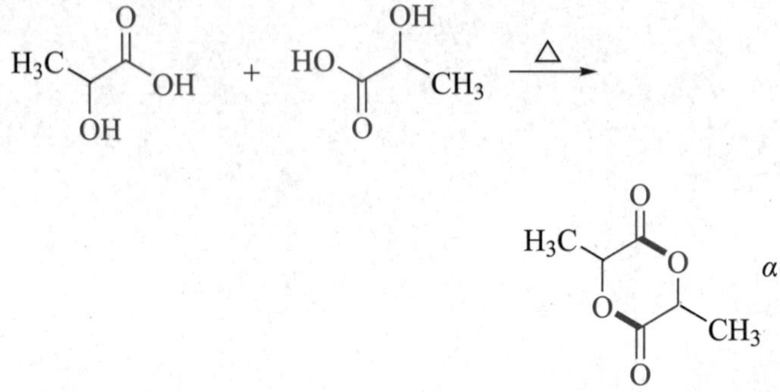 $H_3C-CH(OH)-COOH + HOOC-CH(OH)-CH_3 \xrightarrow{\Delta}$ 交酯（$H_3C$ 与 $CH_3$ 取代的六元环二酯）　　α-醇酸失水生成交酯

2. $HOCH_2CH_2COOH \xrightarrow{\Delta} H_2C=CHCOOH$　　β-醇酸失水生成 α,β-不饱和羧酸

3. $HOCH_2CH_2CH_2COOH \xrightarrow{\Delta}$ γ-丁内酯

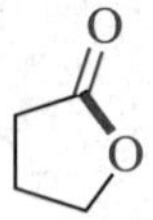

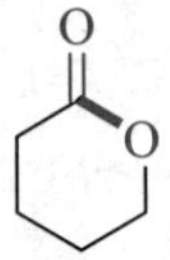

4. $HOCH_2CH_2CH_2CH_2COOH \xrightarrow{\Delta}$ δ-戊内酯　　γ-醇酸与δ-醇酸在中性或酸性条件下形成内酯

[特点]

1. 丙交酯聚合得到的聚丙交酯可作为外科手术缝合线原料,在人体内可自动降解为对人体无害的乳酸,不需要拆除,也可以用来缓释药物。

2. γ-醇酸与δ-醇酸在中性或酸性条件下形成内酯,在碱性条件下可开环形成羟基羧酸盐,酸化后加热又成内酯。

3. 内酯中除五元及六元环内酯外,其他内酯在碱催化下,均可开环聚合。

4. 除形成五元及六元环内酯倾向很大的醇酸外,其他醇酸可以在 Lewis 酸作用下聚合,可得到聚酯。

5. $\omega$-羟基酸(碳原子数大于9)在极稀溶液内,可形成大环内酯。

| 反应类型 | 消除 | 特征条件 | 加热 | 关键中间体 | — | 典型产物 | 醇酸/交酯/内酯 |

## 7.6 羧酸酯热裂——顺式共平面消除

[反应] 羧酸酯在高温下裂解，生成烯烃和相应的羧酸。

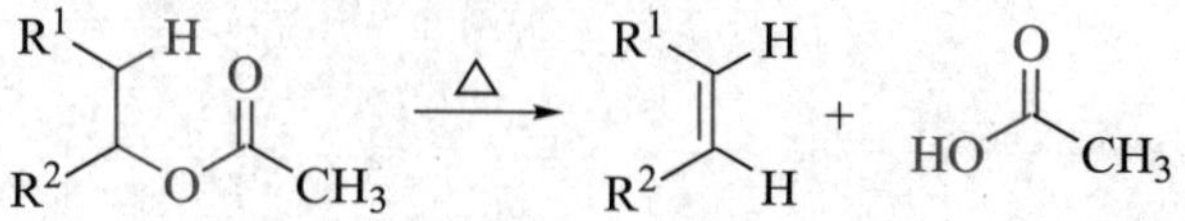

$$R^1R^2CH-CH(OAc) \xrightarrow{\Delta} R^1R^2C=CH + HOCOCH_3$$

[机理] 羧酸酯分子内通过环状过渡态的消除反应，被消除的酰氧基与 $\beta$-H 处于同一侧并同时离开。

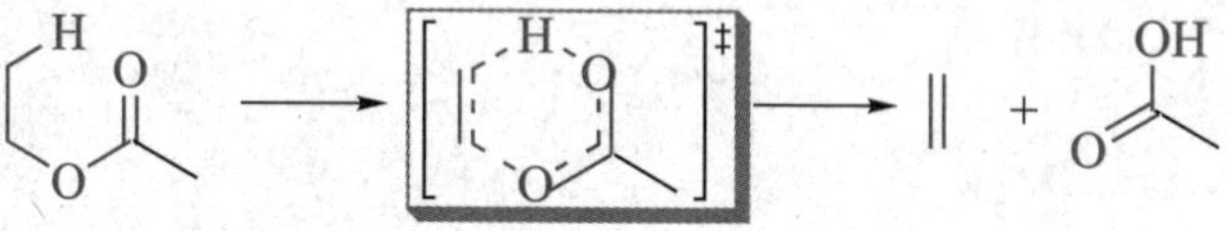

环状过渡态

[实例]

1. 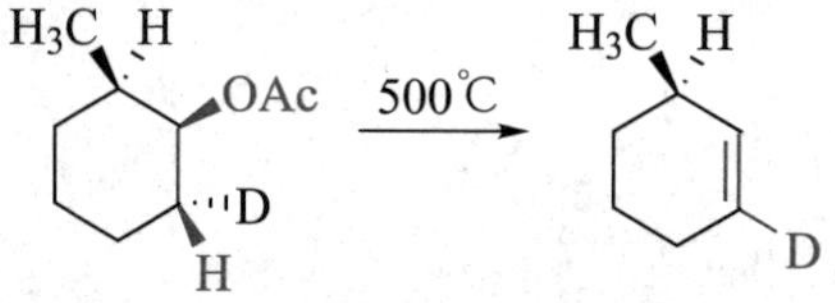 （顺式构型，OAc 与 CH₃ 同侧，D 在另一面） $\xrightarrow{500\ ℃}$ 产物（D 保留） 协同顺式共平面消除

2. 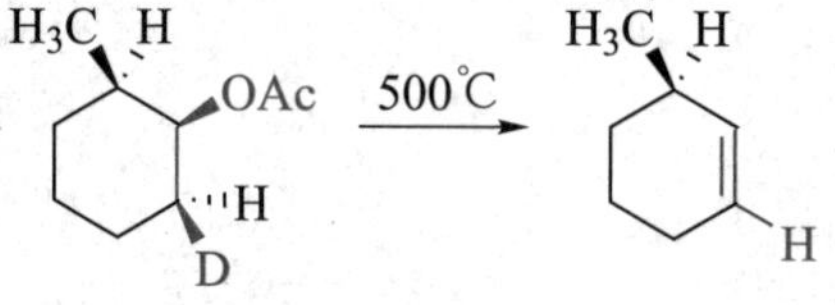 （反式构型，D 与 OAc 同侧） $\xrightarrow{500\ ℃}$ 产物（H 保留，D 消除）

3. $CH_3CH(OCOCH_3)CH_2CH_2CH_3 \xrightarrow{500\ ℃}$

$$H_2C=CHCH_2CH_2CH_3 + CH_3CH=CHCH_2CH_3$$
　　　　　主

消除位阻小的 $\beta$-H

[特点]

1. 反应时，将玻璃丝装入反应管中，加热到一定温度，慢慢滴入羧酸酯，羧酸酯立即汽化、裂解，产物从反应管另一端排出，可以得到高产率、高纯度的

烯烃。

2. 酯的热裂解是顺式消除,生成取代少的烯烃,反应过程中无重排。

3. 羧酸酯若有两种 $\beta$-H,以酸性大、位阻小的 $\beta$-H 被消除为主要产物。

4. 如果被消除的 $\beta$ 位有两个氢原子,以 $E$ 型产物为主。

[延伸] Chugaev 反应:黄原酸酯在比羧酸酯略低的温度下热裂解,得到烯烃。黄原酸酯由醇与二硫化碳在碱性条件下生成的黄原酸盐,经卤代烃处理得到。

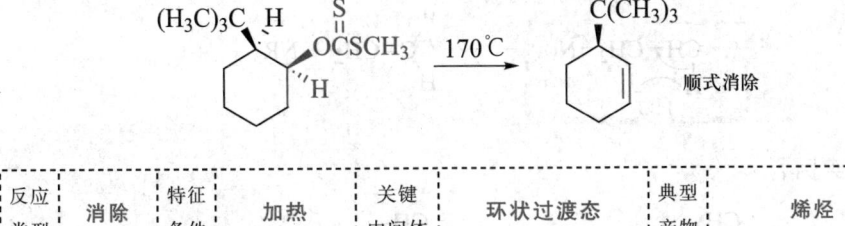

顺式消除

| 反应类型 | 消除 | 特征条件 | 加热 | 关键中间体 | 环状过渡态 | 典型产物 | 烯烃 |

## 7.7 季铵碱热消除——E2反式共平面消除

[反应] 烃基上有 β-H 的氢氧化四烃基铵加热分解为烯烃、三级胺和水。

$$RCH_2CH_2N^+(CH_3)_3\ ^-OH \xrightarrow{\triangle} RCH=CH_2 + N(CH_3)_3 + H_2O$$

[机理] 氢氧化四烃基铵通过氢氧根进攻 β-H 发生消除。

$$R-CH-CH_2-\overset{+}{N}R_3 \longrightarrow \underset{H}{\overset{R}{C}}=CH_2 + NR_3 + H_2O$$
$$\quad\ \ |\quad\quad\quad\quad\quad$$
$$\quad\ \ H$$
$$\quad\ \ ^-HO$$

[实例]

1. $CH_3CH_2\underset{\underset{CH_3}{|}}{C}HNH_2 \xrightarrow[\text{②AgOH}]{\text{①}CH_3I} CH_3CH_2\underset{\underset{CH_3}{|}}{C}HN(CH_3)_3\ ^-OH \xrightarrow{\triangle}$
   $H_3CH_2CHC=CH_2$

2. $(CH_3)_3C-\underset{\underset{CH_3}{|}}{\overset{\overset{CH_3}{|}}{\overset{+}{N}}}-CH_2CH_3\ ^-OH \xrightarrow{\triangle} H_2C=CH_2$  消除 β-H
   $\quad\quad\quad\quad\quad\quad\quad\quad\quad\quad\quad\quad 99\%$

3. $Ph-CH_2CH_2-\underset{\underset{CH_3}{|}}{\overset{\overset{CH_3}{|}}{\overset{+}{N}}}-CH_2CH_3\ ^-OH \xrightarrow{\triangle} Ph-CH=CH_2$  苄基位上的氢原子酸性强, 得到了热力学上稳定的烯烃

4. $\underset{H_3C}{\overset{H}{\diagdown}}\underset{\diagup}{\overset{\diagdown}{C}}-\underset{Ph}{\overset{Ph}{\diagup}}\underset{\diagdown}{\overset{\diagup}{C}}\underset{H}{\overset{\overset{+}{N}(CH_3)_3\ ^-OH}{|}} \xrightarrow{\triangle} \underset{Ph}{\overset{H}{\diagdown}}C=C\underset{CH_3}{\overset{Ph}{\diagup}}$

5. (环己烷构象) $\xrightarrow{\triangle}$ (环己烯)  E2反式共平面消除

[特点]

1. 四级铵盐在强碱作用下可转化为四级铵碱, 并与四级铵盐达到平衡。欲

制四级铵碱,常用湿的氧化银与四级铵盐反应,卤化银沉淀,可以得到四级铵碱。

2. 氢氧根容易进攻位阻小的 $\beta$-H 而发生消除反应,得到双键碳原子上取代基少的 Hofmann 烯烃。氢原子酸性越强,碳负离子越稳定,因此,靠近吸电子基或远离给电子基的碳原子上的 H 容易被消除。

3. 氢氧根以离子形式存在,从降低空间位阻角度,应从铵基正离子的背面进攻,从而得到立体化学是反式共平面的消除产物。

4. 可以从消除反应的产物和制备四级铵盐时引入甲基数目来鉴定原来胺的分子结构。

| 反应类型 | 消除 | 特征条件 | 加热 | 关键中间体 | — | 典型产物 | 烯烃 |
|---|---|---|---|---|---|---|---|

## 7.8 Cope消除——E2顺式共平面消除

[反应] 有 β-H 的三级胺 N-氧化物加热分解生成烯烃和 N,N-二烃基羟胺。

$$\text{C}_6\text{H}_{11}\text{CH}_2-\overset{\text{O}^-}{\overset{|}{\text{N}^+}}(\text{CH}_3)_2 \xrightarrow{\Delta} \text{C}_6\text{H}_{10}=\text{CH}_2 + \text{HO}-\text{N}(\text{CH}_3)_2$$

[机理] 三级胺 N-氧化物通过氧负离子作为碱进攻 β-H 形成环状过渡态进行消除。

环状过渡态 → 96% + 0.1%

[实例]

1. (环己基甲基)-N,N-二甲基胺 N-氧化物 $\xrightarrow{160\,^\circ\text{C}}$ 亚甲基环己烷 98% + $(\text{CH}_3)_2\text{NOH}$ 产物为 Hofmann 烯烃

2. 顺式共平面消除

[特点]

1. 有两个 β-H 的三级胺 N-氧化物消除得到 Hofmann 烯烃（取代基少），生成的烯烃有顺反异构体，一般以反式异构体为主。

2. Cope 消除中过渡态具有环状结构，立体化学是顺式共平面消除，反应过程中没有重排反应发生。

3. 三级胺经双氧水或过酸氧化可以得到三级胺 N-氧化物。例如：

$$\text{PhN}(\text{CH}_3)_2 \xrightarrow{\text{HO-OH},\,\Delta} \text{PhN}^+(\text{CH}_3)_2\text{OH} \xrightarrow{-\text{H}^+} \text{PhN}^+(\text{CH}_3)_2\text{O}^-$$

| 反应类型 | 消除 | 特征条件 | 加热 | 关键中间体 | 环状过渡态 | 典型产物 | 烯烃 |
|---|---|---|---|---|---|---|---|

## 7.9 Hunsdiecker 反应——自由基脱羧卤化

[**反应**] 羧酸的银盐，在无水惰性溶剂中与溴作用，失去二氧化碳得到少一个碳原子的溴代烃。

$$RCOOAg \xrightarrow[CCl_4]{Br_2} R-Br$$

[**机理**] 羧酸的银盐与溴作用，并分解为自由基，脱羧。

$$RCOOAg \xrightarrow{Br_2} RCOOBr$$

$$RCOOBr \xrightarrow{\Delta} RCOO\cdot + Br\cdot \quad \text{RCOOBr受热分解为自由基}$$

$$RCOO\cdot \longrightarrow R\cdot + CO_2$$

$$R\cdot + RCOOBr \longrightarrow RBr + RCOO\cdot$$

[**实例**]

1. 环己基-C(CH$_3$)-CH$_2$COOAg $\xrightarrow[Br_2]{CCl_4}$ 环己基-C(CH$_3$)-CH$_2$Br   可制备少一个碳原子的溴代烃

2. 甲酯-己二酸单银盐 $\xrightarrow[Br_2]{CCl_4}$ 甲酯-溴代戊烷

[**特点**]

1. Hunsdiecker 反应广泛地用于制备脂肪族卤代烃，特别是从天然的含有双数碳原子羧酸制备含有单数碳原子的长链卤代烃。

2. 产率以一级卤代烃最好，二级卤代烃次之，三级卤代烃最低，卤素中以溴反应最好。

3. 反应要求在无水条件下操作，而制备无水银盐较困难，产率也不理想，可改进为 Cristol 反应。

| 反应类型 | 脱羧 | 特征条件 | Br$_2$/CCl$_4$ | 关键中间体 | 自由基 | 典型产物 | 溴代烃 |
|---|---|---|---|---|---|---|---|

## 7.10 Cristol 反应——自由基脱羧卤化

[反应] 羧酸与溴在 HgO 作用下脱羧生成溴代烃。

$$R-COOH \xrightarrow[CCl_4]{HgO,\ Br_2} R-Br$$

[机理] 羧酸的汞盐与溴作用,并分解为自由基,脱羧。

$$RCOOHg \xrightarrow{Br_2} RCOOBr$$

$$RCOOBr \xrightarrow{\triangle} RCOO\cdot + Br\cdot$$

$$RCOO\cdot \longrightarrow R\cdot + CO_2$$

$$R\cdot + RCOOBr \longrightarrow RBr + RCOO\cdot$$

[实例]

1. ▷—COOH $\xrightarrow[CCl_4]{HgO,\ Br_2}$ ▷—Br

2. $n\text{-}C_{17}H_{35}COOH \xrightarrow[CCl_4]{HgO,\ Br_2} n\text{-}C_{17}H_{35}Br$

[特点]
1. Cristol 在对 Hunsdiecker 反应的改进中,直接用羧酸与红色氧化汞、液溴在四氯化碳中反应,得到相同的结果,产率也以一级卤代烃为好。

2. 该方法用 HgO 代替了 Hunsdiecker 反应中的 $Ag_2O$,虽然成本下降了,但是 HgO 有毒,对制备二级卤代烃也不够理想。

[延伸] Kochi 反应用四乙酸铅、金属卤化物和羧酸反应,脱羧卤化得到卤代烃,对各级卤代烃产率较好,但是目前发现铅盐毒性也很大:

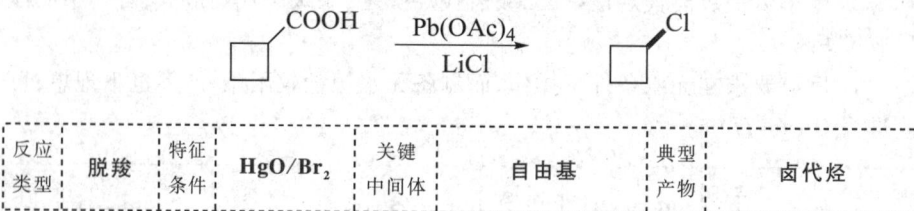

| 反应类型 | 脱羧 | 特征条件 | HgO/Br₂ | 关键中间体 | 自由基 | 典型产物 | 卤代烃 |
|---|---|---|---|---|---|---|---|

## 7.11 二元羧酸脱羧——脱羧或脱水

[反应]二元羧酸受热易发生分解,由于两个羧基的相互位置不同,互相之间的作用也有所不同,有的脱羧,有的脱水,有的脱水并脱羧。

邻苯二甲酸 $\xrightarrow{\Delta}$ 邻苯二甲酸酐 + $H_2O$

[实例]

1. $CH_2(COOH)_2 \xrightarrow{\Delta} CH_3COOH + CO_2$  1,2-和1,3-二酸脱羧生成酸

2. 丁二酸 $\xrightarrow[\Delta]{乙酐}$ 丁二酸酐  1,4-和1,5-二酸脱水生成环酐

3. 庚二酸 $\xrightarrow[\Delta]{乙酐}$ 环己酮  1,6-和1,7-二酸脱羧脱水生成环酮

[特点]

1. 遵循 Blanc 原则:在有机反应中有成环可能时,一般形成五元或六元环。
2. 二元羧酸 $HOOC(CH_2)_nCOOH$ 的脱羧,$n=0$、$1$,脱羧生成酸;$n=2$、$3$,脱水生成酸酐;$n=4$、$5$,脱羧、脱水生成酮;$n \geq 6$,也可发生分子间脱水,生成链状酸酐。
3. 丁二酸以上的二元羧酸进行脱水反应时常和脱水剂共热,常用的脱水剂有乙酸酐、乙酰氯、$POCl_3$、$P_2O_5$ 和 $PCl_5$ 等。

[延伸]当一元羧酸的 $\alpha$-碳原子与不饱和键相连时,一般都通过六元环状过渡态脱羧。

| 反应类型 | 脱羧(失水) | 特征条件 | 加热 | 关键中间体 | — | 典型产物 | 羧酸/酸酐/酮 |
|---|---|---|---|---|---|---|---|

# 第8章 分子重排反应

一般有机反应过程中,反应物分子的官能团发生变化,分子的碳架不发生改变。但在有一些有机化学反应中,碳架发生改变,甚至环的大小发生变化,这样的反应称为分子重排反应。

## 8.1 碳正离子重排——形成更稳定的碳正离子

[反应]碳正离子可以发生重排反应得到更稳定碳正离子，进而得到相应的产物。

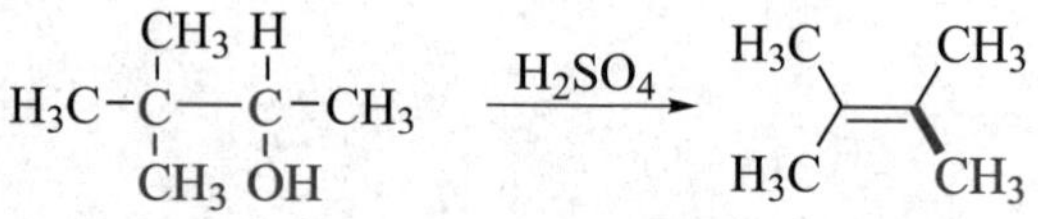

$$\text{(CH}_3\text{)}_2\text{C(CH}_3\text{)CH(OH)CH}_3 \xrightarrow{H_2SO_4} (CH_3)_2C=C(CH_3)_2$$

[机理]形成更稳定的碳正离子。

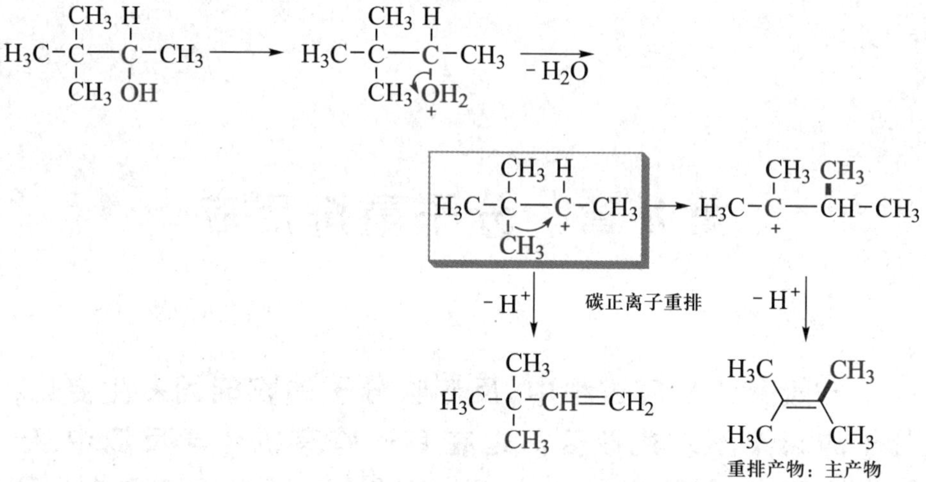

（机理示意图：醇质子化 → 失水 → 碳正离子重排 → 去质子化得到两种烯烃产物，其中四取代烯烃为主产物）

重排产物：主产物

[实例]

1. 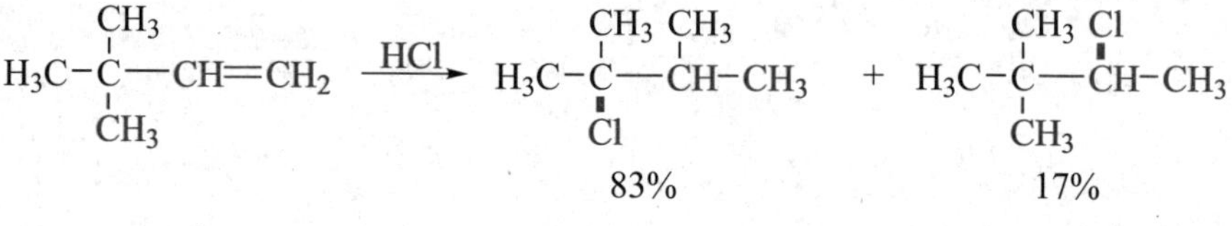 $(CH_3)_3C-CH=CH_2 \xrightarrow{HCl} (CH_3)_2C(Cl)-CH(CH_3)_2$ (83%) + $(CH_3)_3C-CHCl-CH_3$ (17%)

2. 乙烯基环丁烷 $\xrightarrow{HI}$ 1-碘-2-甲基环戊烷

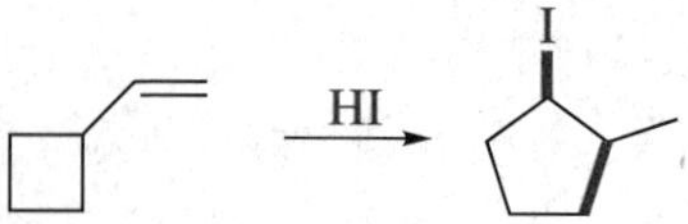

[特点]

1. 碳正离子重排的特征是常常会通过负氢迁移或烃基迁移来实现亲核重排，从而使一个相对不稳定的碳正离子转变为一个相对稳定的碳正离子。碳正离子稳定性顺序：

$$R_3\overset{+}{C} > R_2\overset{+}{CH} > R\overset{+}{CH_2} > \overset{+}{CH_3}$$

2. 迁移能力顺序：-H>-Ar>-R。

| 反应类型 | 重排 | 特征条件 | H⁺ | 关键中间体 | 碳正离子 | 典型产物 | 卤代烃/烯烃 |
|---|---|---|---|---|---|---|---|

## 8.2 Pinacol 重排——电子密度大的基团优先迁移

[反应] 频哪醇(四烃基乙二醇、邻二叔醇)在硫酸存在下,脱水生成频哪酮。

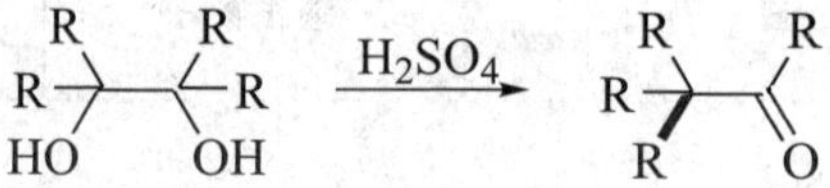

$$\underset{HO\ OH}{\overset{R\ R}{R-C-C-R}} \xrightarrow{H_2SO_4} \underset{R}{\overset{R\ R}{R-C-C=O}}$$

[机理] 碳正离子重排。

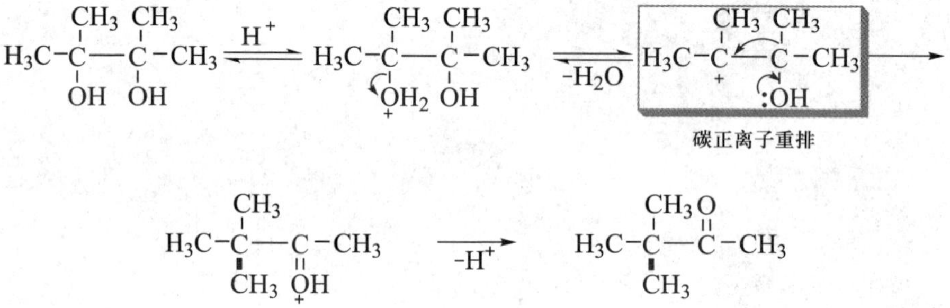

（碳正离子重排示意图）

[实例]

1. 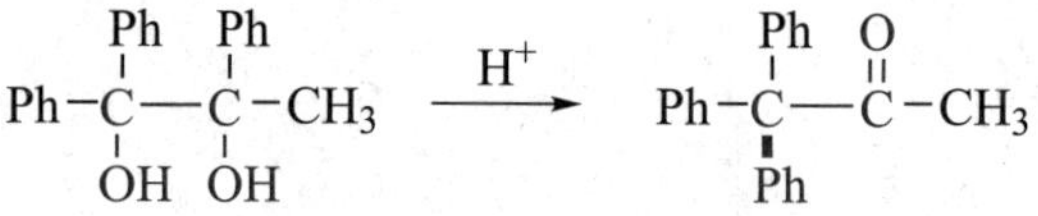 $Ph_2C(OH)-C(OH)(Ph)(CH_3) \xrightarrow{H^+}$ Ph-C(Ph)-C(=O)-CH₃ 形成稳定碳正离子,电子密度大的基团优先迁移

2. 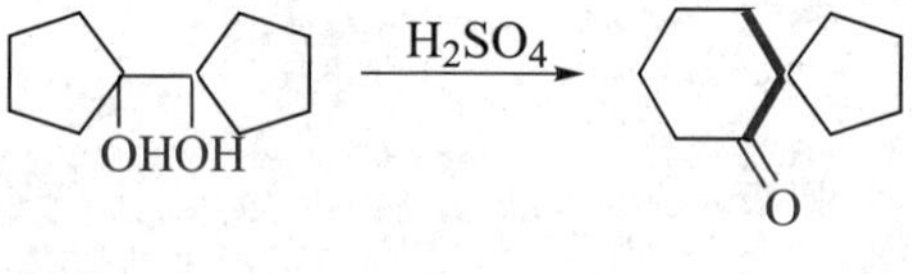 双环戊基二醇 $\xrightarrow{H_2SO_4}$ 螺[5.4]癸酮

[解析]

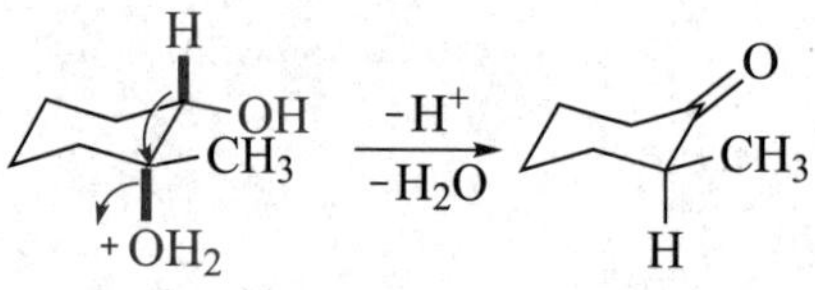

（环己烷重排示意图：迁移基团与离去基团处于反式共平面）

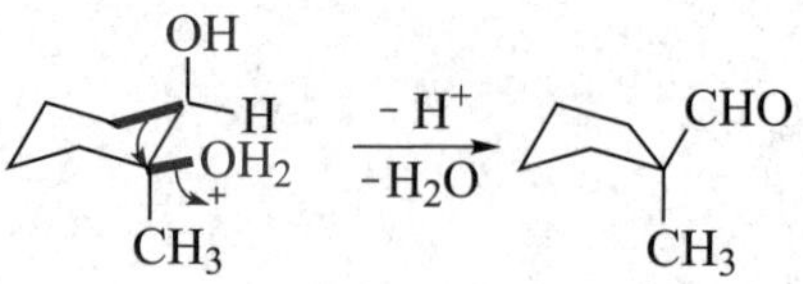

（另一个环己烷重排示意图生成醛）

## 8.2 Pinacol 重排——电子密度大的基团优先迁移

[特点]

1. 不对称频哪醇首先形成稳定碳正离子；电子密度大的基团优先迁移：Ar>H>R。

2. 与离去基团处于反式共平面的基团迁移。

[延伸] $\beta$-卤代醇在银离子存在下重排；$\beta$-氨基醇在亚硝酸存在下重排。

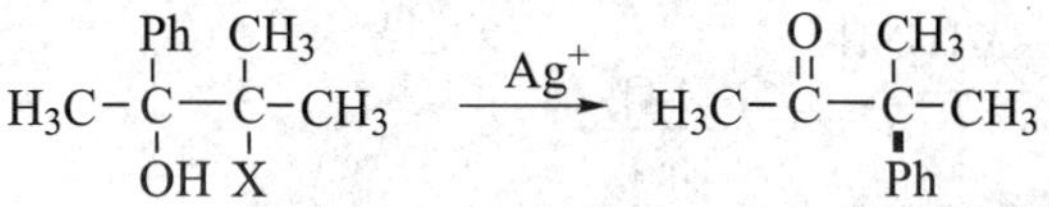

$$H_3C-\underset{OH}{\underset{|}{\overset{Ph}{\overset{|}{C}}}}-\underset{X}{\underset{|}{\overset{CH_3}{\overset{|}{C}}}}-CH_3 \xrightarrow{Ag^+} H_3C-\overset{O}{\overset{\|}{C}}-\underset{Ph}{\underset{|}{\overset{CH_3}{\overset{|}{C}}}}-CH_3$$

卤原子相连的碳原子生成碳正离子

| 反应类型 | 重排 | 特征条件 | H⁺ | 关键中间体 | 碳正离子 | 典型产物 | 频哪酮 |
|---|---|---|---|---|---|---|---|

## 8.3 Tiffeneau–Demjanov 扩环重排——制备扩增一个碳原子的环酮

[反应] 1-氨甲基环烷醇与亚硝酸反应,得到环增大一个碳原子的环酮。

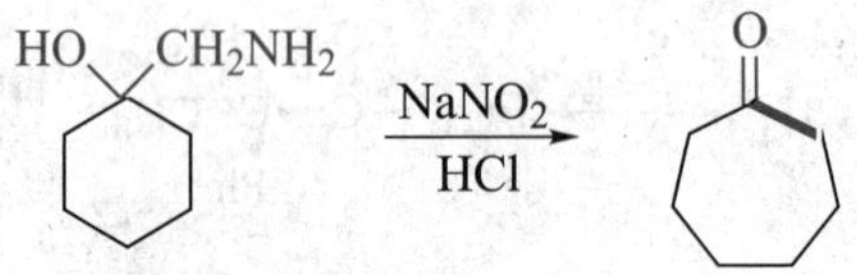

[机理] 通过重氮盐形成碳正离子并重排。

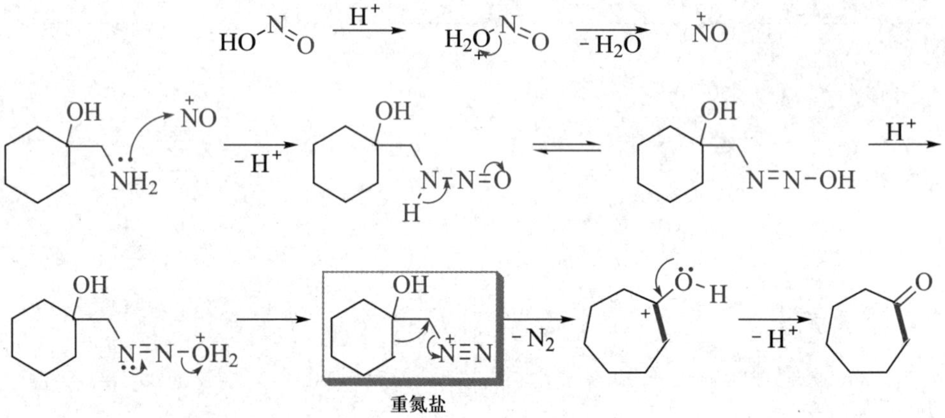

[实例]

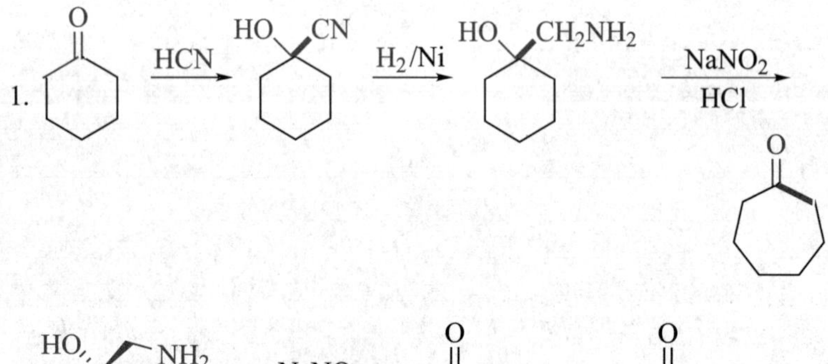

1. 由低级环酮制备高级环酮

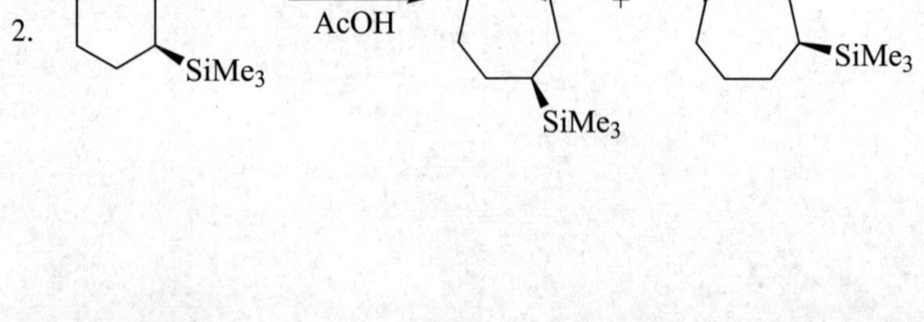

2. 处于C—N反式共平面的位置都可以迁移

## 8.3 Tiffeneau-Demjanov 扩环重排——制备扩增一个碳原子的环酮

[特点]

1. 反应得到环增大一个碳原子的环酮,可用于 C5~C9 环酮的制备,尤其是制备 C5~C7 环酮。

2. 反应底物可由相应的环酮与氰化氢加成后再还原得到,因此,此反应是从低级环酮合成多一个碳原子的高级环酮的一种方法。

3. 如果分子不对称,重排得到混合物。

| 反应类型 | 重排 | 特征条件 | $HNO_2$ | 关键中间体 | 重氮盐 | 典型产物 | 环酮 |
|---|---|---|---|---|---|---|---|

## 8.4 Fries 重排——高温下得邻位产物,低温下得对位产物

[**反应**]酚酯在三氯化铝催化下,重排到羟基的邻位(高温)或对位(低温)。

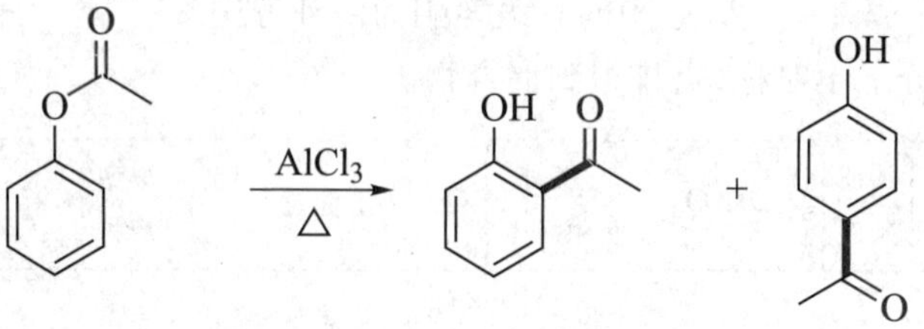

[**机理**]酰基正离子重排。

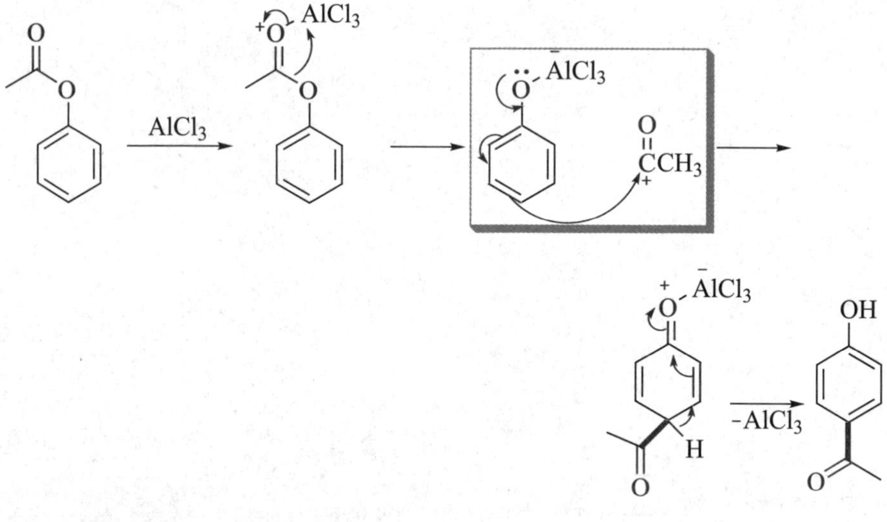

[**实例**]

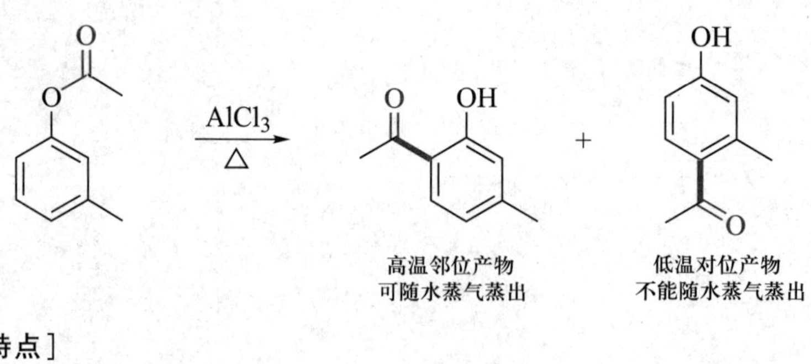

高温邻位产物
可随水蒸气蒸出

低温对位产物
不能随水蒸气蒸出

[**特点**]
1. 较低温度(如室温)下,重排有利于形成对位异构产物(动力学控制);较

高温度下,重排有利于形成邻位异构产物(热力学控制)。

2. 多聚磷酸(PPA)催化时,主要生成对位重排产物;四氯化钛催化时,主要生成邻位重排产物。

3. 重排是分子间过程,如果将两个不同的酚酯混合在一起重排,则得到交叉产物。

4. 酚的芳环上带有吸电子基的酯不易发生此重排。

| 反应类型 | 重排 | 特征条件 | $AlCl_3$ | 关键中间体 | 酰基正离子 | 典型产物 | 邻羟基芳酮/对羟基芳酮 |
| --- | --- | --- | --- | --- | --- | --- | --- |

## 8.5 Beckmann 重排——酮肟反位重排生成酰胺

[反应]酮肟在硫酸、多聚磷酸及有助于脱羟基的 $PCl_5$ 和 $SOCl_2$ 等作用下重排,生成酰胺。

$$\underset{R^2}{\overset{R^1}{C}}=N-OH \xrightarrow{H^+} R^2-\underset{O}{\overset{\|}{C}}-NHR^1$$

[机理]酸催化脱水与基团迁移同步完成,反位迁移。

$$\underset{R^2}{\overset{R^1}{C}}=N-\ddot{O}H \xrightarrow{+H^+} \boxed{\underset{R^2}{\overset{R^1}{C}}=N-\overset{+}{O}H_2} \xrightarrow[\text{重排}]{-H_2O} R^2-\overset{+}{C}=N-R^1 \xrightarrow{H_2O}$$

$$R^2-\underset{+OH_2}{C}=N-R^1 \xrightarrow{-H^+} R^2-\underset{OH}{C}=N-R^1 \longrightarrow R^2-\underset{O}{\overset{\|}{C}}-NHR^1$$

[实例]

1. $H_3CO-\text{C}_6H_4-\underset{Ph}{C}=N-OH \xrightarrow{H^+}$

   $Ph-\underset{O}{\overset{\|}{C}}-NH-\text{C}_6H_4-OCH_3$    迁移基团与离去基团处于反式

2. $H_3CO-\text{C}_6H_4-\underset{Ph}{C}=N-OH \xrightarrow{H^+} Ph-NH-\underset{O}{\overset{\|}{C}}-\text{C}_6H_4-OCH_3$

3. $C_6H_5-\underset{H_3C}{\overset{CH_3}{C^*H}}-\underset{OH}{C}=N \xrightarrow{H^+} CH_3-\underset{O}{\overset{\|}{C}}-NH-\overset{*}{C}H(CH_3)-C_6H_5$    迁移基团在迁移前后构型不变

4. 环己酮 $\xrightarrow[H^+]{NH_2OH}$ 环己酮肟 $\xrightarrow{H^+}$ 己内酰胺 $\xrightarrow{N_2}$ $[-\underset{O}{\overset{\|}{C}}-(CH_2)_5-NH-]_n$ 尼龙-6,聚己内酰胺

## 8.5 Beckmann重排——酮肟反位重排生成酰胺

[**特点**]

1. 重排中,基团的离去和基团的迁移是同步的,如果不是同步的,水离去后,形成氮正离子,相邻碳原子上的两个基团均可迁移,得到混合物,但是实验结果只有唯一产物。

2. 离去基团与迁移基团处于反式,由重排产物或者其水解产物可以推断原酮肟的构型。

3. 在工业上从环己酮肟重排制备己内酰胺。

| 反应类型 | 重排 | 特征条件 | $H^+$ | 关键中间体 | 亚胺正离子 | 典型产物 | 酰胺 |
|---|---|---|---|---|---|---|---|

## 8.6 二苯羟乙酸重排——二苯乙二酮分子内 Cannizzaro 歧化

[反应] 二苯乙二酮在强碱作用下,重排生成二苯羟乙酸。

[机理] 分子内 Cannizzaro 歧化,苯基迁移。

[实例]

1. 菲醌 $\xrightarrow{\text{①KOH} \atop \text{②H}^+}$ 9-羟基芴-9-甲酸

2. 二苯乙二酮 $\xrightarrow{\text{KOH} \atop \text{CH}_3\text{OH}}$ 二苯羟乙酸甲酯

3. 环己烷-1,2-二酮 $\xrightarrow{\text{①KOH} \atop \text{②H}^+}$ 1-羟基环戊烷甲酸

## 8.6 二苯羟乙酸重排——二苯乙二酮分子内 Cannizzaro 歧化

[特点]

1. α-二酮化合物发生分子内 Cannizzaro 歧化反应,重排得到 α-羟基酸。
2. 如果在 KOH 的甲醇或叔丁醇溶液中反应,则得到相应的二苯乙醇酸酯。
3. 脂肪族 α-二酮虽然也能进行同样的反应,但原料中含有 α-H 时会伴有羟醛缩合副反应,导致产率降低。

| 反应类型 | 重排 | 特征条件 | KOH | 关键中间体 | — | 典型产物 | 二苯羟乙酸 |
|---|---|---|---|---|---|---|---|

## 8.7 Hofmann 重排——酰基氮烯重排生成异氰酸酯

[**反应**]一级酰胺在次氯酸盐或次溴酸盐溶液作用下，转化为少一个碳原子的一级胺。

$$R-\underset{\underset{O}{\|}}{C}-NH_2 \xrightarrow[\text{或NaOBr}]{Br_2, NaOH} R-NH_2$$

[**机理**]酰胺碱性条件下与溴反应，生成 $N$-溴代酰胺，由于溴和酰基的吸电子作用，另一个氢原子更易离去，接着溴离子离去并重排成异氰酸酯，加成水，氢转移后，脱羧，得到一级胺。

$$R-\underset{\underset{O}{\|}}{C}-N\underset{H}{\overset{H}{<}} \xrightarrow{^-OH} R-\underset{\underset{O}{\|}}{C}-NH \xrightarrow{Br-Br} \underbrace{R-\underset{\underset{O}{\|}}{C}-\underset{Br}{N}\overset{H}{|}}_{N\text{-溴代酰胺}} \xrightarrow{^-OH} R-\underset{\underset{O}{\|}}{C}-N-Br$$

$$\longrightarrow \underset{\text{异氰酸酯}}{R-N=C=O} \xrightarrow{H_2O} R-N=\underset{OH}{\overset{|}{C}}-O-H \longrightarrow RHN-\underset{\underset{O}{\|}}{C}-OH \xrightarrow[-CO_2]{\Delta} RNH_2$$

[**实例**]

1. $(CH_3)_3CCH_2\underset{\underset{O}{\|}}{C}NH_2 \xrightarrow{NaOBr} (CH_3)_3CCH_2NH_2 \quad 94\%$

2. <chemical structure: 环戊基甲基异丙基酰胺> $\xrightarrow{NaOBr}$ <chemical structure: 对应胺>  骨架构型不变

3. <邻苯二甲酰亚胺> $\xrightarrow{NaOH}$ <邻苯二甲酸单酰胺单钠盐 COONa/COONH_2> $\xrightarrow[\text{②}H^+]{\text{①}NaOCl}$ <邻氨基苯甲酸 COOH/NH_2>  邻氨基苯甲酸

4. $R-\underset{\underset{O}{\|}}{C}-NH_2 \xrightarrow{Br_2, C_2H_5ONa} R-NH-\underset{\underset{O}{\|}}{C}OC_2H_5$  醇钠条件下得到氨基甲酸酯

[特点]

1. 源自天然双碳原子数羧酸的酰胺,通过此反应,可以得到含单数碳原子的化合物。

2. 工业上常用 NaOCl,实验室常用 NaOBr。

3. 如果酰胺中的 $\alpha$-碳原子是手性碳原子,反应后构型保持不变。

| 反应类型 | 重排 | 特征条件 | NaOBr;<br>$X_2$/NaOH | 关键中间体 | 酰基氮烯/异氰酸酯 | 典型产物 | 一级胺 |
|---|---|---|---|---|---|---|---|

## 8.8 Favorskii 重排——碱性条件重排生成羧酸或羧酸衍生物

[反应] α-卤代酮在碱性条件下重排生成羧酸或羧酸衍生物。

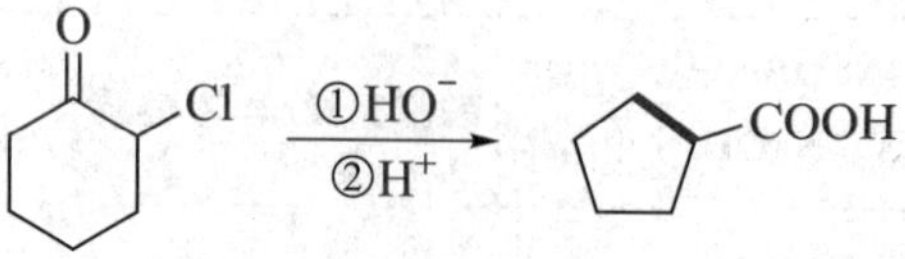

[机理] α-卤代酮在碱性条件下形成烯醇负离子，分子内亲核取代生成环丙酮中间体，后者碱性开环，生成羧酸或羧酸衍生物。

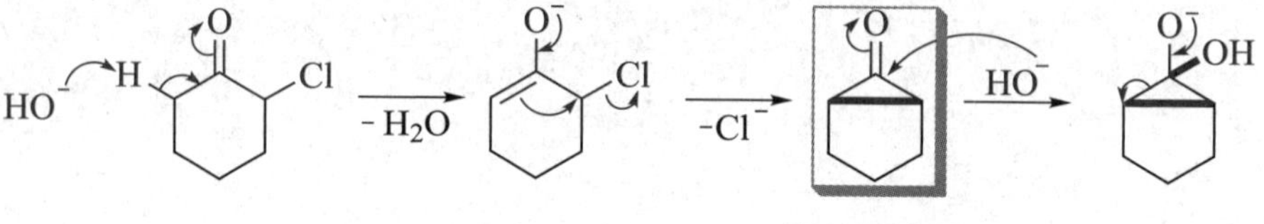

环丙酮中间体

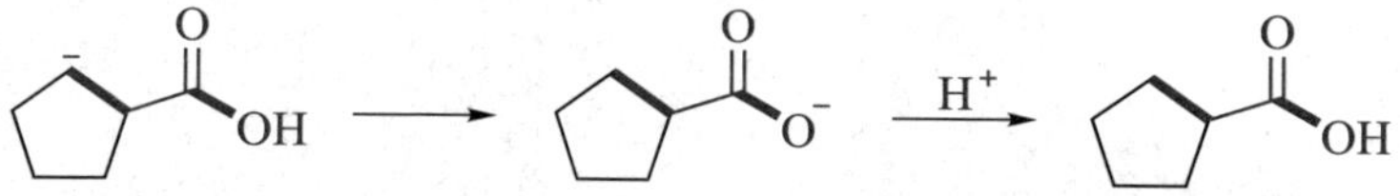

[实例]

1. 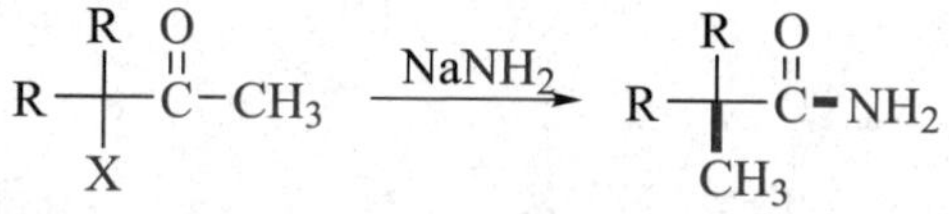 α-卤代酮与氨基钠生成酰胺

2. 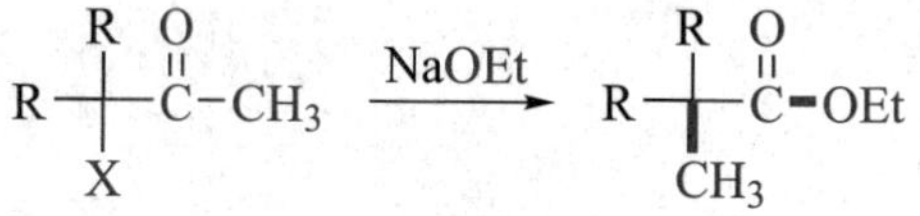 α-卤代酮与醇钠生成羧酸酯

3. 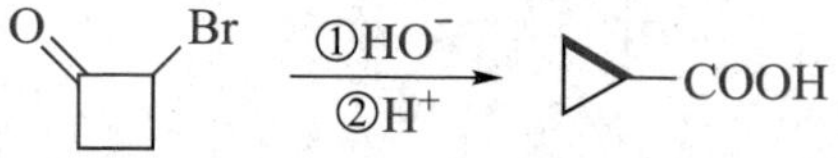 α-卤代环酮重排得到环缩小的羧酸

4. 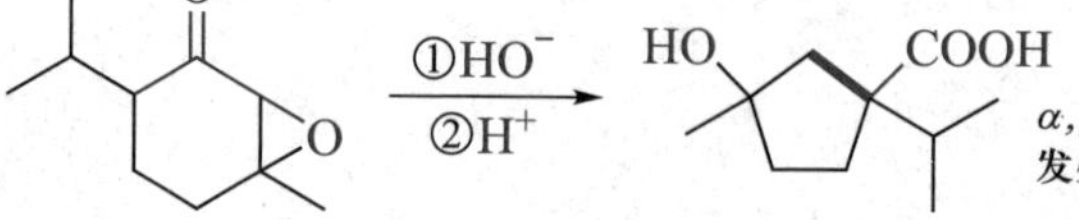 α,β-环氧酮也可以发生Favorskii重排

## 8.8 Favorskii 重排——碱性条件重排生成羧酸或羧酸衍生物

[**特点**]

1. 环丙酮三元环开环时的断裂方式具有很高的区域选择性,通常形成热力学稳定的负离子体系。

2. 除 $\alpha$-卤代酮外,$\alpha$-羟基酮、$\alpha$-磺酸酯基酮和 $\alpha,\beta$-环氧酮也可以发生 Favorskii 重排。

3. 合成高度支化羧酸和羧酸衍生物的方法。

| 反应类型 | 重排 | 特征条件 | 强碱 | 关键中间体 | 环丙酮中间体 | 典型产物 | 羧酸/羧酸衍生物 |
|---|---|---|---|---|---|---|---|

## 8.9 Stevens 重排——含活泼亚甲基的锍盐和铵盐

[反应] 含有活泼亚甲基的季铵盐或硫鎓盐在强碱作用下，重排生成叔胺或硫醚。

$$H_3C-\overset{+}{\underset{CH_2C_6H_5}{S}}-CH_2\overset{O}{\overset{\|}{C}}C_6H_5 \xrightarrow{HO^-} H_3C-S-\underset{CH_2C_6H_5}{CH}\overset{O}{\overset{\|}{C}}C_6H_5$$

[机理] 含有活泼亚甲基的硫鎓盐脱去活泼 α-H 生成硫叶立德，然后硫原子上的烃基进行分子内 [1,2] 迁移。

$$H_3C-\overset{+}{\underset{CH_2C_6H_5}{S}}-CH_2\overset{O}{\overset{\|}{C}}C_6H_5 \xrightarrow{HO^-} \boxed{H_3C-\overset{+}{\underset{CH_2C_6H_5}{S}}-\overset{-}{CH}\overset{O}{\overset{\|}{C}}C_6H_5} \longrightarrow H_3C-S-\underset{CH_2C_6H_5}{CH}\overset{O}{\overset{\|}{C}}C_6H_5$$

[实例]

1. $(H_3C)_2\overset{+}{\underset{\underset{CH_3}{CHC_6H_5}}{N}}-CH_2-\overset{O}{\overset{\|}{C}}C_6H_5 \xrightarrow{HO^-} (H_3C)_2N-\underset{\underset{CH_3}{CHC_6H_5}}{CH}-\overset{O}{\overset{\|}{C}}C_6H_5$

2. [苯并氮杂环化合物] $\xrightarrow{NaNH_2}$ [产物]  此反应比较适合扩环反应

[特点]

1. 这个反应要求四级铵盐和锍盐的 α 位必须有吸电子基，如酰基、芳基、乙烯基或乙炔基等，但是其 β 位不能有氢原子，否则会进行 Hofmann 消除。

2. 迁移基团可以是烯丙基、苄基、烃基和吸电子取代的烃基等。

[延伸] Sommelet 重排：苯甲基三烃基季铵盐（或硫鎓盐）在 PhLi、NaNH$_2$ 等强碱作用下重排，苯环上发生亲核烃基化反应，烃基的 α-碳原子与苯环的邻位碳原子相连形成三级胺。

8.9 Stevens重排——含活泼亚甲基的锍盐和铵盐　263

| 反应类型 | 重排 | 特征条件 | NaOH | 关键中间体 | 碳负离子 | 典型产物 | 硫醚 |
|---|---|---|---|---|---|---|---|

## 8.10 联苯胺重排——主要为对位产物

[反应] 氢化偶氮苯在酸催化下重排,生成联苯胺。

$$\text{Ph-NH-NH-Ph} \xrightarrow{H^+} H_2N\text{-C}_6H_4\text{-C}_6H_4\text{-}NH_2$$

[机理] 氢化偶氮苯在酸性条件下通过极化过渡态重排。

两个氮原子电子排斥 → 极化过渡态 → $\xrightarrow{-2H^+}$ 联苯胺

[实例]

1. 邻甲基氢化偶氮苯 $\xrightarrow{H^+}$ 3,3'-二甲基联苯胺 （重排到对位）

2. $O_2N\text{-C}_6H_4\text{-NH-NH-C}_6H_4\text{-}NO_2$ $\xrightarrow{H^+}$ 2,2'-二氨基-5,5'-二硝基联苯 （对位有基团,重排到邻位）

[特点]
1. 交叉实验结果表明,联苯胺重排过程是分子内的反应。
2. 一般重排到对位,如果对位有取代基,重排则发生在邻位。
3. 工业上采用重排的方法制备联苯胺,其在染料工业上有广泛的用途,但它有致癌性。

[**延伸**]N-取代苯胺也能发生类似重排,主要生成对位产物,对位被占据则生成邻位产物。

| 反应类型 | 重排 | 特征条件 | H⁺ | 关键中间体 | 极化过渡态 | 典型产物 | 联苯胺 |
|---|---|---|---|---|---|---|---|

# 第 9 章　周 环 反 应

　　周环反应是指不经过离子或者自由基中间体,而是在光照或加热条件下通过环状过渡态进行的协同反应。化学键的断裂和生成协同进行,并且具有高度的立体专一性。

## 9.1 σ键迁移反应——H[1,j]σ迁移和C[i,j]σ迁移

[反应] 在有机化学反应中,一个σ键沿着共轭体系,由一个位置转移到另一个位置,同时伴随着π键转移的反应。

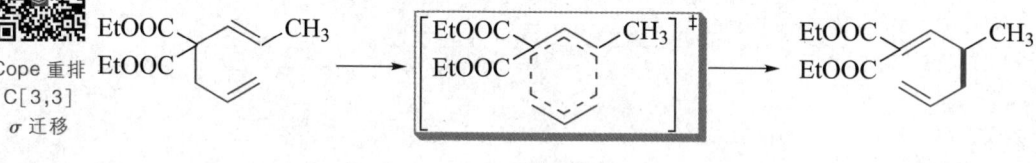

Cope重排

Cope重排
C[3,3]
σ迁移

[机理] 通过环状过渡态重排。

[实例]

H[1,j]σ同面迁移和异面迁移

1. H[1,7]σ迁移,异面迁移

C[1,j]σ迁移的立体选择

2. C[1,3]σ迁移,构型翻转

3. [1,5]C → [1,5]H → [1,5]H →

[特点]

1. 碳氢 $\sigma$ 键只能发生 [1,j]$\sigma$ 迁移,称为 H[1,j]$\sigma$ 迁移,碳碳 $\sigma$ 键可以是 [1,j]$\sigma$ 迁移,也可以是 [i,j]$\sigma$ 迁移。$i,j$ 是大于 1 的奇数。

2. C—O[3,3]$\sigma$ 迁移,即 Claisen 重排,迁移是 C—C[3,3]$\sigma$ 迁移,即 Cope 重排。

3. 碳氢 $\sigma$ 迁移中,[1,3] 迁移禁阻,[1,5] 迁移为同面迁移,[1,7] 迁移为异面迁移;碳碳 $\sigma$ 迁移中,[1,3] 迁移构型翻转,[1,5] 迁移构型保持,[1,7] 迁移构型翻转。

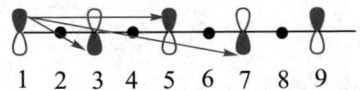

| 反应类型 | 周环反应 | 特征条件 | 加热 | 关键中间体 | 环状过渡态 | 典型产物 | 烯烃 |
| --- | --- | --- | --- | --- | --- | --- | --- |

## 9.2 Claisen 重排——C—O[3,3]σ 迁移

[反应]烯丙基芳基醚加热,烯丙基从氧原子迁移到邻位,得到邻烯丙基苯酚,进一步重排,可以得到对烯丙基苯酚。

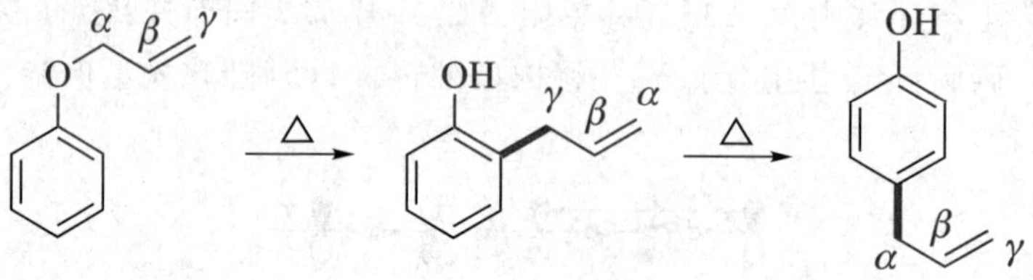

[机理]通过环状过渡态重排。

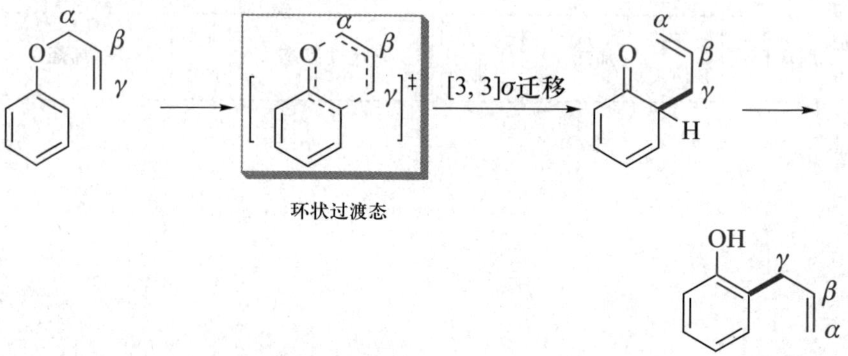

环状过渡态

[实例]

1. 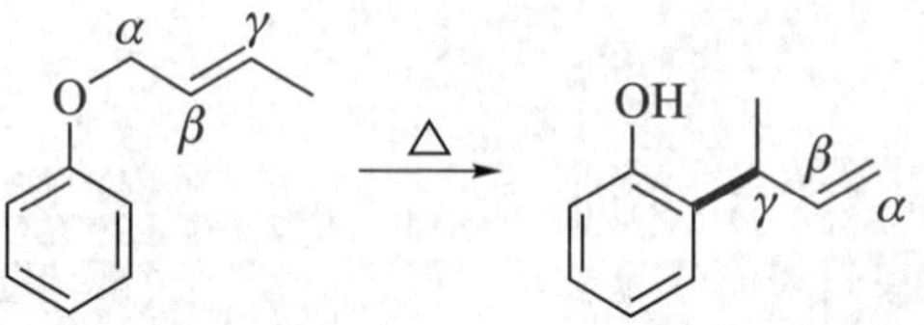 一次重排,γ-碳原子与苯环相连

2. 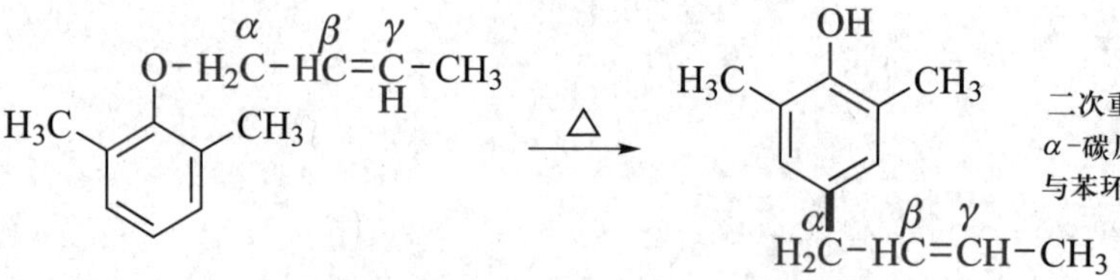 二次重排,α-碳原子与苯环相连

3. 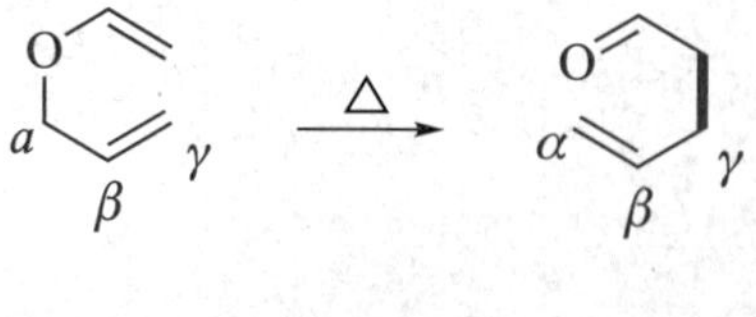 醚的Claisen重排

[特点]

1. 烯丙基芳基醚邻位未被占据，重排主要得到邻位产物，两个邻位都被占据，则得到对位产物。

2. 交叉实验证明，Claisen 重排是分子内的重排。

3. 醚类化合物中，如果存在烯丙氧基与碳碳双键相连，也可以发生 Claisen 重排。

| 反应类型 | 周环反应 | 特征条件 | 加热 | 关键中间体 | 环状过渡态 | 典型产物 | 邻烯丙基苯酚 |
|---|---|---|---|---|---|---|---|

## 9.3 电环化反应——$4n\pi$ 电子光照对旋

[反应] 光照或加热条件下,共轭烯烃转变为环烯烃或者环烯烃转变为共轭烯烃,同时单双键互变。

1,3-丁二烯
光照下对旋
生成环丁烯

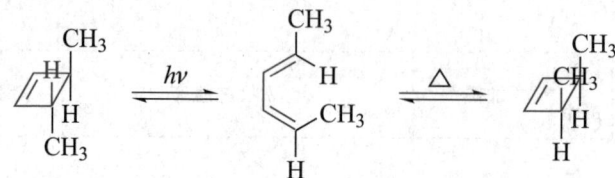

[实例]

1,3-丁二烯
加热下顺旋
生成环丁烯

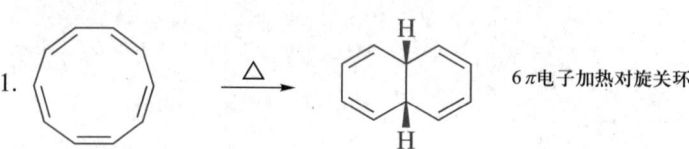

1. $6\pi$ 电子加热对旋关环

2. $8\pi$ 电子加热顺旋关环

[特点]

| 开链烯烃 $\pi$ 电子数 | 加热条件 | 光照条件 |
| --- | --- | --- |
| $4n$ | 顺旋 | 对旋 |
| $4n+2$ | 对旋 | 顺旋 |

| 反应类型 | 周环反应 | 特征条件 | 加热;光照 | 关键中间体 | — | 典型产物 | 烯烃 |
| --- | --- | --- | --- | --- | --- | --- | --- |

## 9.4 环加成反应——光照[2+2]环加成,加热[4+2]环加成

[**反应**] 在光照或加热的作用下,两个或多个带有双键、共轭双键或孤对电子的分子相互作用,形成一个稳定的环状化合物。

$$\| + \| \xrightarrow{h\nu} \square$$

[2+2]环加成
光照允许

[**实例**]

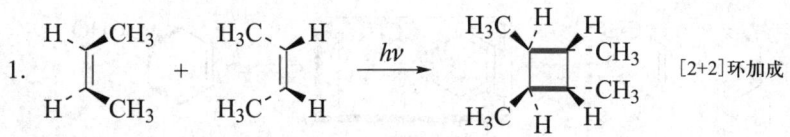

[2+2]环加成
加热禁阻

[**特点**]

1. [2+2]环加成,$\pi$ 电子总数为 4,反应是在光照条件下发生的。
2. [4+2]环加成,反应在加热条件下发生,Diels-Alder 反应是典型的[4+2]环加成。

| 反应类型 | 周环反应 | 特征条件 | 加热/光照 | 关键中间体 | — | 典型产物 | 环状化合物 |
|---|---|---|---|---|---|---|---|

## 9.5 Diels-Alder 反应——[4+2]环加成

[反应] 共轭二烯烃与含有活化烯键或炔键的化合物，生成六元环的化合物。

D-A 反应的
前线轨道
理论解释

[机理] 通过环状过渡态成环。

环状过渡态

[实例]

1. 丁二烯 + 顺丁烯二酸二甲酯 $\xrightarrow{(150\sim160℃)}$ 产物　共轭二烯以 S-顺构象参与反应

2. 丁二烯 + 反丁烯二酸二甲酯 $\xrightarrow{(150\sim160℃)}$ 产物　顺式加成，产物保持双烯体和亲双烯体原构型

D-A 反应的
立体化学

3. 环戊二烯 + 马来酸酐 $\xrightarrow{\Delta}$ 内型 + 外型　内型为主，新形成的 π 键与亲双烯体不饱和基团在同侧

4. 异戊二烯 + 丙烯醛 $\xrightarrow{\Delta}$ 产物　邻、对位为主

5. 1,3-戊二烯 + 丙烯醛 $\xrightarrow{\Delta}$ 产物

## 9.5 Diels-Alder 反应——[4+2]环加成

[特点]

1. 反应属于[4+2]环加成,加热条件下是对称性允许的。
2. 该反应是可逆反应,在较高温度下可转为双烯体和亲双烯体。
3. 正常 Diels-Alder 反应过程中,电子从双烯体的 HOMO "流入" 亲双烯体的 LUMO,因此带有给电子基的双烯体和带有吸电子基的亲双烯体对反应有利。

| 反应类型 | 周环反应 | 特征条件 | 加热 | 关键中间体 | 环状过渡态 | 典型产物 | 六元环 |
|---|---|---|---|---|---|---|---|

# 第10章 其他一些重要化合物及反应

## 10.1 Kiliani 氰化增碳法——醛糖的递升

[反应] HCN 对醛糖的羰基进行亲核加成,生成含一对差向异构体的 α-羟基氰化物,两种差向异构体经分离、水解生成糖酸,此羧酸容易形成内酯,用钠汞齐还原得到多一个碳原子的醛糖。

[解析] 四碳糖构型判断:将两种差向异构体的糖类分别氧化或还原,D-赤藓糖得无光学活性化合物,D-苏阿糖得到有光学活性产物:

[特点]

1. Kiliani 氰化增碳法,不仅可以从低级糖类合成高级糖类,还可以用来推断糖类的结构。

2. 糖类的羰基与 HCN 作用时,生成羟腈化物,由于分子中又增加了一个手性碳原子,产生两种差向异构体,但是由于原来手性碳原子对新手性碳原子有一定诱导效应,两种差向异构体不等量。

## 10.2 Ruff 降解——醛糖的递降

[反应]醛糖在溴水氧化下转化为糖酸,进一步转化为糖酸钙盐,糖酸钙盐在 $FeCl_3$ 等作用下,经 $H_2O_2$ 氧化,得到一个不稳定的 $\alpha$-羰基羧酸,脱羧后形成低一级的醛糖。

[解析]通过 Ruff 递降、氧化,测定产物是否具有旋光性可以推测糖类的结构:

D-阿拉伯糖 →(Ruff 递降)→ →(HNO₃)→ 内消旋酒石酸 无光学活性

D-来苏糖 →(Ruff 递降)→ →(HNO₃)→ D-(-)-酒石酸 有光学活性

[特点]

1. 在 Ruff 试剂 $FeCl_3$ 或 $Fe(OAc)_3$ 作用下,通过 $H_2O_2$ 氧化,得到一个不稳定的羰基酸,失去 $CO_2$ 得到低一级的醛糖。

2. 氧化脱羧反应是通过两次单电子转移过程实现的,由于自由基及产物对反应条件十分敏感,因此 Ruff 降解的产率很低,此反应仅对糖类化合物的结构测定有用。

## 10.3 β-酮酸酯的水解——稀碱成酮水解，浓碱成酸水解

[反应] β-酮酸酯在稀碱条件下酯基水解，生成不稳定的乙酰乙酸，加热分解为酮和二氧化碳；在浓碱中氢氧根进攻酮羰基和酯羰基，发生亲核加成，生成两分子酸。

$$RCCH_2COCH_2CH_3 \xrightarrow[②H^+, \triangle]{①KOH, H_2O} R-CCH_3 \quad \text{稀碱中成酮水解}$$

$$RCCH_2COCH_2CH_3 \xrightarrow[②H^+, \triangle]{①浓KOH, H_2O} RCOOH + CH_3COOH \quad \text{浓碱中成酸水解}$$

[机理] 稀碱中进攻酯羰基成酮水解，浓碱中同时进攻酯羰基和酮羰基成酸水解。

$$RCCH_2COCH_2CH_3 + {}^-OH \longrightarrow RCCH_2\overset{O^-}{\underset{OH}{C}}OCH_2CH_3 \xrightarrow[C_2H_5OH]{{}^-OH}$$

$$RCCH_2C-O^- \xrightarrow[\triangle]{H^+} RCCH_3$$

稀碱中成酮水解机理

$$RCCH_2COCH_2CH_3 + {}^-OH \longrightarrow R-\underset{OH}{\overset{O^-}{C}}-CH_2-\underset{OH}{\overset{O^-}{C}}-OCH_2CH_3 \xrightarrow{-C_2H_5OH}$$

$$R-\overset{O}{C}-O^- + CH_3\overset{O}{C}O^- \xrightarrow[\triangle]{H^+} RCOH + CH_3COH \quad \text{浓碱中成酸水解机理}$$

[实例]

1. $$CH_3CCHCOCH_2CH_3 \xrightarrow[H_2O]{稀KOH} CH_3CCHCOK \xrightarrow[\triangle]{H^+} CH_3CCH_2 \quad \text{成酮水解}$$
(with cyclohexyl group on the α-carbon)

2. $\text{CH}_3\text{CCHCOCH}_2\text{CH}_3$ (with two C=O groups, cyclohexyl substituent) $\xrightarrow[\text{②}H^+, \triangle]{\text{①浓KOH, H}_2\text{O}}$ $\text{CH}_2\text{COOH}$ (cyclohexyl substituent)  成酸水解

[特点]

1. $\beta$-酮酸酯分子中的羰基与酯基中间的亚甲基上的电子密度低,与相邻的两个碳原子之间的键容易断裂,稀碱条件下酯基水解成酮,产物可以看做丙酮的衍生物。

2. $\beta$-酮酸酯在浓碱中水解,不仅酯基要水解,酮羰基也要受到碱亲核进攻,分解为乙酸的衍生物。

3. $\beta$-二酮和 $\beta$-二酯也能按照类似的方式进行反应。

## 10.4 Wurtz 合成——制备对称烷烃

[**反应**] 卤代烃可在金属钠作用下发生偶联,可用来制备对称烷烃。

$$R-X \xrightarrow{Na} R-R$$

[**机理**] 卤代烃与两分子金属钠经自由基形成碳负离子,与另一分子卤代烃进行 $S_N2$ 反应。

$$R-X + Na \longrightarrow R\cdot + NaX$$

$$R\cdot + Na \longrightarrow R^- + NaX$$

$$R^- + RX \xrightarrow{S_N2} R-R$$

[**实例**]

1. $C_2H_5Br + C_4H_9Br \xrightarrow{Na} C_2H_5-C_4H_9 + C_2H_5-C_2H_5 + C_4H_9-C_4H_9$

2. $PhBr + BrCH_2CH_2CH_2CH_3 \xrightarrow{Na} Ph-CH_2CH_2CH_2CH_3$

3. $\xrightarrow{Na}$ △ 合成小环烷烃

4. $\xrightarrow{Na}$ ◫

[**特点**]
1. 可以合成烷烃或者芳烃,但是产率不高。
2. 若用两种不同的卤代烃,则得到含有三种烃的混合物。

| 反应类型 | 偶联/亲核取代 | 特征条件 | Na | 关键中间体 | 自由基/碳负离子 | 典型产物 | 烷烃 |
|---|---|---|---|---|---|---|---|

## 10.5 Grignard 试剂——活泼的有机镁试剂

醚与试剂
形成稳定
配合物

[反应] 卤代烃与镁在无水乙醚、四氢呋喃等溶剂中反应，生成烃基卤化镁。

$$R-X + Mg \xrightarrow{\text{无水乙醚}} R-MgX$$

[机理] 卤代烃在金属镁表面产生自由基，进一步反应得到 RMgX。

$$RX \xrightarrow{Mg} \boxed{R\cdot} + \cdot MgX$$

$$R\cdot + \cdot MgX \longrightarrow RMgX$$

[实例]

1. $RMgX + \begin{matrix} H-OH \\ H-OR' \\ H-C\equiv CR' \\ H-NH_2 \\ H-X \end{matrix} \longrightarrow RH + \begin{matrix} MgXOH \\ MgXOR' \\ R'C\equiv CMgX \\ MgXNH_2 \\ MgX_2 \end{matrix}$ 与活泼氢反应

2. ⟨环戊烯基⟩-MgCl + ⟨环戊烯基⟩-Cl $\xrightarrow{\Delta}$ ⟨联环戊烯⟩ 与活泼卤代烃偶联

3. ⟩=O + RMgX ⟶ ⟩C(R)(OMgX) $\xrightarrow{H_2O}$ ⟩C(R)(OH) 与羰基反应制醇

4. $RMgX + CO_2 \longrightarrow RCOOMgX \xrightarrow{H_2O} RCOOH + HOMgX$ 与二氧化碳反应

5. $RMgX + O_2 \longrightarrow ROOMgX \xrightarrow{H_2O} ROOH + HOMgX$ 与氧气反应

[特点]

1. Grignard 试剂能与水、氧气和二氧化碳反应，以及与未反应卤代烃偶联，制备时体系内必须无水，并在纯氮或者氩气保护下于低温进行。

2. 卤代烃与镁反应活性顺序：RI>RBr>RCl>RF，三级＞二级＞一级，RI 太活泼，RF 活性太低，一般用 RBr 和 RCl。

3. 苯甲型、烯丙型卤代烃特别容易与 Grignard 试剂偶联，因此通常以氯化物为原料,反应必须在低温下进行。

4. 乙烯型、芳香族卤代烃,尤其是氯代烃,在乙醚中不易形成 Grignard 试剂,可以在四氢呋喃中加热进行反应。制备 Grignard 试剂时,如果反应不开始,可以加一小粒碘来引发。

5. Grignard 试剂与重水 $D_2O$ 反应,使 C—Mg 键变为 C—D 键,是在化合物中引入同位素的一种方法。

## 10.6 有机锂化合物——烃基锂与二烃基铜锂

[反应] 卤代烃与金属锂作用,生成有机锂试剂,反应机理与制备 Grignard 试剂相似;烃基锂与碘化亚铜作用,生成二烃基铜锂,是很好的烃基化试剂。

$$RX \xrightarrow{2Li} RLi \xrightarrow{CuX} R_2CuLi \xrightarrow{R'X} R-R'$$

[实例]

1. $\underset{Ph}{Ph}\!\!>\!\!\triangle\!\!<\!\!\underset{H}{COOH} \xrightarrow{2PhLi} \xrightarrow{H_2O} \underset{Ph}{Ph}\!\!>\!\!\triangle\!\!<\!\!\underset{H}{COPh}$  过量的有机锂可继续与酮作用得到醇

2. $CH_3(CH_2)_3CH_2I + (CH_3)_2CuLi \longrightarrow CH_3(CH_2)_4CH_3$  烷基交叉偶联

3. $H_3C-\!\!\!\bigcirc\!\!\!-Br + (CH_3CH_2)_2CuLi \xrightarrow{Et_2O} H_3C-\!\!\!\bigcirc\!\!\!-CH_2CH_3$

4. $\underset{H}{\overset{H_{17}C_8}{>}}\!\!=\!\!\underset{I}{\overset{H}{<}} + (C_4H_9)_2CuLi \xrightarrow[-95℃]{Et_2O} \underset{H}{\overset{H_{17}C_8}{>}}\!\!=\!\!\underset{C_4H_9}{\overset{H}{<}}$  构型不变

5. $\bigcirc\!\!-\overset{O}{\underset{\|}{C}}Cl + (C_4H_9)_2CuLi \xrightarrow{Et_2O} \bigcirc\!\!-\overset{O}{\underset{\|}{C}}C_4H_9$  产物可以停在酮的阶段

[特点]

1. 锂和产物烃基锂的反应活性分别高于镁和 Grignard 试剂,制备时条件与制备 Grignard 试剂相似,但更为严格。

2. RLi 与 CuI 反应生成二烃基铜锂 $R_2CuLi$,二烃基铜锂与卤代烃可以发生偶联反应,卤代烃可以是一级、二级烷烃,也可以是乙烯基、芳基、烯丙基和芳甲基,二烃基铜锂中的烃基可以是一级烷烃,也可以是其他乙烯基、芳基等,因此这个偶联适用范围很广。

3. 二烃基铜锂只与酰氯、醛反应,与酮反应慢,与酯、酰胺不反应。

## 10.7 有机镉试剂——活性较低的有机金属化合物

[反应] Grignard 试剂和二氯化镉作用,生成有机镉化合物。两分子 Grignard 试剂与二氯化镉作用,则得到二烃基镉。

$$PhMgBr \xrightarrow{CdCl_2} PhCdCl$$

$$2\ PhMgBr \xrightarrow{CdCl_2} Ph_2Cd$$

[实例]

1. $CH_3COCl$ + Ph—CdCl ⟶ Ph—$COCH_3$   有机镉化合物与酰氯得到高产率的酮

2. $CH_3COCH_2CH_2COCl$ + $(CH_3)_2Cd$ $\xrightarrow{苯}$ $CH_3COCH_2CH_2COCH_3$   二烷基镉与酰氯也得到酮,酮、酯等基团不受影响

[特点]
1. 有机镉化合物的反应活性低,选择性高,只与活性大的酰氯或酸酐反应,得到酮。
2. 重要用途:合成酮和含酮酯双官能团的化合物。
3. 镉试剂毒性很大,且易造成环境问题,一般尽量不用。

## 10.8 Ullmann 反应——吸电子有利的卤代芳烃偶联

[反应] 卤代芳烃在铜作用下的偶联反应。

$$2\ \text{C}_6\text{H}_5\text{I} \xrightarrow[100\sim350\,^\circ\text{C}]{\text{Cu}} \text{C}_6\text{H}_5\text{-C}_6\text{H}_5$$

[机理] 卤代烃通过芳铜化合物偶联。

PhI + Cu ⟶ Ph–Cu

Ph–Cu + I–Ph ⟶ Ph–Ph

[实例]

1. 2-溴苯甲酸 $\xrightarrow{\text{Cu}}$ 2,2'-联苯二甲酸

2. $O_2N\text{-}C_6H_4\text{-}I \xrightarrow{\text{Cu}} O_2N\text{-}C_6H_4\text{-}C_6H_4\text{-}NO_2$

[特点]

1. 用来合成对称和不对称的联苯类化合物。

2. 芳环上有吸电子取代基存在时能促进反应的进行，尤其以硝基、烃氧羰基在卤素的邻位时作用最显著，邻硝基碘苯是参与 Ullmann 反应中最活泼的试剂之一。

3. 以 Ullmann 反应为基础，拓展偶联反应，如 Suzuki 反应、Heck 反应和 Sonogashira 反应。

[延伸] Suzuki 反应：钯催化下有机硼和卤代烃在碱性条件下的交叉偶联反应。

$$H_3CO\text{-}C_6H_4\text{-}Br + (HO)_2B\text{-}C_6H_5 \xrightarrow[\text{Bu}_4\text{NF}]{\text{PdCl}_2} H_3CO\text{-}C_6H_4\text{-}C_6H_5$$

[延伸] Heck 反应：钯催化下的烯烃烯基化或芳基化反应。

$$H_3CO-C_6H_4-Cl + CH_2=CH-COOMe \xrightarrow[Cs_2CO_3, (t-Bu)_3P]{Pd_2(dba)_3} H_3CO-C_6H_4-CH=CH-COOMe$$

[延伸] Sonogashira 反应：Pd-Cu 催化下的卤代烃和端基炔烃之间的交叉偶联反应。

$$Br-C_5H_3N-Br + HC\equiv C-SiMe_3 \xrightarrow[Et_3N]{PdCl_2(Ph_3P)_2, CuI} Br-C_5H_3N-C\equiv C-SiMe_3$$

| 反应类型 | 偶联 | 特征条件 | Cu | 关键中间体 | 芳基铜化合物 | 典型产物 | 联苯 |
|---|---|---|---|---|---|---|---|

## 10.9 端炔化物——弱酸性的端炔与强碱形成金属炔化物

[反应] 具有弱酸性的端炔,与强碱反应形成金属炔化物,称炔淦。

$$H-C\equiv C-H + NaNH_2 \longrightarrow H-C\equiv C^-Na^+$$

烷烃、烯烃和炔烃的相对酸性

[实例]

1. $H-C\equiv C-H + n\text{-}C_4H_9Li \longrightarrow H-C\equiv C^-Li^+ + n\text{-}C_4H_{10}$

2. $H-C\equiv C-H + RMgX \longrightarrow H-C\equiv C^-Mg^+X + RH$

3. $H-C\equiv C-H + 2Ag(NH_3)_2NO_3 \longrightarrow AgC\equiv CAg + 2NH_4NO_3 + 2NH_3$
   乙炔银,白色沉淀

4. $H-C\equiv C-H + 2Cu(NH_3)_2Cl \longrightarrow CuC\equiv CCu + 2NH_4Cl + 2NH_3$
   乙炔亚铜,红棕色沉淀

5. $R-C\equiv C^-Na^+ + RCH_2X \longrightarrow R-C\equiv C-CH_2R$  炔化钠作为亲核试剂发生亲核取代反应

6. $R-C\equiv C^-Na^+ + R^1\overset{O}{\underset{}{-}}\overset{\|}{C}-R^2 \longrightarrow R-C\equiv C-\underset{R^2}{\overset{OH}{\underset{|}{C}}}-R^1$  炔化钠作为亲核试剂与酮发生亲核加成反应

[特点]

1. 乙炔中的碳原子为 sp 杂化,轨道中 s 成分较大,核对电子的束缚能力强,电子云靠近碳原子,使乙炔分子中的 C—H 键极性增加,氢原子具有弱酸性。

2. 乙炔或者端炔烃可和 $NaNH_2$、RLi、RMgX 反应,端炔碳负离子是一个强亲核试剂,可以发生亲核取代或亲核加成,将炔基引入产物。

3. 末端炔烃通入银氨溶液或亚铜氨溶液中,分别析出白色和红棕色炔化物沉淀,可以用此方法来鉴别末端炔烃。

4. 由于氰负离子和银可形成极稳定的配合物,在炔化银中加入氰化钠水溶液,可得回炔烃,也可以通过这个方法提纯末端炔烃。

5. 金属炔化物干燥后,经撞击可能会发生强烈爆炸,故在反应之后,应加入稀硝酸使之分解。

## 10.10 氮烯——具有很强的亲电性

[反应]氮烯与碳烯极为相似,将叠氮化合物光分解或热分解可产生氮烯。氮烯也称乃春(Nitrene)、氮卡宾,是碳烯(卡宾)的氮类似物,为活性中间体,参与多种化学反应。氮周围有 6 个电子,具有亲电性。

[实例]

1. $Ph-N_3 \xrightarrow{\Delta} Ph-\ddot{N}: + N_2$  氮烯

2. $EtO-\overset{O}{\underset{\|}{C}}-N_3 \xrightarrow{254\ nm} EtO-\overset{O}{\underset{\|}{C}}-\ddot{N}: + N_2$  酰基氮烯

3. ⬡ + $C_2H_5O\overset{O}{\underset{\|}{C}}\ddot{N}:$ ⟶ ⬡△$NCOC_2H_5$  与烯烃加成

4. $R'-\overset{O}{\underset{\|}{C}}-\ddot{N}: + R_3C-H \longrightarrow R'\overset{O}{\underset{\|}{C}}-\underset{CR_3}{\overset{H}{N}}$  插入C—H键

5. [二苯基氮烯环化为咔唑的反应图]

6. $(CH_3)_3CCH_2\overset{O}{\underset{\|}{C}}NH_2 \xrightarrow{NaOBr} (CH_3)_3CCH_2NH_2$  Hofmann重排反应
   94%

7. [环丁烷-1,2-二甲酸] + $HN_3 \xrightarrow{H_2SO_4}$ [环丁烷-1,2-二胺]  Schmidt重排反应

[特点]

1. 叠氮化合物、异氰酸酯等进行热分解或光分解,是形成单线态氮烯的最普通方法。氮烯的基态也是三线态,通常氮烯生成后,由单线态逐渐转变为能量较低的三线态。

2. 与碳烯加成反应的立体化学特性相同。

3. 氮烯插入 C—H 键的活性顺序也是 3°>2°>1°，且氮烯也可以发生分子内插入。

[延伸] Curtius 重排：酰基叠氮化物在惰性溶剂中加热分解生成异氰酸酯，异氰酸酯水解则得到胺。

$$R-\overset{O}{\underset{\|}{C}}-Cl + NaN_3 \longrightarrow R-\overset{O}{\underset{\|}{C}}-N_3 \xrightarrow{\Delta} R-N=C=O \xrightarrow{H_2O} RNH_2$$

## 10.11 叠氮化合物——具有很强的亲核性

[反应]叠氮化合物两端氮原子有很强的亲核性：

$$R-\overset{-}{N}-\overset{+}{N}\equiv N \longleftrightarrow R-N=\overset{+}{N}=\overset{-}{N}$$

[实例]

1. $CH_3CH_2\underset{Br}{C}HCH_3 \xrightarrow[EtOH]{NaN_3} CH_3CH_2\underset{N_3}{C}HCH_3 \xrightarrow[②H_2O]{①LiAlH_4} CH_3CH_2\underset{NH_2}{C}HCH_3$
   (R) (S) (S)

2. [环氧环己烷] $\xrightarrow[\text{二噁烷},\text{水}]{NaN_3}$ [反式-2-叠氮环己醇] $\xrightarrow{H_2, Pt}$ [反式-2-氨基环己醇]

3. $R-\overset{O}{\underset{\|}{C}}-Cl + NaN_3 \longrightarrow R-\overset{O}{\underset{\|}{C}}-N_3 \xrightarrow{\triangle} R-N=C=O \xrightarrow{H_2O} RNH_2$    Curtius 重排反应

[特点]
1. 从卤代烃通过叠氮化合物制备一级胺，手性碳原子发生构型翻转。
2. 化学性质活泼，光照或加热分解成氮烯，后者可发生多种反应。大多数叠氮化合物为易爆物质，使用时需小心。
3. 叠氮酸的重金属盐，如叠氮银、叠氮铅具有高度爆炸性，由于叠氮铅对撞击极为敏感，故用作雷管。

[延伸]Schmidt 反应：羧酸、醛或酮分别与等物质的量的叠氮酸($HN_3$)在强酸(硫酸、聚磷酸、三氯乙酸等)存在下发生分子内重排分别得到胺、腈及酰胺。

[环丁烷-1,2-二甲酸] $+ HN_3 \xrightarrow{H_2SO_4}$ [环丁烷-1,2-二胺]

## 10.12 烯酮——内酐,高效的酰化剂

[反应] 羧酸分子内失水形成烯酮,其可看做羧酸的内酐,是高效的酰化剂。

$$H_2C\underset{H}{\overset{O}{-}}C-OH \xrightarrow[\Delta]{AlPO_4} H_2C=C=O$$

[实例]

1. $H_2C=C=O + H_2O \longrightarrow H_3C-\underset{}{\overset{O}{C}}-OH$

2. $H_2C=C=O + ROH \longrightarrow H_3C-\underset{}{\overset{O}{C}}-OR$

3. $H_2C=C=O + NH_3 \longrightarrow H_3C-\underset{}{\overset{O}{C}}-NH_2$

4. $H_2C=C=O + CH_3COOH \longrightarrow H_3C-\underset{}{\overset{O}{C}}-O-\underset{}{\overset{O}{C}}-CH_3$

5. $H_2C=C=O + HCHO \longrightarrow$ β-丙内酯

[特点]

1. 乙烯酮在室温下很快聚合为二聚乙烯酮,其作为烯酮的保存形式,使用时加热即可分解为乙烯酮。

$$\begin{matrix} H_2C=C=O \\ HC=C=O \end{matrix} \longrightarrow \begin{matrix} H_2C=C-O \\ \phantom{H_2}C-C=O \end{matrix}$$

2. 乙烯酮是乙酰化试剂,可以与 $H_2O$、ROH、RCOOH、$NH_3$ 反应,得到羧酸衍生物;二乙烯酮是乙酰乙酰化试剂,活泼氢被乙酰乙酰基($CH_3COCH_2CO—$)取代。

3. 烯酮在光作用下,分解产生碳烯。

$$H_2C=C=O \xrightarrow{h\nu} :CH_2 + CO$$

4. 工业上制备乙酸酐即采用乙烯酮作为乙酰化试剂。

## 10.13 亚硝酸与脂肪胺的反应——鉴别胺

[反应] 亚硝酸与一级脂肪胺的反应，胺中氮原子作为亲核试剂反应。

$$R-NH_2 + HNO_2 + HCl \longrightarrow [R^+]Cl^- + N_2$$

[机理] 亚硝酸与一级脂肪胺通过重氮盐生成碳正离子。

$$HO-N=O \xrightarrow{H^+} H_2\overset{+}{O}-N=O \xrightarrow{-H_2O} \overset{+}{N}O$$

$$R-NH_2 \curvearrowright \overset{+}{N}O \longrightarrow R-\underset{H}{\overset{+}{N}}-N=O \rightleftharpoons R-N=N-OH$$

$$\xrightarrow{H^+} R-N=N-\overset{+}{O}H_2 \xrightarrow{-H_2O} R-N\equiv N \xrightarrow{-N_2} R^+$$

[实例]

1. 环己基(HO)(CH₂NH₂) $\xrightarrow{\text{NaNO}_2, \text{HCl}}$ 环庚酮   一级脂肪胺 Tiffeneau–Demjanov 扩环重排

2. $(CH_3)_2NH \xrightarrow{\text{NaNO}_2, \text{HCl}} (CH_3)_2N-NO$   二级脂肪胺

[特点]

1. 一级脂肪胺与亚硝酸生成不稳定的重氮盐，低温下分解为碳正离子和氮气，碳正离子若被亲核试剂进攻，发生取代反应，若失去氢离子发生消除反应，生成烯烃，或重排生成更稳定的碳正离子

2. 一级胺与亚硝酸反应释放的氮气是定量的，可用来测定一级胺的含量。

3. 二级胺与亚硝酸反应生成黄色油状或者固体的 $N$-亚硝基化合物（即 $N$ 上 H 被 —NO 取代），用 $SnCl_2$ 和 HCl 处理产物，产物又还原为二级胺，可用来提纯二级胺。

4. 三级脂肪胺的氮原子上没有氢原子，其生成的 $N$-亚硝酰铵盐在低温下可稳定存在，但加热会分解。

5. 不同的胺与亚硝酸反应，产物不同，现象不同，因此利用亚硝化反应可以鉴别一级、二级、三级胺。

## 10.14 亚硝酸与芳香胺的反应——生成芳基重氮盐

[反应] 亚硝酸与芳香胺的反应，胺中氮原子作为亲核试剂的反应。

$$C_6H_5-NH_2 + HNO_2 + HCl \longrightarrow [C_6H_5-N_2^+]Cl^-$$

[机理] 芳香胺氮原子进攻硝酰正离子，氢原子转移，脱除水得到重氮盐。

$$HO-N=O \xrightarrow{H^+} H_2O^+-N=O \xrightarrow{-H_2O} {}^+NO$$

$$C_6H_5-NH_2 + {}^+NO \longrightarrow C_6H_5-\underset{H}{N}-N=O \rightleftharpoons C_6H_5-N=N-OH$$

$$\xrightarrow{H^+} C_6H_5-N=N-\overset{+}{O}H_2 \xrightarrow{-H_2O} C_6H_5-\overset{+}{N}\equiv N$$

[实例]

1. $C_6H_5-NH_2 + HNO_2 + HBr \longrightarrow [C_6H_5-N_2^+]Br^-$ ——一级芳香胺

2. $C_6H_5-NH(CH_3) \xrightarrow[HCl]{NaNO_2} C_6H_5-N(CH_3)(NO)$ ——二级芳香胺

3. $C_6H_5-N(CH_3)_2 \xrightarrow[HCl]{NaNO_2} (CH_3)_2N-C_6H_4-NO$ ——三级芳香胺

[特点]

1. 一级芳香胺与亚硝酸生成较稳定的重氮盐，可在 0~5 ℃ 强酸性水溶液中保存一段时间。芳香重氮盐比脂肪重氮盐稳定的原因在于，重氮正离子可以与苯环 π 体系共轭。但加热时，重氮盐会分解释放出氮气，形成非常活泼的苯基正离子。

2. 芳香重氮盐干燥情况下极不稳定,爆炸性强,所以重氮化反应中通常都不将它从溶液中分离,而是直接用于下一步反应。

3. 二级芳香胺与亚硝酸反应生成 $N$-亚硝基胺。

4. 三级芳香胺与亚硝酸作用不在氮原子上,而是在芳环上导入亚硝基。

## 10.15 苯磺酸——磺酸基可作为保护基团

[反应] 苯磺酸可以用来制备苯磺酸衍生物。

$$C_6H_5SO_2OH + PCl_3 \longrightarrow C_6H_5SO_2Cl$$

[实例]

1. $C_6H_5SO_2Cl + NH_3 \longrightarrow C_6H_5SO_2NH_2$     磺酰氯的亲核加成-消除反应

2. $C_6H_5SO_3H \xrightarrow[H_2SO_4, \triangle]{H_2O} C_6H_6$     磺酸基可被—H、—OH、—CN等取代

3. 苯酚 $\xrightarrow{H_2SO_4}$ 4-羟基-1,3-苯二磺酸 $\xrightarrow{Br_2}$ 3-溴-4-羟基-1,5-苯二磺酸 $\xrightarrow[H_2SO_4, \triangle]{H_2O}$ 邻溴苯酚

4. $C_6H_5SO_3Na \xrightarrow[熔融]{NaOH} C_6H_5O^-Na^+ \xrightarrow{H^+} C_6H_5OH$     磺酸盐碱熔法制备酚

5. $H_3CH_2CH_2C\overset{H}{\underset{D}{-}}OH \xrightarrow{C_6H_5SO_2Cl} H_3CH_2CH_2C\overset{H}{\underset{D}{-}}OSO_2C_6H_5$
   构型保持

   $\xrightarrow{NaI} \underset{I}{\overset{H}{-}}C\underset{D}{-}CH_2CH_2CH_3$
   构型翻转

[特点]

1. 磺化反应的可逆性在有机合成中很有价值,可以通过磺化反应将芳环上的某一部位保护起来,进一步发生反应后,再将其脱去。

2. 苯磺酸是有机强酸,在水中溶解度很大,有机分子引入磺酸基后可增加在水中的溶解度。烃基苯磺酸的钠盐可以作为表面活性剂,其中烃基是亲油部分,磺酸基是亲水部分。

3. 醇羟基不是好的离去基团,芳磺酸根负电荷分散,是很好的离去基团,因此醇也可以经芳磺酸酯中间体再转化为卤代烃。

## 10.16 卤代羧酸——卤原子与羧基的距离决定反应

[反应]卤代羧酸因卤原子和羧基的距离不同而发生不同的反应。

[实例]

1. 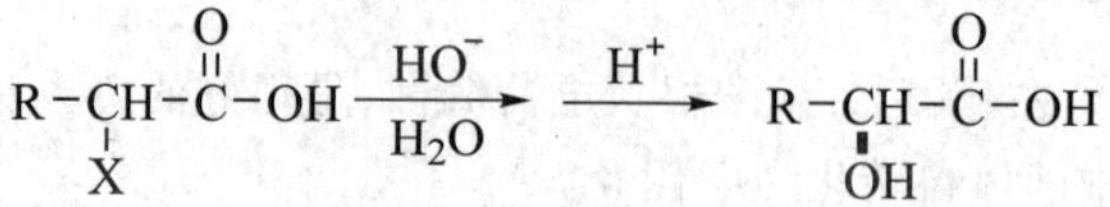 $\underset{X}{R-CH}-\overset{O}{\overset{\|}{C}}-OH \xrightarrow[H_2O]{HO^-} \xrightarrow{H^+} \underset{OH}{R-CH}-\overset{O}{\overset{\|}{C}}-OH$ 取代反应

2. 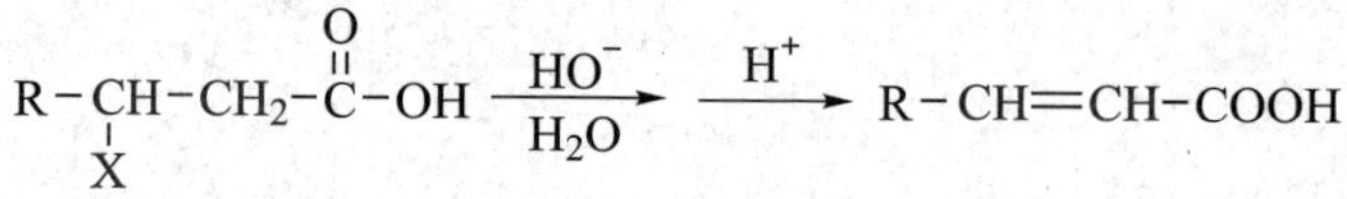 $\underset{X}{R-CH}-CH_2-\overset{O}{\overset{\|}{C}}-OH \xrightarrow[H_2O]{HO^-} \xrightarrow{H^+} R-CH=CH-COOH$ 消除反应

3. 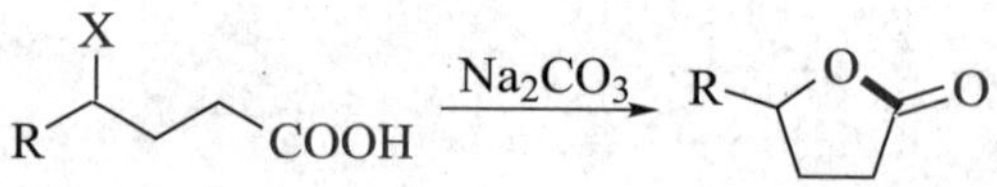 $\underset{R}{\overset{X}{|}}CH-CH_2-COOH \xrightarrow{Na_2CO_3}$ R—(γ-丁内酯环) 分子内取代反应

[特点]

1. α-卤代酸,卤素除了被—OH 取代,还可以与—CN、—NHR 等亲核试剂发生反应。
2. β-卤代酸,有 α-H 时,在碱作用下,生成 α,β-不饱和酸。
3. 用 γ-或 δ-卤代酸可以合成五元或六元的环状内酯。

## 10.17 环烷烃——小环烷烃不稳定，大环烷烃较稳定

[反应] 三元、四元的小环烷烃分子不稳定，比较容易发生开环反应；五元或六元以上环烷烃与链烷烃的化学性质很相似，对一般试剂表现得不活泼，但能发生自由基取代反应。

$$\triangle + HI \longrightarrow CH_3\overset{I}{C}HCH_2CH_3$$

[实例]

1. $\triangle + H_2 \xrightarrow[40\ ^\circ C]{Ni} CH_3CH_2CH_3$   小环环烷烃活泼易开环

2. $\square + H_2 \xrightarrow[100\ ^\circ C]{Ni} CH_3CH_2CH_2CH_3$

3. $\triangle + Br_2 \xrightarrow{\text{室温}} H_2C\overset{Br}{C}H_2C\underset{Br}{H_2}$   类似烯烃的加成反应

4. $\bigcirc + Br_2 \xrightarrow{h\nu} \bigcirc\!\!-Br$   自由基取代

5. 环丙基-CH=C(CH$_3$)$_2$ $\xrightarrow{KMnO_4}$ 环丙基-COOH   环烷烃不与高锰酸钾反应

[解析]

$$\underset{H_3C}{\overset{H_3C}{>}}\!\!\!\triangleleft\!\!\underset{CH_3}{} + HBr \longrightarrow H_3C-\underset{\underset{Br}{|}}{\overset{\overset{CH_3}{|}}{C}}-\underset{\underset{CH_3}{|}}{\overset{\overset{H}{|}}{C}}H-CH_2$$   符合马氏规则，氢加在含氢多的碳原子上

↓

取代基最多的碳原子和取代基最少的碳原子之间的键断裂

[特点]

1. 三元、四元环容易在 Ni 或 Pt/C 催化下与氢气发生开环反应,五元、六元环很难发生反应,说明小环烷烃不稳定,大环烷烃相对稳定。

2. 三元环容易与卤素发生开环反应,四元环和更大的环很难与卤素发生开环反应;合适的条件下可以发生自由基取代反应。

3. 三元环、四元环具有烯烃的部分性质,可以发生加成,同时具备烷烃的性质。

4. 环丙烷不易被氧化,可以区分环丙烷和烯烃。

## 10.18 α-羟基酸——交酯;氧化为少一个碳原子的醛

[反应] 羟基和羧基是可以相互反应的基团,所以 α-羟基酸可以发生分子内、分子间的反应。

[实例]

1. $H_3C-\underset{OH}{\underset{|}{CH}}-COOH + HO-\underset{O}{\underset{\|}{C}}-\underset{CH_3}{\underset{|}{CH}}-OH \xrightarrow{\Delta}$ 丙交酯　α-醇酸失水生成交酯

2. $R\underset{OH}{\underset{|}{CH}}COOH \xrightarrow{KMnO_4} RCOCOOH \xrightarrow{-CO_2} RCHO \xrightarrow{[O]} RCOOH$　氧化反应

3. $R\underset{OH}{\underset{|}{CH}}COOH \xrightarrow{浓 H_2SO_4} RCHO + CO + H_2O$　分解反应

4. $R\underset{OH}{\underset{|}{CH}}COOH \xrightarrow{稀 H_2SO_4} RCHO + HCOOH$

[特点]
1. 由 α-卤代酸水解或者 α-羟基腈水解可以制备 α-羟基酸。
2. α-羟基酸经硫酸分解或高锰酸钾氧化可以得到少一个碳原子的醛。

## 10.19 萘——非极性溶剂α位,极性溶剂β位

[反应]萘的亲电活性比苯高,可以发生在α位或β位。
[实例]

1. 萘 + CH₃CCl(=O) $\xrightarrow[CS_2]{AlCl_3}$ 1-乙酰基萘 (93%)　取代反应主要发生在α位

2. 萘 + CH₃CCl(=O) $\xrightarrow[C_6H_5NO_2]{AlCl_3}$ 2-乙酰基萘 (90%)　极性溶剂中取代在β位

萘亲电取代反应的定位效应

3. 2-甲基萘 $\xrightarrow[H_2SO_4]{HNO_3}$ 1-硝基-2-甲基萘　第一类定位基引导进入同环α位

1-硝基萘和2-硝基萘的硝化反应

4. 2-硝基萘 $\xrightarrow[H_2SO_4]{HNO_3}$ 1,7-二硝基萘 + 1,5-二硝基萘(含2,6-二硝基萘)　第二类定位基引导进入异环α位

5. 萘 + $O_2$ $\xrightarrow[400\sim 500℃]{V_2O_5}$ 邻苯二甲酸酐　氧化反应

6. 2-甲基萘 $\xrightarrow[HOAc]{CrO_3}$ 2-甲基-1,4-萘醌　萘环比侧链更易氧化,不能用来制备萘甲酸

7. 萘 $\xrightarrow[\text{C}_2\text{H}_5\text{OH}]{\text{Na, NH}_3(\text{l})}$ 1,4-二氢萘　　伯齐还原

[**特点**]

1. 在 $CS_2$ 等非极性溶剂中,不存在配位现象,亲电试剂体积小,低温下亲电取代发生在 α 位;在硝基苯等极性溶剂中,亲电试剂与溶剂配位,体积大,高温下亲电取代发生在位阻小的 β 位;更大的体积取代时发生在"对位"(6 位)。

2. 第一类定位基引导进入同环 α 位;第二类定位基引导进入异环 α 位。

萘的磺化反应

## 10.20 蒽、菲——9,10位活泼

[反应]蒽比苯活泼,可发生加成、氧化、还原等反应。主要发生在9,10位。
[实例]

1. 蒽 + ClCOCOOEt $\xrightarrow{AlCl_3}$ 9-取代蒽(COCOOEt)  亲电取代

2. 蒽 $\xrightarrow[H_2SO_4]{K_2Cr_2O_7}$ 9,10-蒽醌  氧化反应

3. 蒽 + $H_2$ $\xrightarrow{亚铬酸铜}$ 9,10-二氢蒽  还原反应

4. 蒽 + $Br_2$ $\longrightarrow$ 9,10-二溴-9,10-二氢蒽  加成反应

5. 菲 $\xrightarrow[Fe]{Br_2}$ 9-溴菲  菲取代发生在9,10位上

[特点]
1. 蒽不仅具有芳香性,9,10位的双键更具有烯烃的性质。
2. 蒽的磺化反应发生在1位,硝化、卤化、酰化均得到9-取代蒽,取代产物中常伴随加成产物。
3. 菲的9,10位化学活性高,取代首先发生在9,10位上。

## 10.21 吡咯、呋喃、噻吩——富电子体系，与苯酚相似

[反应] 五元杂环形成了五中心六电子的 π 体系，整体电子密度高，使亲电取代反应更容易。

吡咯富电子
芳香体系

[实例]

1. [结构式] $\xrightarrow{CH_3COONO_2}$ [结构式]  Z=NH, S, O   β位上有第一类取代基

2. [结构式] $\xrightarrow[CH_3COOH]{Br_2}$ [结构式]  Z=NH, S, O   β位上有第二类取代基

3. [结构式] $\xrightarrow{CH_3COONO_2}$ [结构式]  Z=NH, S   α位上有第一类取代基

4. [结构式] $\xrightarrow[CH_3COOH]{Br_2}$ [结构式]  Z=NH, S   α位上有第二类取代基

5. [结构式] $\xrightarrow[CH_3COOH]{Br_2}$ [结构式]  呋喃α位上有取代基时，均为α位产物

6. [结构式] + [结构式] $\xrightarrow{\Delta}$ [结构式]   Diels–Alder反应

7. [结构式] $\xrightarrow[10\% \text{ NaOH}]{CHCl_3}$ [结构式]   Reimer–Tiemann反应

吡咯、呋喃和噻吩的亲电取代活性

[特点]

1. 亲电取代反应活性顺序：

$$\text{吡咯} > \text{呋喃} > \text{噻吩} > \text{苯} > \text{吡啶}$$

2. 吡咯 N 上的 H 具有酸性；吡咯具有活泼芳烃的性质。

## 10.22 吡啶——缺电子体系,与硝基苯相似

[反应]吡啶氮上有一对电子未参与共轭,易接受质子,具有碱性,也可以与带正电荷的碳原子结合,具有亲核性。与苯环相比吡啶环是缺电子的芳香杂环,性质类似于硝基苯,它不能进行F-C烃基化和酰基化反应。

吡啶缺电子芳香体系

[实例]

1. 吡啶 + CH₃I ⟶ N-甲基吡啶鎓碘化物   氮的亲核性

2. 吡啶 + HCl ⟶ 吡啶鎓盐酸盐   氮的碱性

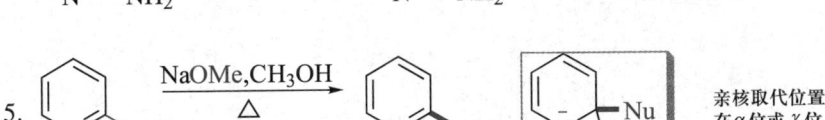

3. 吡啶 + Br₂, H₂SO₄(SO₃), 130℃ ⟶ 3-溴吡啶   避免了电负性大的N带正电荷

吡啶的芳香亲电取代反应

4. 2-氨基吡啶 + Br₂, HOAc, 20℃ ⟶ 5-溴-2-氨基吡啶   亲电取代位置在3或5位,氨基起主要定位作用

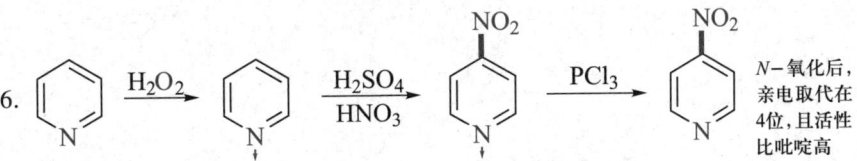

5. 2-氯吡啶 + NaOMe, CH₃OH, Δ ⟶ 2-甲氧基吡啶   亲核取代位置在α位或γ位

6. 吡啶 + H₂O₂ ⟶ 吡啶N-氧化物 + H₂SO₄/HNO₃ ⟶ 4-硝基吡啶N-氧化物 + PCl₃ ⟶ 4-硝基吡啶   N-氧化后,亲电取代在4位,且活性比吡啶高

吡啶的芳香亲电取代反应

[特点]
1. 碱性顺序:脂肪胺>吡啶>苯胺。

2. 吡啶的亲电取代反应发生在 3 或 5 位，活性比苯低。

3. 吡啶的亲核取代反应发生在 α 位或 γ 位。

[延伸] Hantzsch 吡啶合成法：两分子 β-羰基酸酯、一分子醛和一分子氨缩合，得到二氢吡啶衍生物，再经氧化得到吡啶衍生物。

$$R^2O-CO-CH_2-CO-R^1 + R^3CHO + R^1-CO-CH_2-CO-OR^2 \xrightarrow{NH_3} \xrightarrow{HNO_3}$$ 吡啶衍生物（2,6-二 $R^1$、3,5-二 $COOR^2$、4-$R^3$ 取代吡啶）

## 10.23 喹啉、异喹啉——相当于苯并吡啶

[反应]喹啉与异喹啉可以被认为是苯并吡啶,相比之下,苯环上的电子密度略高一些,所以芳香亲电取代反应主要在苯环上进行;芳香亲核取代反应主要在吡啶环上发生。

[实例]

1. 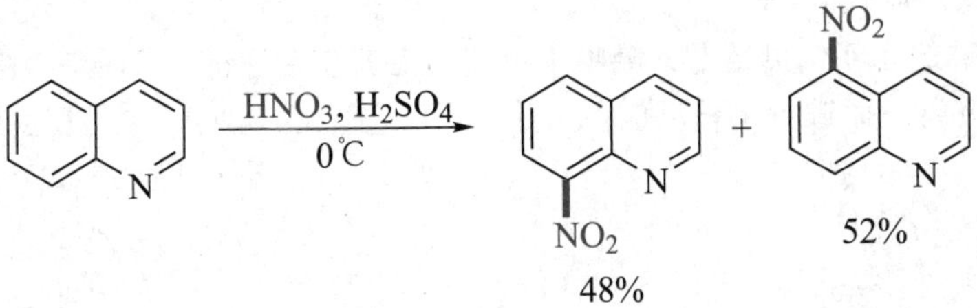 喹啉 $\xrightarrow{HNO_3, H_2SO_4}{0\,°C}$ 8-硝基喹啉 (48%) + 5-硝基喹啉 (52%)　亲电取代发生在5,8位

2. 异喹啉 $\xrightarrow{HNO_3, H_2SO_4}{0\,°C}$ 8-硝基异喹啉 (10%) + 5-硝基异喹啉 (90%)　亲电取代发生在5,8位

3. 4,7-二氯喹啉 $\xrightarrow{C_6H_5CH_2CN, NaNH_2}$ 4-(α-氰基苄基)-7-氯喹啉　喹啉亲核取代发生在2,4位

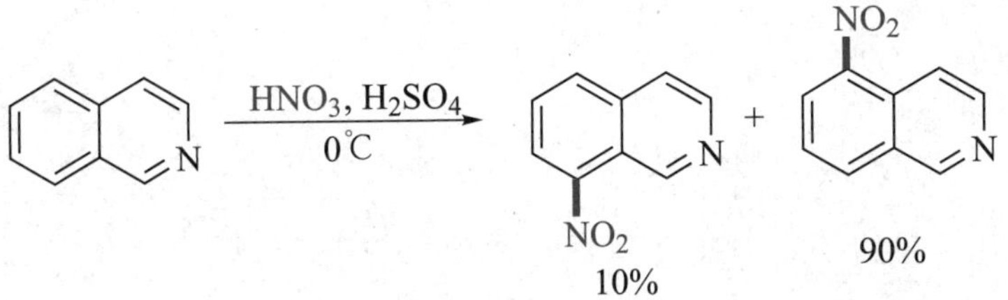

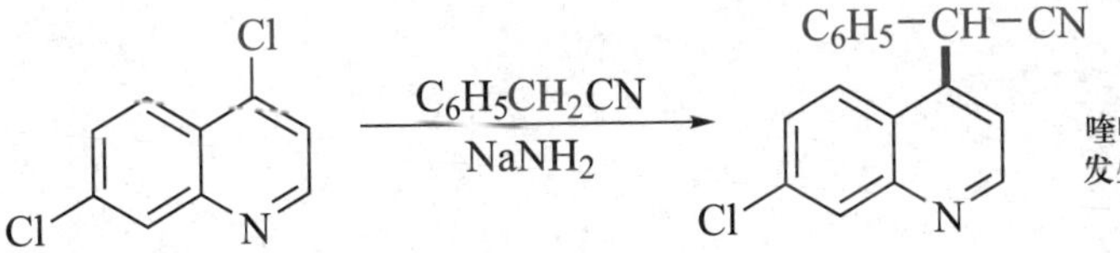

4. 异喹啉 $\xrightarrow{①NaNH_2, ②H_2O}$ 1-氨基异喹啉　异喹啉亲核取代主要发生在1位

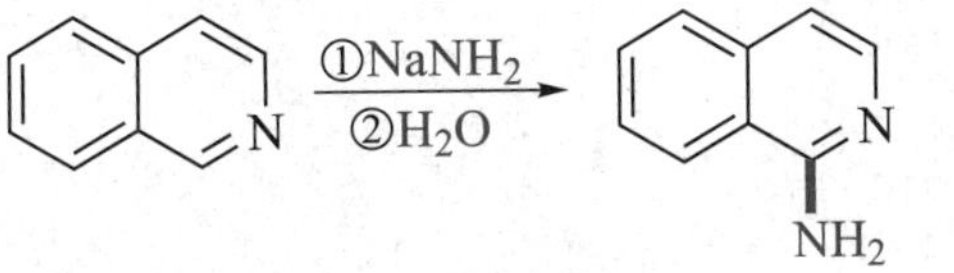

5. 喹啉 $\xrightarrow{KMnO_4, H_2O}$ 吡啶-2,3-二甲酸　氧化

6. 喹啉 $\xrightarrow{Sn/HCl\ 或\ Na/ROH}$ 1,2,3,4-四氢喹啉 $\xrightarrow{H_2, Ni}$ 十氢喹啉　还原

喹啉和异喹啉的芳香亲电取代反应

喹啉和异喹啉的芳香亲核取代反应

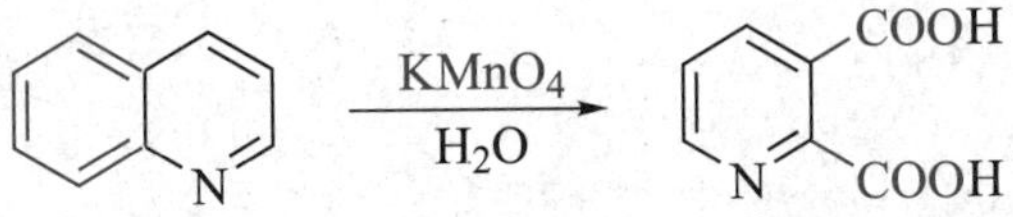

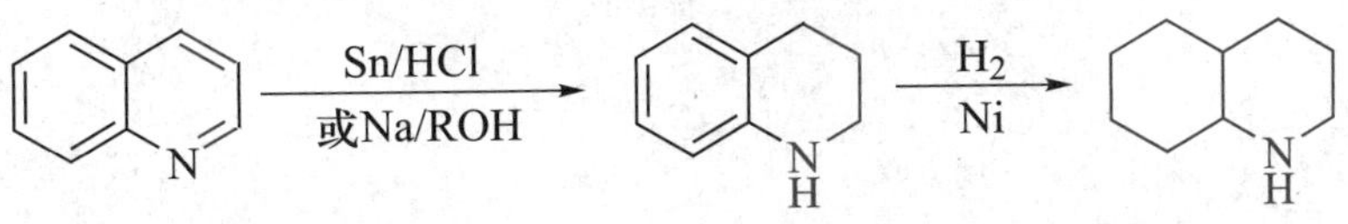

喹啉和异喹啉的氧化反应

喹啉和异喹啉的还原反应

7. [1,3-二甲基异喹啉] + [PhCHO] $\xrightarrow{\text{ZnCl}_2}{100\text{℃}}$ [3-甲基-1-(2-苯乙烯基)异喹啉]   侧链α-H 的反应

[特点]

1. 喹啉与异喹啉可以在 5,8 位发生亲电取代，喹啉的 2,4 位和异喹啉 1 位易被亲核试剂取代。

2. 喹啉的 2,4 位侧链及异喹啉 1 位侧链上若有活泼的 α-H，则可在碱作用下形成碳负离子而进行亲核反应。

# 主要参考资料

[1] 邢其毅,裴伟伟,徐瑞秋,等.基础有机化学.4版.北京:北京大学出版社,2017.
[2] 邢其毅,徐瑞秋,周政,等.基础有机化学.3版.北京:高等教育出版社,2010.
[3] 伍越寰,李伟昶,沈晓明.有机化学.2版.合肥:中国科学技术大学出版社,2002.
[4] 李艳梅,赵圣印,王兰英,等.有机化学.北京:科学出版社,2011.
[5] 刘在群.有机化学学习笔记.3版.北京:科学出版社,2013.
[6] Li J J.有机人名反应——机理及应用.荣国斌,译.北京:科学出版社,2011.
[7] 胡宏纹.有机化学.4版.北京:高等教育出版社,2013.
[8] Vollhardt K P,Schore N E.有机化学结构与功能.4版.戴立信,等,译.北京:化学工业出版社,2006.
[9] 何树华,张淑琼,何德勇.中级有机化学.北京:化学工业出版社,2010.
[10] 黄培强.有机人名反应、试剂与规则.北京:化学工业出版社,2008.
[11] 魏荣宝,阮伟祥.高等有机化学习题精解.北京:国防工业出版社,2008.
[12] 张湛赋,刘新民,郭丽华.有机化学反应类型概论.北京:海洋出版社,2005.
[13] 陆国元.有机反应与有机合成.北京:科学出版社,2009.
[14] 薛思佳.有机化学.2版.北京:科学出版社,2015.
[15] 天津大学有机化学教研室.有机化学.5版.北京:高等教育出版社,2014.

**郑重声明**

高等教育出版社依法对本书享有专有出版权。任何未经许可的复制、销售行为均违反《中华人民共和国著作权法》,其行为人将承担相应的民事责任和行政责任;构成犯罪的,将被依法追究刑事责任。为了维护市场秩序,保护读者的合法权益,避免读者误用盗版书造成不良后果,我社将配合行政执法部门和司法机关对违法犯罪的单位和个人进行严厉打击。社会各界人士如发现上述侵权行为,希望及时举报,本社将奖励举报有功人员。

反盗版举报电话　（010）58581999　58582371　58582488
反盗版举报传真　（010）82086060
反盗版举报邮箱　dd@hep.com.cn
通信地址　　　　北京市西城区德外大街4号
　　　　　　　　高等教育出版社法律事务与版权管理部
邮政编码　　　　100120